INTERROS des LYCÉES

Collection dirigée par Éric MAURETTE

Maths 2de

NOUVEAU PROGRAMME 2009

Erik de BRAUWÈRE

Nathan

Remerciements

L'auteur et l'équipe de Prepamath Edition tiennent à remercier Jean-Côme Charpentier et Sébastien Mengin pour l'aide précieuse qu'ils ont apportée à cet ouvrage.

Illustrations : Patrick Doan

Coordination éditoriale : François Déliac

Conception couverture : Marc & Yvette

© Éditions NATHAN 2009 - ISBN 978 209 188203 1

Avant-propos

Cette nouvelle édition est conforme au nouveau programme de mathématique de la classe de Seconde, paru au cours de l'été 2009 et applicable dès la rentrée.

Nous avons largement revu l'organisation des chapitres et supprimé les points obsolètes.

Pour les parties entièrement nouvelles, comme les probabilités, aucun contrôle n'avait encore été posé. Nous avons tout de même voulu donner un résumé de cours et quelques exercices originaux. Ils sont signalés par la mention « nouveau programme ».

La présente édition, revue et corrigée, bénéficie d'une nouvelle maquette permettant une lecture encore plus aisée et efficace.

Dans chaque chapitre, on trouvera :

- Un rappel de cours, qui s'appuie sur la résolution pratique d'exercices types, et qui donne de manière concise tout ce que l'on doit retenir du chapitre étudié.
- Des QCM qui permettent de tester rapidement ses connaissances.
- Des exercices, qui correspondent à tous les types d'exercices que l'on pourra rencontrer en classe de Seconde, et qui ont tous été réellement posés en lycée. Certains sont des applications immédiates du cours, d'autres nécessitent une réflexion plus approfondie et constituent un bon entraînement pour la classe de Première.
- Enfin, les solutions des énoncés. Certaines sont parfois beaucoup plus détaillées que ce qui est normalement demandé à un élève de Seconde pour un devoir en classe. Ceci est intentionnel, dans le but d'aider l'élève à garder les idées claires sur les notions fondamentales utilisées.

Rappelons notre recommandation traditionnelle : cet ouvrage n'est pas un manuel de classe. Je souhaite que la lecture de ce livre ne se substitue pas au travail en classe, mais qu'elle soit l'occasion d'un dialogue avec le professeur de mathématiques.

Je remercie par avance tout lecteur qui me fera part de ses remarques ou suggestions (`edition.prepamath.com`) et vous souhaite une bonne et profitable lecture.

Table des matières

Chap 1 Le langage des mathématiques 1

- Cours 1
- Exercices 14
- Corrigés 25

Chap 2 Fonctions 49

- Cours 49
- Exercices 74
- Corrigés 92

Chap 3 Équations et inéquations 121

- Cours 121
- Exercices 133
- Corrigés 144

Chap 4 Géométrie dans l'espace 175

- Cours 175
- Exercices 182
- Corrigés 189

Chap 5 Coordonnées dans le plan 203

- Cours 203
- Exercices 218
- Corrigés 228

Chap 6 Droites du plan 253

- Cours 253
- Exercices 264
- Corrigés 273

Chap 7 Statistiques et probabilités 297

- Cours 297
- Exercices 305
- Corrigés 314

Tous les conseils qui suivent sont ceux utilisés par un grand nombre de majors (sortis premiers) de Polytechnique ou de l'ÉNA, par des professionnels de l'organisation et sont également recommandés par de nombreux professeurs. Pour en savoir plus sur le sujet, nous vous conseillons le livre « Comment travailler plus efficacement », par F. Déliac, U. Hadrien, E. Matrullo et E. Maurette, aux Éditions Prepamath.

Faire des « feed-back »

Le « feed-back » est le conseil le plus important et le plus utilisé par ceux qui réussissent brillamment leurs études. Il consiste à contrôler systématiquement, sans s'aider de notes, ce que l'on vient d'apprendre (exercices et cours). Ce contrôle peut se faire mentalement, oralement ou par écrit.

- Dans les transports, essayez de vous rappeler mentalement, et sans vous aider de vos notes, le cours et les exercices vus le matin en classe (feed-back mental).
- Après avoir relu votre cours le soir, essayez de retrouver par écrit les principaux paragraphes et démonstrations sans regarder votre leçon (feed-back écrit).
- Après avoir résolu un problème, prenez 5 minutes pour contrôler par écrit que vous vous rappelez clairement l'énoncé ainsi que la démarche de résolution (feed-back écrit).
- Expliquez à des amis la leçon que vous venez d'apprendre ou l'exercice que vous venez de résoudre : c'est un excellent feed-back oral. Choisissez le type de « feed-back » qui vous convient le mieux et faites-en le plus régulièrement possible (après chaque cours et chaque série d'exercices). Pour être efficace, un « feed-back » doit se faire sans l'aide de vos notes. Ainsi, faire des fiches de résumés de cours à partir de vos cahiers ouverts ne constitue nullement un « feed-back ».

Miser sur la qualité

De nombreux témoignages démontrent que pour obtenir de bons résultats, il est préférable de faire un nombre limité d'exercices, mais plus approfondis, que d'en survoler une grande quantité de piètre qualité. Une tendance très répandue consiste à abattre une grande quantité d'exercices, à la chaîne, mais superficiellement, en espérant que le jour du contrôle, l'on aura déjà vu ce type de problème et que l'on saura s'en souvenir. Cette méthode est absolument inefficace car la seule manière de se souvenir d'un exercice de mathématiques ou de physique, c'est de l'avoir parfaitement compris et assimilé. Ainsi :

- À la fin d'un problème, prenez 5 à 10 minutes pour essayer de trouver un moyen de le généraliser ou de le compliquer (c'est ce que font souvent les professeurs pour concevoir leurs contrôles écrits) ; trouvez ce que cela pourrait changer dans la solution.
- Prenez également l'habitude, après chaque exercice, de faire un « feed-back » en faisant ressortir la démarche générale et en tissant des liens avec le cours. Bref, il ne faut pas vous contenter de résoudre l'exercice, mais il vous faut lui apporter de la valeur ajoutée et vous interroger sur son contenu.
- Idem pour le cours. Ne vous contentez pas de le parcourir de manière passive. Il vous faut avoir la rigueur d'effacer toutes les zones d'ombre. Pour chaque théorème, il faut vous demander quels types d'exercices son utilisation permettra de résoudre.

Travailler par « couches successives »

Cette méthode, très utile pour les étudiants préparant des examens ou des révisions, peut également être utilisée dès le lycée.

On observe que pour apprendre un gros volume de cours, rien n'est plus inefficace que de l'attaquer de front, de manière linéaire. La bonne manière consiste à d'abord survoler l'ensemble, en ne retenant que la structure, c'est-à-dire les grands titres, ainsi que les noms des paragraphes (première couche, étape devant durer 5 minutes). Dans l'étape suivante (deuxième couche, d'une durée de 10 minutes), on reprend son cours du début en retenant cette fois également les théorèmes et résultats importants. Après cette deuxième couche, on a déjà une idée claire de la structure de l'ensemble du cours. On peut alors aborder la dernière étape (troisième couche) : on reprend son cours au début pour, cette fois-ci, l'étudier en profondeur en apprenant le détail des démonstrations.

Il est à noter que cette méthode peut être également appliquée avec succès à des matières littéraires, ainsi qu'aux révisions du bac de français. Par exemple :

- Pour la préparation d'un contrôle, on commencera par passer en revue rapidement l'ensemble du cours et des exercices du chapitre précédemment étudiés, avant de les réviser en détail. Ainsi aura-t-on développé une compréhension synthétique et claire.
- De même, avant d'aborder un problème volumineux (tel qu'un contrôle écrit), il est préférable de survoler l'ensemble du problème avant de l'attaquer.

Travailler sa rapidité

Pour acquérir de la rapidité, 3 voies sont possibles :

- Prenez l'habitude, en travaillant chez vous, de vous concentrer sur une seule chose à la fois, c'est-à-dire ne pas attaquer un problème ou une dissertation, en rêvassant à ce que vous pourriez trouver à manger dans le réfrigérateur ou en écoutant de la musique.

- Prenez l'habitude de travailler chez vous dans les mêmes conditions qu'en devoirs surveillés. Le minutage de chacun des exercices de ce livre est fait en ce sens. Cependant, cela ne devrait pas, une fois la résolution faite, vous empêcher d'y réfléchir plus calmement afin de vérifier la bonne assimilation du problème. Si les seuls moments où vous vous pressez sont les contrôles écrits, vous ne deviendrez jamais rapide.
- Essayez de contenir tout votre travail à la maison dans une plage horaire serrée. Engagez-vous, par exemple, à travailler chez vous tous les jours entre 18 h et 20 h et efforcez-vous de ne jamais déborder (quelle que soit votre charge de travail). En effet, si l'on ne se donne pas de limite de temps pour accomplir un travail, l'on a naturellement tendance à le laisser traîner en longueur et à rêvasser. L'étroitesse de la plage horaire vous obligera à ne pas vous endormir et à devenir efficace.

Chapitre 1

Le langage des mathématiques

Plan du chapitre

1. Les différents types de nombres
2. Savoir manier les fractions et les radicaux
3. Intervalles et inégalités

1 Les différents types de nombres

Exercice type 1 — Lycée Edgar Quinet, Bourg-en-Bresse

1 Parmi les nombres suivants :
-11 ; $2{,}4$; $\sqrt{7}$; $\sqrt{36}$; $-\dfrac{2}{3}$; $\dfrac{21}{3}$; quels sont ceux qui sont rationnels, irrationnels, entiers naturels ou relatifs ?

2 Compléter par $\in$ ou $\notin$:
$\sqrt{2}\dots\mathbb{R}$; $\sqrt{64}\dots\mathbb{Z}$; $\dfrac{3}{7}\dots\mathbb{N}$; $\pi\dots\mathbb{Q}$.

Voir corrigé page 6

1.1 Les nombres réels

Sur une droite D donnée, choisissons une unité de longueur et un point particulier, que l'on appelle O (appelé point-origine).

Pour tout point M sur cette droite, on peu déterminer la distance OM. Pour indiquer la position du point M, il suffit de donner la distance OM et le sens de parcours de O à M.

On choisit sur la droite une orientation. Si on va de O à M en suivant l'orientation de la droite, on dira que l'abscisse du point M est $+OM$ (l'abscisse de M est donc positive) ; si on va de O à M en suivant le sens contraire de l'orientation de la droite, on dira que l'abscisse de M est $-OM$ (l'abscisse de M est alors négative).

Exemple

La droite suivante est orientée de gauche à droite. Le point M est d'abscisse $+3$. En effet, pour aller de O (point origine) à M, on parcourt une distance de 3 unités de longueur de gauche à droite :

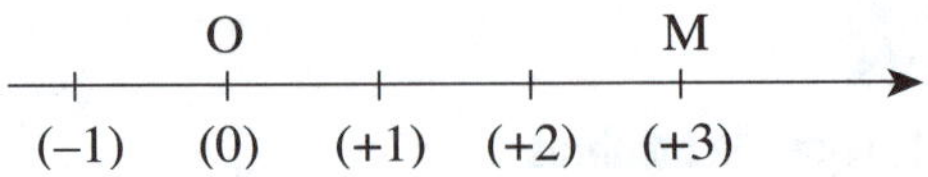

Les abscisses des points de la droite sont appelées des *nombres réels* (du latin *res*, la chose : ils servent à repérer des « choses » concrètes sur la droite).

1.2 Ensembles et éléments

Prenons l'exemple du groupe « Coldplay ». Au sens mathématique, c'est un *ensemble* de quatre chanteurs. Le groupe n'est pas lui-même un chanteur. Les quatre chanteurs sont les *éléments* du groupe.
Prenons un autre exemple : dans le corps humain, la colonne vertébrale est *l'ensemble* des vertèbres. Mais la colonne vertébrale n'est pas une vertèbre ; les vertèbres sont ses éléments.
Remarquez que l'ensemble a souvent un nom (« Coldplay », « la colonne vertébrale », la 2nde B) ; mais on peut tout aussi bien, pour le désigner, se contenter d'énumérer ses éléments : « Le groupe de Chris, Jon, Guy et Will ».

Exemple

Blanchette, Noiraude, Câline, Joyeuse, sont les quatre vaches du père Bernard. On désigne la même chose par :

- « Le troupeau de Bernard » ;
- « L'ensemble des vaches de Bernard » ;
- « L'ensemble {Blanchette, Noiraude, Câline, Joyeuse} ».

! Attention

On notera qu'en français, il n'y a pas de différence de sens entre les phrases, entendues après un contrôle de mathématiques :

- « Tous les élèves ont la moyenne. »
- « Chaque élève a la moyenne. »
- « L'ensemble des élèves a la moyenne. »

En mathématiques, la dernière phrase n'a pas de sens. L'ensemble des élèves n'est pas un élève : c'est un groupe de personnes, un objet abstrait. Il n'a donc pas pu faire le contrôle !

En mathématiques, l'ensemble des nombres réels (c'est-à-dire, l'ensemble dont les éléments sont tous les nombres réels) est noté $\mathbb{R}$; celui des nombres réels positifs s'appelle $\mathbb{R}_+$, celui des nombres réels négatifs $\mathbb{R}_-$.

On utilise la notation * (étoile) pour indiquer que 0 n'est pas élément de l'ensemble : $\mathbb{R}^*$ est l'ensemble des nombres réels différents de zéros (on dit « non nuls ») ; $\mathbb{R}_+^*$ est l'ensemble des nombres réels positifs non nuls (c'est-à-dire, strictement positifs) ; $\mathbb{R}_-^*$ a pour éléments les réels strictement négatifs.

1.3 Entiers naturels

Les entiers *naturels* sont les abscisses des points M qu'on peut construire à partir de O en reportant la longueur OI, zéro, une ou plusieurs fois vers la droite. Il s'agit des nombres 0, 1, 2, etc. L'ensemble de ces nombres est noté $\mathbb{N}$ ($\mathbb{N}$ comme *Naturel*).

La notation $\mathbb{N}^*$ désigne l'ensemble des entiers naturels *non nuls*. On dira indifféremment :

- n est un entier naturel ;
- n est un élément de $\mathbb{N}$;
- $n \in \mathbb{N}$ (lire : « n appartient à $\mathbb{N}$ »).

Propriété 1

La somme et le produit de deux entiers naturels est un entier naturel. En revanche, l'opposé d'un entier naturel non nul n'est pas élément de $\mathbb{N}$ (exemple : $-5 \notin \mathbb{N}$).

1.4 Entiers relatifs

Les entiers *relatifs* (ou *entiers* tout court) sont les abscisses des points M que l'on peut construire à partir de O en reportant la longueur OI autant de fois que l'on veut, d'un côté ou l'autre du point O. Il s'agit donc des nombres 0, 1, -1, 2, -2, etc.

L'ensemble des entiers relatifs est noté $\mathbb{Z}$ (de l'allemand *Zahl*, le nombre). Comme pour $\mathbb{R}$, on utilise la notation $\mathbb{Z}_+$ pour l'ensemble des entiers positifs, $\mathbb{Z}^*$ pour l'ensemble des entiers non nuls, etc.
Il résulte de la définition que les entiers naturels sont les entiers relatifs positifs. $\mathbb{N}$ et $\mathbb{Z}_+$ sont deux noms pour le même ensemble.

Propriété 2

La somme, la différence, le produit de deux entiers relatifs est un entier relatif. Attention, le quotient de deux entiers relatifs n'est pas toujours un entier :

$$\frac{6}{2} = 3 \in \mathbb{Z} \text{ mais } \frac{7}{2} \notin \mathbb{Z}$$

1.5 Les nombres rationnels

Un nombre *rationnel* est un nombre qui peut s'exprimer comme le quotient (ou *rapport*, en latin : *ratio*) de deux entiers, comme $\frac{1}{2}$, $\frac{-7}{15}$, etc. L'ensemble des nombres rationnels est noté $\mathbb{Q}$ (comme *Quotient*). Bien entendu, on utilise les notations $\mathbb{Q}^*$, $\mathbb{Q}_+$, $\mathbb{Q}_-$, $\mathbb{Q}_+^*$, et $\mathbb{Q}_-^*$.

Remarque

Les nombres entiers sont aussi des nombres rationnels. En effet, tout entier n peut s'écrire sous la forme :

$$n = \frac{n}{1}$$

Propriété 3

La somme, la différence, le produit et le quotient de deux nombres rationnels est un nombre rationnel.

1.6 Nombres décimaux

On appelle nombre décimal un nombre réel qui peut s'écrire sous la forme :

$$x = \frac{n}{10^k}$$

où n et k sont deux entiers (en général, on impose pour des raisons pratiques : $k \in \mathbb{N}$).

Exemple

Les trois nombres suivants sont décimaux :

$$7{,}28 = \frac{728}{100} = \frac{728}{10^2}$$
$$\frac{-1}{2} = \frac{-5}{10} = \frac{-5}{10^1}$$
$$3 = \frac{3}{1} = \frac{3}{10^0}.$$

Exemple

$\frac{1}{3}$ n'est pas un nombre décimal. Attention ! Si on divise 1 par 3 à la calculatrice, on obtient : 0,3333333333. Ceci n'est pas une écriture décimale *exacte* de $\frac{1}{3}$, mais une seulement approximation de $\frac{1}{3}$ par un nombre décimal.

On note $\mathbb{D}$ l'ensemble des nombres décimaux.

Les nombres entiers sont des décimaux (car $n = \frac{n}{10^0}$).

Les nombres décimaux sont des rationnels, car ce sont les quotients d'un entier (n) par un entier (10^k).

En revanche, tous les rationnels ne sont pas décimaux : $\frac{1}{3}$, $-\frac{2}{7}$, ne sont pas décimaux.

1.7 Nombres irrationnels

Tous les nombres réels ne sont pas rationnels (loin de là !) Parmi les *irrationnels* (nombres réels qui ne sont pas rationnels), on trouve :
$\sqrt{2}, \sqrt{3}, \pi, \pi^2, \sqrt{5}-3, -\frac{1}{\pi}$, etc. L'ensemble des nombres irrationnels est $\mathbb{R} - \mathbb{Q}$ (qui se lit : « $\mathbb{R}$ privé de $\mathbb{Q}$ » ou « $\mathbb{R}$ moins $\mathbb{Q}$ »).

Donnons quelques règles :

- La somme d'un rationnel et d'un irrationnel est toujours irrationnelle (par exemple, $\pi + 1$, $\sqrt{2} - 3$, etc.).
- Le produit d'un rationnel différent de zéro et d'un irrationnel est toujours irrationnel ($2\sqrt{5}$, $\frac{3\pi}{2}$, etc.).
- L'inverse d'un irrationnel est irrationnel ($\frac{1}{\pi}$, $\frac{1}{3+\sqrt{5}}$, etc.).
- L'opposé d'un irrationnel est irrationnel ($-\sqrt{7}$, $-\pi$, etc.).
- La racine carrée d'un entier est soit entière ($\sqrt{4} = 2$, $\sqrt{49} = 7$, etc.) soit irrationnelle ($\sqrt{2}$, $\sqrt{3}$, etc.)

1.8 Un nombre et plusieurs formes

Un nombre réel peut être *représenté* de plusieurs façons. Par exemple :

$$\frac{51}{5} = \frac{5,1}{0,5} = 10,2 = 1,02.10^1$$

ou encore :

$$\frac{4}{3} = 1,3\underline{3}\ldots$$

Il faut bien comprendre que, quelle que soit l'écriture adoptée, il s'agit toujours du *même* nombre. En particulier :

- $\frac{51}{5}$ est un nombre décimal ;
- $\sqrt{9}$ est un nombre entier naturel ;
- 45 est un nombre rationnel ;
- 1,3 est un nombre rationnel :
- 34,0 est un nombre entier.

Ces caractéristiques (décimal, entier, etc.) sont celles du nombre lui-même et pas de son écriture.

Ceci dit, selon le nombre rencontré, on préférera l'écrire sous la forme la plus simple. Par exemple, on écrira 3 plutôt que $\sqrt{9}\ldots$

Solution de l'exercice type 1

1 Avant de dire des bêtises, n'oubliez pas de simplifier $\sqrt{36} = 6$ et $\frac{21}{3} = 7$. On peut maintenant classer ces nombres :

- Comme 7 n'est pas le carré d'un entier, $\sqrt{7}$ est irrationnel.
- $-\frac{2}{3}$ est rationnel mais n'est pas décimal.
- 2,4 est décimal mais n'est pas entier.
- -11 est un entier relatif mais n'est pas un entier naturel (plus simplement, c'est un entier strictement négatif).
- $\sqrt{36}$ et $\frac{21}{3}$ sont des entiers naturels, même si leur *écriture* n'est pas entière.

2 $\sqrt{2} \in \mathbb{R}$; $\sqrt{64} \in \mathbb{Z}$; $\frac{3}{7} \notin \mathbb{N}$; $\pi \notin \mathbb{Q}$.

2 Savoir manier les fractions et les radicaux

Exercice type 2 Lycée Ampère, Lyon

Calculer et écrire sans radicaux au dénominateur :

$$A = \frac{7}{\sqrt{2}+1} + \frac{2\sqrt{3}}{\sqrt{3}-1}$$

Voir corrigé page 8

2.1 Règles de calculs avec les fractions

On rappelle ici les différentes techniques vues au collège :

Somme et différence On réduit au même dénominateur. Si les dénominateurs sont premiers entre eux, le dénominateur commun est le produit :

$$\frac{1}{2} - \frac{1}{3} = \frac{3}{6} - \frac{2}{6} = \frac{1}{6}$$

Si les dénominateurs ne sont pas premiers entre eux, on peut trouver un dénominateur commun plus petit que le produit :

$$\frac{1}{4} - \frac{1}{6} = \frac{3}{12} - \frac{2}{12} = \frac{1}{12}$$

Produit Le numérateur du produit est le produit des numérateurs, le dénominateur du produit est le produit des dénominateurs :

$$\frac{a}{b} \times \frac{c}{d} = \frac{ac}{bd}$$

Notez qu'il peut être judicieux de décomposer les différents facteurs et simplifier *avant* de multiplier :

$$\frac{32}{35} \times \frac{25}{8} = \frac{4\times 8}{5\times 7} \times \frac{5\times 5}{8} = \frac{4\times 8\times 5\times 5}{5\times 7\times 8} = \frac{4\times 5}{7} = \frac{20}{7}$$

est préférable (si on calcule à la main) à :

$$\frac{32}{35} \times \frac{25}{8} = \frac{800}{280} = \ldots = \frac{20}{7}$$

Bien sûr, si vous faites le même calcul à la machine, vous pouvez préférer la deuxième méthode, moins économique mais plus directe.

Quotient Diviser par une fraction, c'est multiplier par son inverse. Par exemple :

$$\frac{\frac{3}{16}}{\frac{5}{4}} = \frac{3}{16} \times \frac{4}{5} = \frac{3\times 4}{4\times 4\times 5} = \frac{3}{20}$$

Remarque

Le mot *fraction* désigne seulement une *écriture* du type : $\frac{a}{b}$. Le nombre ainsi représenté n'est pas nécessairement rationnel. Ainsi, $\frac{\sqrt{2}}{3}$ est un nombre irrationnel, écrit sous la forme d'une fraction.
Rassurez-vous : les règles de calculs que nous venons d'énoncer s'appliquent à toutes les fractions, qu'elles représentent ou non un nombre rationnel.

2.2 Règles de calcul avec les radicaux

Vous avez appris en troisième que, si a et b sont deux réels positifs :

1 $\sqrt{a}\sqrt{b} = \sqrt{ab}$.

2 $\sqrt{a} + \sqrt{b} \neq \sqrt{a+b}$ (sauf si a ou b est nul).

3 $(\sqrt{a})^2 = a$. Attention, si $x < 0$, $\sqrt{x^2} = -x$! (Essayez avec $x = -2$).

Précisons le vocabulaire : le mot *radical* désigne une façon d'écrire certains nombres. 2 est une *racine carrée*, (celle de 4), mais ce n'est un radical que si on l'écrit : $\sqrt{4}$.

Dans l'écriture des fractions, on évite de laisser des radicaux au dénominateur.

Cas n° 1 Le dénominateur *est* un radical. On simplifie en le multipliant par lui-même. Par exemple :

$$\frac{1}{3\sqrt{2}} = \frac{1 \times \sqrt{2}}{3(\sqrt{2})^2} = \frac{\sqrt{2}}{6}$$

Cas n° 2 Le dénominateur est une somme contenant des radicaux. On utilise alors la quantité conjuguée. La quantité conjuguée de $a + b$ est l'expression $a - b$. On fait apparaître un produit remarquable, qui permet de se débarrasser des radicaux. Par exemple :

$$\begin{aligned}\frac{2}{\sqrt{5}-\sqrt{3}} &= \frac{2 \times (\sqrt{5}+\sqrt{3})}{(\sqrt{5}-\sqrt{3})(\sqrt{5}+\sqrt{3})} \\ &= \frac{2 \times (\sqrt{5}+\sqrt{3})}{5-3} \\ &= \frac{2 \times (\sqrt{5}+\sqrt{3})}{2} \\ &= \sqrt{5}+\sqrt{3}\end{aligned}$$

Solution de l'exercice type 2

$$\begin{aligned}A &= \frac{7}{\sqrt{2}+1} + \frac{2\sqrt{3}}{\sqrt{3}-1} \\ &= \frac{7 \times (\sqrt{2}-1)}{(\sqrt{2}+1)(\sqrt{2}-1)} + \frac{2\sqrt{3} \times (\sqrt{3}+1)}{(\sqrt{3}-1)(\sqrt{3}+1)} \\ &= \frac{7 \times (\sqrt{2}-1)}{2-1} + \frac{2\sqrt{3} \times (\sqrt{3}+1)}{3-1} \\ &= 7\sqrt{2} - 7 + \frac{6+2\sqrt{3}}{2} \\ &= 7\sqrt{2} - 7 + 3 + \sqrt{3} \\ &= 7\sqrt{2} - 4 + \sqrt{3}\end{aligned}$$

3 Intervalles et inégalités

Exercice type 3 — Lycée Alain, Le Vésinet

Exprimer par un intervalle :

1. $x > 2$
2. $x \leq -3$
3. $-1 < x \leq 5$
4. $x > 2$ et $x < 6$
5. $x < 2$ ou $x \geq 4$

Voir corrigé page 13

3.1 Comment écrire un intervalle ?

Définition 1 (Intervalles)

L'intervalle $[a; b]$ est l'ensemble des réels compris entre a et b. $[a; b]$ contient a et b, alors que $]a; b[$ ne contient ni a, ni b.

Définition 2 (Bornes)

Un intervalle a toujours *deux* bornes : $[1, 3]$ contient tous les réels compris entre 1 et 3. $]-\infty, 2]$ contient tous les réels compris entre $-\infty$ et 2, ou plus simplement tous les réels inférieurs ou égaux à 2 ($-\infty$ est une borne conventionnelle). Dans l'écriture, on sépare les deux bornes par une virgule ou par un point-virgule s'il risque d'y avoir une ambiguïté. Par exemple, on écrira [1,2; 3] plutôt que [1,2, 3] car on pourrait confondre avec [1; 2,3].

Définition 3 (Crochets)

Le sens des crochets indique si la borne est contenue ou non dans l'intervalle. Si le crochet est tourné vers l'intérieur, on « prend » la borne. Par exemple, $]-7, -3]$ contient -3 mais ne contient pas -7. Comme les bornes $-\infty$ et $+\infty$ sont de pures conventions, elles sont toujours exclues de l'intervalle.

Définition 4 (Réunion)

L'ensemble $[1, 3] \cup [5, 6]$ contient les éléments de $[1, 3]$ et ceux de $[5, 6]$. Autrement dit, il contient tous les réels qui sont dans $[1, 3]$ *ou* dans $[5, 6]$. Remarque : cet ensemble n'est pas lui-même un intervalle.

Définition 5 (Intersection)

$[1, 4] \cap [3, 7]$ contient les réels qui sont dans les deux intervalles à la fois, c'est-à-dire les réels qui sont dans $[1, 4]$ *et* dans $[3, 7]$. Concrètement, il s'agit des points compris entre 3 et 4, comme le confirme le schéma suivant, on l'on a grisé la partie commune aux deux intervalles :

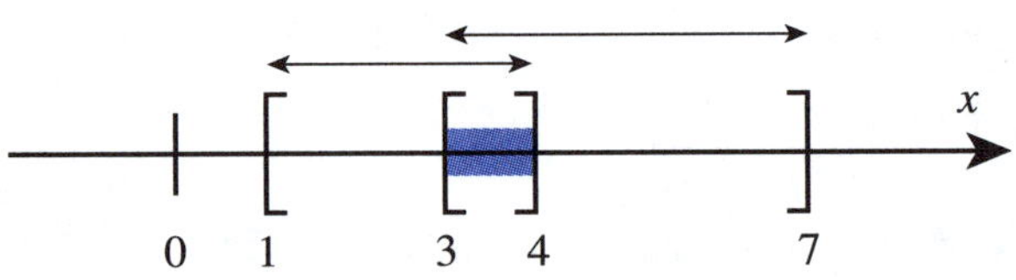

$$[1, 4] \cap [3, 7] = [3, 4]$$

3.2 Opérations permises sur les inégalités

On est amené, pour comparer ou encadrer des nombres, à effectuer des opérations sur les inégalités, par exemple pour passer de $2x < 6$ à $x < 3$. Certaines opérations ne posent aucun problème. Pour d'autres, il faut changer le sens de l'inégalité. D'autres enfin ne s'appliquent que si les nombres concernés vérifient une condition de signe. Concrètement, on peut :

Ajouter un même réel à une inégalité ou ajouter deux inégalités de même sens membre à membre. Si l'une des inégalités était large, l'inégalité obtenue est large. Par exemple, si $x + 7 \geq 5$, on peut ajouter -7 aux deux membres et obtenir : $x \geq -2$.

Multiplier les deux membres par un réel S'il est positif, on garde le sens, s'il est négatif on change le sens de l'inégalité. Par exemple, si $7x \leq -3$, on peut diviser par 7 les deux membres :

$$x \leq -\frac{3}{7}$$

Le sens ne change pas car 7 est positif.

Élever les deux membres de l'inégalité au carré ou au contraire passer à la racine sans changer le sens de l'inégalité, *à condition que les deux membres soient positifs*. Si $x > 5$, on peut écrire $x^2 > 25$. Attention, si l'on considère l'encadrement $-2 < x < 5$, on ne peut pas procéder simplement et écrire $4 < x^2 < 25$, car x pourrait par exemple être égal à 0 ou 1. Le meilleur encadrement possible est : $0 \leq x < 25$.

Inverser les deux membres en changeant le sens de l'inégalité, mais seulement *à condition que les deux membres aient le même signe !* (et qu'ils soient non nuls). Par exemple, $-5 < -3$ donc $-\frac{1}{5} > -\frac{1}{3}$.

Attention

L'équivalent de l'inégalité $x \geq 5$ n'est pas $\frac{1}{x} \leq \frac{1}{5}$, mais $0 < \frac{1}{x} \leq 5$ (car on sait que l'inverse d'un nombre positif est positif).

3.3 Utiliser les carrés et les produits croisés

On sait que, pour deux fractions $\frac{a}{b}$ et $\frac{c}{d}$, on a :

$$\frac{a}{b} = \frac{c}{d} \Leftrightarrow ad = bc$$

(Propriété dite des produits « en croix » ou « croisés »).

Lorsque a, b, c et d sont positifs, on peut utiliser ces produits croisés avec une inégalité :

$$\frac{a}{b} < \frac{c}{d} \Leftrightarrow ad < bc$$
$$\frac{a}{b} > \frac{c}{d} \Leftrightarrow ad > bc$$
$$\frac{a}{b} \leq \frac{c}{d} \Leftrightarrow ad \leq bc$$
$$\frac{a}{b} \geq \frac{c}{d} \Leftrightarrow ad \geq bc$$

Exemple

Montrons que $\frac{23}{5} > \frac{7}{2}$. Il suffit de constater que

$$23 \times 2 = 46 > 5 \times 7 = 35.$$

3.4 Utiliser le signe de la différence

Pour comparer deux nombres x et y, on peut étudier le signe de leur différence $x - y$:

$$\begin{cases} \text{Si } x - y > 0, \text{ alors } x > y \\ \text{Si } x - y < 0, \text{ alors } x < y \end{cases}$$

Exemple

On veut résoudre l'inéquation : $\frac{1}{x} < 2$. Il serait maladroit d'utiliser les produits croisés, car on ne connaît pas le signe de x. Vous pouvez vérifier qu'on obtiendrait : $\frac{1}{2} < x$ ce qui est faux car, par exemple, -1 est solution de $\frac{1}{x} < 2$ mais ne vérifie pas $\frac{1}{2} < x$. Il faut au contraire :

1. Écrire la différence : $\frac{1}{x} - 2$;
2. Réduire au même dénominateur : $\frac{1-2x}{x}$;
3. Utiliser un tableau de signe :

x	$-\infty$		0		$\frac{1}{2}$		$+\infty$
x		$-$	0	$+$	|	$+$	
$1-2x$		$+$	|	$+$	0	$-$	
$\frac{1-2x}{x}$		$-$	||	$+$	0	$-$	

Il suffit de lire dans le tableau où sont situés les réels tels que $\frac{1-2x}{x} < 0$:

$$S =]-\infty, 0[\cup \left]\frac{1}{2}, +\infty\right[$$

3.5 Résolution graphique d'une inéquation

Pour résoudre *graphiquement* une inéquation du type $f(x) \leq g(x)$, on trace la courbe des deux fonctions (soit « à la main », soit à l'aide de la calculatrice). Il suffit de lire sur l'axe des abscisses les valeurs de x pour lesquelles la courbe de g est au-dessus de celle de g. Habituellement, l'ensemble de ces valeurs est un intervalle ou une réunion d'intervalles de $\mathbb{R}$.

Par exemple, la figure ci-contre montre que :

- Si $0 < x < 1$, alors $x^3 < x^2 < x$.
- Si $x > 1$, alors $x < x^2 < x^3$.

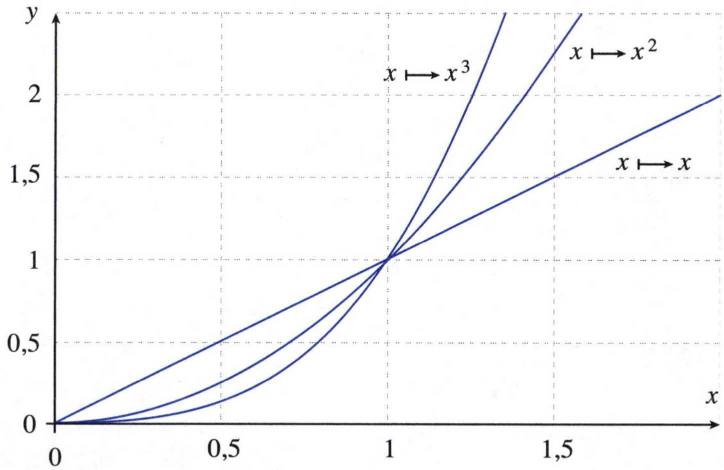

Solution de l'exercice type 3

1. $]2, +\infty[$
2. $]-\infty, -3]$
3. $]-1, 5]$
4. $]2, 6[$
5. $]-\infty, 2[\cup[4, +\infty[$

COURS
EXERCICES
CORRIGÉS

QCM 1 Décimaux

1 min. | corrigé *p. 25*

Quels sont les décimaux ?

a $1{,}27$ b $-\dfrac{17}{3}$

c $\sqrt{64}$ d $\sqrt{8}-\sqrt{2}$

QCM 2 Rationnels

1 min. | corrigé *p. 25*

Quels sont les rationnels ?

a -15 b $\sqrt{5}$

c $\dfrac{\sqrt{27}}{\sqrt{3}}$ d $2{,}34$

QCM 3 Radicaux

2 min. | corrigé *p. 25*

Vrai ou faux ?

a $\sqrt{2}-1$ est l'opposé de $\sqrt{2}+1$ b $\sqrt{2}-1$ est l'inverse de $\sqrt{2}+1$

c $\sqrt{8}+\sqrt{2}=3\sqrt{2}$ d $\sqrt{8}+\sqrt{2}=\sqrt{10}$

e $\sqrt{-4}=-2$

QCM 4 Fractions

3 min. | corrigé *p. 25*

Vrai ou faux ?

a $\dfrac{3}{5}=\dfrac{9}{25}$ b $\dfrac{3}{2}+\dfrac{3}{2}=\dfrac{3}{4}$

c $\dfrac{3}{5}\times\dfrac{20}{9}=\dfrac{4}{3}$ d $\dfrac{1}{4}+\dfrac{1}{6}=\dfrac{2}{3}$

QCM 5 Sens des inégalités

5 min. | corrigé *p. 26*

Vrai ou faux ?

a $\dfrac{3}{5}>\dfrac{4}{7}$ b $\sqrt{8}+\sqrt{2}<\sqrt{10}$

c $\sqrt{0{,}5}>0{,}5$ d $(3,1)^3<27$

QCM 6 Transformer des inégalités

3 min. corrigé p. 26

Vrai ou faux ?

a Si $x < 1$, alors $\frac{1}{x} > 1$

b Si $x \geq 2$, alors $\frac{1}{x} \leq \frac{1}{2}$

c Si $x < -2$, alors $\frac{1}{x} < -\frac{1}{2}$

d Si $x \geq 3$, alors $-2x \leq -6$

QCM 7 Passage au carré

5 min. corrigé p. 26

Vrai ou faux ?

a Si $2 \leq x \leq 3$, alors $4 \leq x^2 \leq 9$

b Si $-1 \leq x \leq 2$, alors $1 \leq x^2 \leq 4$

c Si $x \geq 2$, alors $x \leq x^2$

d Si $x < -1$, alors $x^3 < x$

QCM 8 Intervalles

5 min. corrigé p. 26

Vrai ou faux ?

a Si $0 \leq x \leq 3$, alors $x \in]0; 3[$.

b Si $x > 4$, alors $x \in]4; +\infty[$.

c Si $x \in]-\infty; 2] \cap [0; 4]$ alors $x \geq 0$ et $x \leq 2$.

d Si $x \in]-\infty; 4] \cap [0; 2]$ alors $x \leq 4$ et $x > 2$.

e Si $x \in [0; 1] \cup [2; 3]$ alors $x \in [0; 1]$ et $x \in [2; 3]$.

9 Ensembles

★ *10 min.* corrigé p. 26

Lycée Jacques Prévert, Taverny

Pour chaque nombre, donner le plus petit ensemble, parmi $\mathbb{N}$, $\mathbb{D}$, $\mathbb{Q}$, $\mathbb{R}$ auxquels ils appartiennent :

$$5 \times 10^{-4} \quad \frac{3{,}6 \times \sqrt{4}}{3} \quad \frac{64}{3} \quad \sqrt{\frac{25}{16}} \quad \sqrt{\frac{49}{9}}$$

10 Ensembles

★ 10 min. corrigé p. 27

Lycée Montchapet, Dijon

Parmi les nombres suivants :

$$4{,}567,\ 10^{-3},\ -10^{3},\ 6545,\ 4\times10^{-3},\ \sqrt{\pi},\ -\frac{3}{100},\ \frac{1}{3},\ -\frac{22}{9},\ \sqrt{3},\ \sqrt{144},\ 0,\ \frac{2}{\pi},\ -\frac{23}{6},\ \sqrt{\sqrt{81}}$$

1 Quels sont ceux qui sont décimaux ?

2 Quels sont ceux qui sont rationnels mais non décimaux ?

3 Quels sont ceux qui ne sont pas rationnels ?

11 Ensembles

★ 15 min. corrigé p. 27

Lycée Victor Louis, Talence

On considère les nombres suivants :

$a = 3{,}507$	$b = 5998$
$c = \sqrt{121}$	$d = 3{,}14$
$e = \frac{21}{6}$	$f = \pi$
$g = 4\times10^{-3}$	$h = \frac{1}{3}$
$i = 5^{-2}$	$j = \frac{1}{3} - \frac{3}{5} + \frac{8}{5} \times \frac{17}{12}$
$k = -\frac{22}{7}$	$l = \sqrt{2}$
$m = (3^2)^3 \times \frac{1}{9} \times 5^{-4}$	$n = \frac{1}{\sqrt{3}+1} + \frac{9-5\sqrt{3}}{10}$

1 Quels sont les nombres décimaux ?

2 Quels sont les nombres rationnels non décimaux ?

3 Quels sont les nombres non rationnels ?

12 Appartenance, inclusion

★ 15 min. corrigé p. 28

Lycée Gérard de Nerval, Soissons

Compléter par $\in$, $\notin$, $\subset$, $\not\subset$.

1 $\frac{-15}{3} \ldots \mathbb{Z}$

2 $\sqrt{9} \dots \mathbb{N}$

3 $\mathbb{Z} \dots \mathbb{Q}$

4 $\pi \dots \mathbb{Q}$

5 $\mathbb{N} \dots \mathbb{Q}^*$

6 $10^{-3} \dots \mathbb{R}_+$

13 Puissances et fractions

★ 5 min. corrigé p. 29

Lycée Henri IV, Paris

Écrire sous la forme $2^n \times 3^p \times 5^q$ avec $n \in \mathbb{Z}$, $p \in \mathbb{Z}$, $q \in \mathbb{Z}$:

1 $A = \dfrac{5^3 \times 8^3 \times 9^2}{15^2 \times 12^4}$

2 $B = \dfrac{12^3 \times 15^{-3}}{5^{-2} \times 2^3}$

14 Puissances et fractions

★ 5 min. corrigé p. 29

Lycée Hoche, Versailles

Simplifier l'écriture de $A = \dfrac{(0,2)^3 \times 10^4}{2^3 \times 81} : \dfrac{-8^3 \times 15}{(-12)^5}$.

15 Puissances et fractions

★ 10 min. corrigé p. 29

Lycée Louis le Grand, Paris

Calculer :

1 $A = \dfrac{-1^5(2^3)(-7)^4}{21^2(-6)^3}$

2 $B = \dfrac{3 - \frac{1}{4}}{2 + \frac{1}{4}} \times \dfrac{\frac{4}{15} - \frac{1}{10}}{\frac{2}{3} - \frac{1}{6}} : \dfrac{1 + \frac{2}{5}}{2 - \frac{1}{5}}$

16 Radicaux

★ 5 min. corrigé p. 30

Lycée Henri IV, Paris

Simplifier afin que le résultat contienne au plus un radical $\sqrt{b}$, où $b \in \mathbb{N}$, et b est le plus petit possible.

1 $C = \sqrt{27} - 2\sqrt{75} + 3\sqrt{12}$

2 $D = \sqrt{\dfrac{6,3}{2,8}} \times \sqrt{\dfrac{18}{0,72}}$

17 Radicaux

★ 10 min. corrigé p. 31

Lycée Charlemagne, Paris

Écrire A et B sous la forme $a + \sqrt{b}$, où a et b sont rationnels.

1 $A = \dfrac{3}{\sqrt{5}+2}$

2 $B = \dfrac{2\sqrt{5}+3}{\sqrt{5}-1}$

18 Calculs algébriques

★ 5 min. corrigé p. 31

Lycée Jean Zay, Orléans

Calculer la valeur de l'expression A pour $x = \dfrac{-1}{3}$ et $y = \dfrac{5}{2}$:

$$A = 18x^3y - 4xy^2 - y^3$$

19 Radicaux

★ 5 min. corrigé p. 32

Lycée Louis le Grand, Paris

Calculer

$$A = \frac{\sqrt{2}-1}{\sqrt{2}+1} + 8\sqrt{2}$$

20 Arithmétique

★ 5 min. corrigé p. 32

Lycée Emmanuel Mounier, Grenoble

On a planté des arbres également espacés sur le pourtour d'un terrain triangulaire dont les côtés mesurent 144 m, 180 m et 240 m. Sachant qu'il y a un arbre à chaque sommet et que la distance entre deux arbres consécutifs est un nombre entier de mètres, compris entre 5 et 10, calculez cette distance et le nombre d'arbres plantés.

21 Logique

★★ 10 min. corrigé p. 33

Lycée Madame de Staël, Montluçon

Compléter le tableau suivant par VRAI ou FAUX. Justifier la réponse FAUX.

P	Q	Si P alors Q	Si Q alors P	P équivaut à Q
x est multiple de 5	le chiffre des unités de x est 5			
$x = 2$	$x^2 = 4$			
$\frac{1}{x} > 0$	$x > 0$			

22 Calcul algébrique

★★ 10 min. corrigé p. 33

Lycée Romain Rolland, Ivry-sur-Seine

Calculer et simplifier :

1 $\dfrac{\frac{2}{7}+\frac{5}{21}}{\frac{5}{9}-\frac{1}{3}}$

2 $\dfrac{(2^{23})^{15}}{2^{1000}}$

3 $\left(1-\frac{1}{3}\right)\left(\frac{2}{5}+1-\frac{1}{2}\right)$

4 $\dfrac{(0{,}06)^4 \times (1,6)^{-3}}{30 \times (0{,}0002)^{-10}}$

23 Radicaux

★★ 10 min. corrigé p. 35

Lycée André Malraux, Biarritz

1 Écrire $(3-\sqrt{11})^2$ sous la forme $a+b\sqrt{11}$, où a et b sont des nombres entiers relatifs.

2 Quel est le signe de $3-\sqrt{11}$?

3 En déduire une autre écriture de $\sqrt{20-6\sqrt{11}}$.

24 Calculs algébriques

★★ 20 min. corrigé p. 35

Lycée Blaise Pascal, Orsay

1 Calculer $A = \dfrac{\frac{1}{2}-\frac{1}{3}+\frac{2}{5}+\frac{1}{6}}{\frac{1}{2}+\frac{1}{3}-\frac{2}{5}-\frac{5}{6}}$

COURS EXERCICES CORRIGÉS

2 Simplifier $B = \dfrac{(5^2 \times 10^{-5})^3}{(5 \times 10^{-3})^5} \times \left(\dfrac{10^2}{5}\right)^2$

3 Écrire plus simplement :

(a) $C = 2^{23} \times (0,5)^{24}$

(b) $D = \left(\dfrac{2}{3}\right)^{108} \times (1,5)^{107}$

4 Écriture scientifique de :

$$a = 0,000073654$$
$$b = 9325000$$
$$c = 0,023 \times 10^{-5}$$
$$d = 19,402 \times 10^2$$

25 Moyennes

★★ 25 min. corrigé p. 36

Lycée Condorcet, Paris

a et b étant deux réels strictement positifs, on définit A, G, H, par :
$A = \dfrac{a+b}{2}$, $G = \sqrt{ab}$, $\dfrac{2}{H} = \dfrac{1}{a} + \dfrac{1}{b}$

1 Calculer A, G, H, sachant que $a = \sqrt{7}$ et $b = 4\sqrt{7}$. Comparer A, G, et H (justifier).

2 Mêmes questions avec $a = 2^4$ et $b = 2^2 \times 3^{-2}$.

26 Radicaux

★★ 15 min. corrigé p. 37

Lycée Hoche, Versailles

1 Simplifier :

$$I = \sqrt{50} - 3\sqrt{2} + \frac{\sqrt{18}}{4} - \frac{\sqrt{2}}{2}$$

$$J = 7\sqrt{\frac{3}{7}} \times \sqrt{\frac{30}{49}}$$

$$K = \frac{\sqrt{6}}{\sqrt{3} - \sqrt{2}} + \frac{3}{\sqrt{3} + \sqrt{2}}$$

$$L = \left(\sqrt{3 - 2\sqrt{2}} + \sqrt{3 + 2\sqrt{2}}\right)^2$$

2 Calculer $(2 - \sqrt{13})^2$ et en déduire une écriture plus simple de $Y = \sqrt{17 - 4\sqrt{13}}$

27 Puissances

★★ 5 min. corrigé p. 38

Lycée Hoche, Versailles

Écrire sous la forme d'un produit de puissances de a, b et c ($\neq 0$) :

$$B = \left(\frac{a^3}{c}\right)^2 : \frac{[(a^7)^5 b^{-2}(c^{-3})^{-2}]^{-1}}{[ab^2(c^{-2})^{-3}]^2}$$

28 Fractions

★★ 15 min. corrigé p. 38

Lycée Louis le Grand

Écrire sous la forme d'une fraction :

$$A = \frac{1}{n(n+1)(n+2)} - \frac{1}{(n+1)(n+2)(n+3)}$$

En déduire :

$$B = \frac{1}{10 \times 11 \times 12 \times 13} + \frac{1}{11 \times 12 \times 13 \times 14} + \cdots + \frac{1}{19 \times 20 \times 21 \times 22}$$

29 Arithmétique

★★ 10 min. corrigé p. 40

Lycée René Cassin, Gonesse

Trouver l'entier naturel a tel que la différence entre son quotient par $\frac{2}{3}$ et son produit par $\frac{2}{7}$ soit égale à 221.

30 Arithmétique

★★★ 15 min. corrigé p. 40

Lycée Louis le Grand, Paris

Déterminer un nombre de trois chiffres sachant que :

1. la somme des chiffres est 18 ;
2. il augmente de 18 quand on permute les deux derniers chiffres ;
3. il diminue de 360 quand on permute les deux premiers chiffres.

31 Intervalles

★★ 10 min. corrigé p. 41

Lycée Auguste Renoir, Asnières-sur-Seine

Compléter le tableau page suivante :

COURS EXERCICES CORRIGÉS

appartenance à un ensemble	traduction avec des inégalités
$x \in [-1; 3]$	
	$x < 5$
$x \in]-\infty; -1]$	
	$x \leq 3$ et $x > -2$

32 Inéquations

★ 15 min. corrigé p. 41

Lycée Robespierre, Arras

Si on ajoute 7 à un nombre entier naturel N, le carré du nombre obtenu dépasse le carré de N de 357. Calculer N.

33 Ordre

★ 15 min. corrigé p. 42

Lycée Stanislas, Paris

Comparer la somme d'un nombre strictement positif et de son inverse avec 2.

34 Ordre

★ 5 min. corrigé p. 42

Lycée Saint Pierre, Brunoy

Ranger les nombres suivants dans l'ordre croissant :

$$\frac{13}{15}, \quad \frac{11}{15}, \quad \frac{11}{9}, \quad \frac{11}{7}$$

35 Ordre

★ 5 min. corrigé p. 43

Lycée Fragonard, l'Isle Adam

Comparer $(\sqrt{3} - \sqrt{2})^3$ et $(\sqrt{3} - \sqrt{2})^2$. Justifier.

36 Inéquations

★ 25 min. corrigé p. 43

Lycée Victor Hugo, Poitiers

Résoudre les inéquations et donner l'ensemble des solutions.

1. $x^2 > 9$
2. $4 < x^2 < 9$
3. $5 \leq 3x - 1 \leq 14$

37 Comparaisons

★★ 15 min. corrigé p. 44

Lycée Bernard Palissy, Agen

On donne le réel $a > 0$ et on considère le triangle ci-dessous :

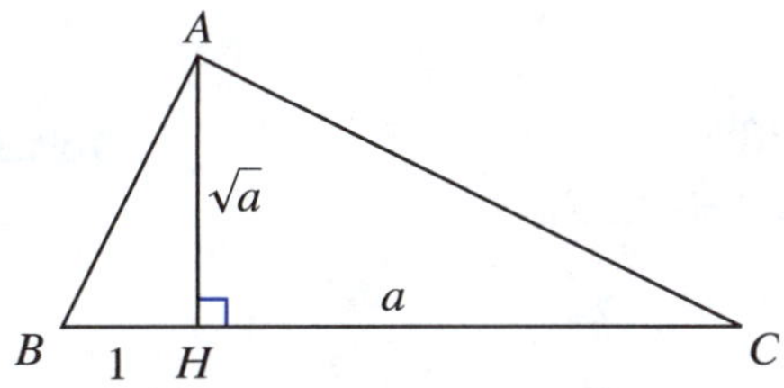

1 Exprimer AB^2, AC^2 et BC^2 en fonction de a. En déduire que A appartient au cercle de diamètre $[BC]$.

2 Montrer que $AC^2 - AB^2 = (a-1)(a+1)$ et en déduire la comparaison de AC et AB dans les cas suivants :

(a) $0 < a < 1$

(b) $a > 1$

38 Comparaisons

★★ 20 min. corrigé p. 44

Lycée Gérard de Nerval, Soissons

Montrer que si a et b sont strictement positifs, alors :

1 $\dfrac{1}{a+b} < \dfrac{1}{a} + \dfrac{1}{b}$

2 $\sqrt{a+b} < \sqrt{a} + \sqrt{b}$

Vérifier ces résultats pour $a = b = 2$.

39 Comparaisons

★★ 20 min. corrigé p. 45

Lycée Bascan, Rambouillet

Les réels a et b étant strictement positifs, montrer que :

$$\frac{8}{(\sqrt{a}+\sqrt{b})^2} \leq \frac{2}{\sqrt{ab}} \leq \frac{1}{a} + \frac{1}{b}$$

40 Encadrements

★★ 15 min. corrigé p. 45

Lycée Jean Condorcet, Bordeaux

On suppose que $-1 \leq x \leq 2$ et $4 \leq y \leq 5$. Encadrer $2x - 3y$, xy et $\frac{x}{y}$.

41 Encadrements

★★ 10 min. corrigé p. 46

Lycée Richelieu, Rueil-Malmaison

On sait que $2{,}65 < d < 2{,}75$ et $1{,}2 < e < 1{,}4$.

Calculer un encadrement de $5 \times d + 2 \times e$ et un encadrement de $\frac{1}{d} + \frac{1}{e}$.

42 Inéquation

★★ 30 min. corrigé p. 46

Lycée Van Gogh, Ermont

Résoudre dans $\mathbb{R}$:

$$\frac{9}{x+2} \geq x+2$$

QCM

1 Décimaux

énoncé p. 14

a OUI : $1{,}27 = \dfrac{127}{100}$ est décimal

b NON : 3 ne divise ni 10, ni 17, donc $-\dfrac{17}{3}$ est rationnel, mais il n'est pas décimal

c OUI : $\sqrt{64} = 8$ est entier, donc décimal

d NON : $\sqrt{8} - \sqrt{2} = 2\sqrt{2} - \sqrt{2} = \sqrt{2}$ n'est pas rationnel (donc pas décimal).

QCM

2 Rationnels

énoncé p. 14

choix -15 est entier, donc rationnel. a $\sqrt{5}$ est irrationnel.

b (Piège !) $\dfrac{\sqrt{27}}{\sqrt{3}} = \sqrt{9} = 3$ est entier, donc rationnel !

c 2,34 est décimal, donc rationnel.

QCM

3 Radicaux

énoncé p. 14

a NON, c'est $-\sqrt{2} - 1$ est l'opposé de $\sqrt{2} + 1$.

b OUI, car $(\sqrt{2} - 1) \times (\sqrt{2} + 1) = \sqrt{2}^2 - 1^2 = 2 - 1 = 1$.

c OUI, car $\sqrt{8} = 2\sqrt{2}$

d NON, car $\sqrt{8} + \sqrt{2} = 3\sqrt{2}$, donc $(\sqrt{8} + \sqrt{2})^2 = 9 \times 2 = 18$, et non 10.

e NON, car la racine carré de -4 n'est pas définie (ne pas confondre avec $-\sqrt{4} = -2$).

QCM

4 Fractions

énoncé p. 14

a NON, mais $\left(\dfrac{3}{5}\right)^2 = \dfrac{9}{25}$.

b NON, $\dfrac{3}{2} + \dfrac{3}{2} = 3$.

c OUI, $\dfrac{3}{5} \times \dfrac{20}{9} = \dfrac{3 \times 4 \times 5}{5 \times 3 \times 3} = \dfrac{4}{3}$.

d NON, car $12 \times (\dfrac{1}{4} + \dfrac{1}{6}) = 3 + 2 = 5$, alors que $12 \times \dfrac{2}{3} = 8\ldots$

QCM 5 Sens des inégalités

énoncé p. 14

a VRAI, car $3 \times 7 > 5 \times 4$.

b FAUX, car $(\sqrt{8} + \sqrt{2})^2 = 8 + 2 + 2 \times \sqrt{8} \times \sqrt{2} > 10$.

c VRAI, en comparant les carrés : $0{,}5 > 0{,}25$.

d FAUX, car $3 < 3{,}1$ donc en élevant au cube : $27 < (3{,}1)^3$.

QCM 6 Transformer des inégalités

énoncé p. 15

a FAUX. Si $x < 0$, alors $\dfrac{1}{x} < 0$

b VRAI.

c FAUX. Si $x = -10$, alors $\dfrac{1}{x} = -\dfrac{1}{10} > -\dfrac{1}{2}$.

d VRAI : la multiplication par un nombre négatif change le sens de l'inégalité.

QCM 7 Passage au carré

énoncé p. 15

a VRAI car les trois membres de l'encadrement sont positifs.

b FAUX. Par exemple, pour $x = 0$, on a bien $-1 \leq x \leq 2$, mais l'encadrement $1 \leq x^2 \leq 4$ est faux.

c VRAI. C'est d'ailleurs le cas dès que $x \geq 1$.

d VRAI. Si $x < -1$, alors $x^2 > 1$. On multiplie les deux membres par x, qui est négatif, d'où : $x^3 < x$.

QCM 8 Intervalles

énoncé p. 15

a FAUX. L'intervalle est : $[0; 3]$ (inégalités larges).

b VRAI. Si $x > 4$, alors $x \in]4; +\infty[$.

c VRAI. x doit appartenir aux deux intervalles. On a donc, d'une part : $x \leq 2$ et $x \leq 4$, donc $x \leq 2$, et de l'autre : $x \geq 0$.

d FAUX. On doit avoir $x \in [0; 2]$ donc $x \leq 2$.

e FAUX. Les deux conditions sont d'ailleurs incompatibles. Il faudrait dire : « Si $x \in [0; 1] \cup [2; 3]$ alors $x \in [0; 1]$ ou $x \in [2; 3]$. »

9 Ensembles

énoncé p. 15

Lycée Jacques Prévert, Taverny

1 $5 \times 10^{-4} = 0{,}0005$ est un nombre décimal ;

2 $\dfrac{3{,}6 \times \sqrt{4}}{3} = 1{,}2 \times 2 = 2{,}4$ est un nombre décimal ;

3 $\frac{64}{3}$ est rationnel (mais non décimal) ;

4 $\sqrt{\frac{25}{16}} = \frac{5}{4} = 1{,}25$ est décimal ;

5 $\sqrt{\frac{49}{9}} = \frac{7}{3}$ est rationnel, non décimal.

10 Ensembles

énoncé p. 16

Lycée Montchapet, Dijon

1 Rappel : Un nombre est *décimal* s'il s'écrit sous la forme :

$$\frac{n}{10^k}$$

où n et k sont des entiers. En particulier, les nombres entiers sont des décimaux, puisqu'ils s'écrivent :

$$n = \frac{n}{10^0}$$

Parmi ceux proposés, sont décimaux : $4{,}567$ car $4{,}567 = \frac{4567}{1000}$; 10^{-3} car $10^{-3} = \frac{1}{1000}$; $-10^3 = -1000$ est entier ; 6545 est entier ; 4×10^{-3} car $4 \times 10^{-3} = \frac{4}{1000}$; $-\frac{3}{100}$; $\sqrt{144} = 12$ est entier ; 0 est entier ; $\sqrt{\sqrt{81}} = \sqrt{9} = 3$ est entier.

2 Sont rationnels mais non décimaux : $\frac{1}{3}$, $-\frac{22}{9}$, $-\frac{21}{6}$

3 Sont irrationnels : $\sqrt{\pi}$, $\sqrt{3}$, $\frac{2}{\pi}$.

11 Ensembles

énoncé p. 16

Lycée Victor Louis, Talence

a est décimal ;

b est entier, donc décimal ;

$c = \sqrt{121} = 11$ est entier, donc décimal ;

$d = 3{,}14$ est décimal ;

$e = \frac{21}{6} = \frac{7}{2} = 3{,}5$ est décimal ;

$f = \pi$ est irrationnel ;

$g = \frac{4}{1000} = 0{,}004$ est décimal ;

$h = \frac{1}{3}$ est rationnel mais non décimal ;

$i = 5^{-2} = \frac{1}{25} = 0{,}04$ est décimal ;

$j = \frac{1}{3} - \frac{3}{5} + \frac{8}{5} \times \frac{17}{12}$

$= \frac{5}{15} - \frac{9}{15} + \frac{34}{15} = \frac{30}{15} = 2$ est entier ;

$k = \frac{-22}{7}$ est rationnel, non décimal ;

$l = \sqrt{2}$ est irrationnel ;

$m = (3^2)^3 \times \frac{1}{9} \times 5^{-4} = \frac{9^2}{5^4} = 0{,}1296$ est décimal ;

$n = \frac{1}{\sqrt{3}+1} + \frac{9-5\sqrt{3}}{10}$

$= \frac{10+(9-5\sqrt{3})(\sqrt{3}+1)}{10(\sqrt{3}+1)}$ (en réduisant au même dénominateur)

$= \frac{10+9\sqrt{3}+9-15-5\sqrt{3}}{10(\sqrt{3}+1)}$

$= \frac{4+4\sqrt{3}}{10(\sqrt{3}+1)}$

$= \frac{4(1+\sqrt{3})}{10(\sqrt{3}+1)}$

$= \frac{2}{5} = 0{,}4$ donc n est décimal.

12 Appartenance, inclusion

énoncé p. 16

Lycée Gérard de Nerval, Soissons

1 $\frac{-15}{3} \in \mathbb{Z}$ $(\frac{-15}{3} = -5)$.

2 $\sqrt{9} \in \mathbb{N}$ (car $\sqrt{9} = 3$).

3 $\mathbb{Z} \subset \mathbb{Q}$ (tous les entiers sont en particulier rationnels, car ils peuvent s'écrire sous la forme d'une fraction d'entiers ; par exemple, $5 = \frac{5}{1}$).

4 $\pi \notin \mathbb{Q}$, car π n'est pas rationnel. C'est pour cela que le développement décimal de π, non seulement est infini, mais de plus ne se « répète » jamais. « Pire », on ne peut même pas écrire π comme la racine d'un nombre rationnel (on dit que π est « transcendant »).

5 $\mathbb{N} \not\subset \mathbb{Q}^*$ (car $0 \in \mathbb{N}$ mais $0 \notin \mathbb{Q}^*$).

6 $10^{-3} \in \mathbb{R}^+$, car 10^{-3} est positif.

13 Puissances et fractions

énoncé p. 17

Lycée Henri IV, Paris

1.
$$\begin{aligned} A &= \frac{5^3 \times 8^3 \times 9^2}{15^2 \times 12^4} \\ &= \frac{5^3 \times 2^9 \times 3^4}{3^2 \times 5^2 \times 3^4 \times 2^8} \\ &= \frac{5 \times 2}{3^2} \\ &= 5 \times 3^{-2} \times 2 \end{aligned}$$

2.
$$\begin{aligned} B &= \frac{12^3 \times 15^{-3}}{5^{-2} \times 2^3} \\ &= \frac{12^3 \times 5^2}{15^3 \times 2^3} \\ &= \frac{2^6 \times 3^3 \times 5^2}{5^3 \times 3^3 \times 2^3} \\ &= \frac{2^3}{5} \\ &= 2^3 \times 5^{-1} \end{aligned}$$

14 Puissances et fractions

énoncé p. 17

Lycée Hoche, Versailles

On applique les règles de calculs avec les fractions :

$$\begin{aligned} A &= \frac{(0,2)^3 \times 10^4}{2^3 \times 81} : \frac{-8^3 \times 15}{(-12)^5} \\ &= \left(\frac{2}{10}\right)^3 \times \frac{5^4 \times 2^4}{2^3 \times 3^4} \times \frac{-12^5}{-8^3 \times 15} \\ &= \frac{2^3 \times 5^4 \times 2^4 \times 3^5 \times 2^{10}}{2^3 \times 5^3 \times 2^3 \times 3^4 \times 2^9 \times 3 \times 5} \\ &= 2^2 \text{ (après simplifications)} \\ &= 4 \end{aligned}$$

15 Puissances et fractions

énoncé p. 17

Lycée Louis le Grand, Paris

1 On obtient :

$$\begin{aligned} A &= \frac{2^3 \times 7^4}{3^2 \times 7^2 \times 2^3 \times 3^3} \\ &= \frac{7^2}{3^5} \end{aligned}$$

Il n'est normalement pas nécessaire d'aller plus loin. (A tout hasard, $A = \frac{49}{243}$).

2 Il faut réduire petit à petit au même dénominateur :

$$B = \frac{3-\frac{1}{4}}{2+\frac{1}{4}} \times \frac{\frac{4}{15}-\frac{1}{10}}{\frac{2}{3}-\frac{1}{6}} : \frac{1+\frac{2}{5}}{2-\frac{1}{5}}$$

$$= \frac{\frac{12}{4}-\frac{1}{4}}{\frac{8}{4}+\frac{1}{4}} \times \frac{\frac{8}{30}-\frac{3}{30}}{\frac{4}{6}-\frac{1}{6}} : \frac{\frac{5}{5}+\frac{2}{5}}{\frac{10}{5}-\frac{1}{5}}$$

$$= \frac{\frac{11}{4}}{\frac{9}{4}} \times \frac{\frac{5}{30}}{\frac{3}{6}} : \frac{\frac{7}{5}}{\frac{9}{5}}$$

$$= \frac{11}{9} \times \frac{\frac{1}{6}}{\frac{3}{6}} : \frac{7}{9} = \frac{11}{9} \times \frac{1}{3} \times \frac{9}{7}$$

$$= \frac{11 \times 9}{9 \times 3 \times 7} = \frac{11}{21}$$

16 Radicaux

énoncé p. 17

Lycée Henri IV, Paris

1. $C = \sqrt{27} - 2\sqrt{75} + 3\sqrt{12}$

$$= 3\sqrt{3} - 2.5\sqrt{3} + 3.2\sqrt{3}$$

$$= (3 - 10 + 6)\sqrt{3}$$

$$= -\sqrt{3}$$

2. $D = \sqrt{\frac{6,3}{2,8}} \times \sqrt{\frac{18}{0,72}}$

$$= \sqrt{\frac{63}{28}} \times \sqrt{\frac{18 \times 100}{72}}$$

$$= \sqrt{\frac{9}{4}} \times \sqrt{\frac{100}{4}}$$

$$= \sqrt{\frac{9}{4}} \times \sqrt{25}$$

$$= \frac{3}{2} \times 5$$

$$= \frac{15}{2}$$

17 Radicaux

énoncé p. 18

Lycée Charlemagne, Paris

1 On utilise la quantité conjuguée $\sqrt{5}-2$ pour simplifier le dénominateur :

$$\begin{aligned} A &= \frac{3}{\sqrt{5}+2} \\ &= \frac{3(\sqrt{5}-2)}{(\sqrt{5}+2)(\sqrt{5}-2)} \\ &= \frac{3(\sqrt{5}-2)}{5-4} = 3\sqrt{5}-6 = \sqrt{45}-6 \end{aligned}$$

2 De même que ci-dessus :

$$\begin{aligned} B &= \frac{2\sqrt{5}+3}{\sqrt{5}-1} \\ &= \frac{(2\sqrt{5}+3)(\sqrt{5}+1)}{(\sqrt{5}-1)(\sqrt{5}+1)} \\ &= \frac{10+2\sqrt{5}+3\sqrt{5}+3}{5-1} \\ &= \frac{13+5\sqrt{5}}{4} = \frac{13}{4} + \sqrt{\frac{125}{16}} \end{aligned}$$

18 Calculs algébriques

énoncé p. 18

Lycée Jean Zay, Orléans

$$\begin{aligned} A &= 18\left(\frac{-1}{3}\right)^3 \frac{5}{2} - 4\frac{-1}{3}\left(\frac{5}{2}\right)^2 - \left(\frac{5}{2}\right)^3 \\ &= 18 \times \frac{-1}{3^3} \times \frac{5}{2} + 4 \times \frac{1}{3} \times \frac{5^2}{2^2} - \frac{5^3}{2^3} \\ &= \frac{-3^2 \times 2 \times 5}{3^3 \times 2} + 4\frac{5^2}{3 \times 2^2} - \frac{5^3}{2^3} \\ &= -\frac{5}{3} + \frac{25}{3} - \frac{125}{8} \\ &= \frac{20}{3} - \frac{125}{8} \\ &= \frac{20 \times 8 - 125 \times 3}{24} \\ &= \frac{160-375}{24} \\ &= -\frac{215}{24} \end{aligned}$$

19 Radicaux

énoncé p. 18

Lycée Louis le Grand, Paris

Il faut commencer par se « débarrasser » du radical au dénominateur.

$$\begin{aligned} A &= \frac{\sqrt{2}-1}{\sqrt{2}+1} + 8\sqrt{2} \\ &= \frac{(\sqrt{2}-1)(\sqrt{2}-1)}{(\sqrt{2}+1)(\sqrt{2}-1)} + 8\sqrt{2} \\ &= \frac{2-2\sqrt{2}+1}{2-1} + 8\sqrt{2} \\ &= 3-2\sqrt{2}+8\sqrt{2} \\ &= 3+6\sqrt{2} \end{aligned}$$

N'essayez pas d'aller plus loin, et *surtout* ne donnez pas de résultat approximatif calculé à la machine !

20 Arithmétique

énoncé p. 18

Lycée Emmanuel Mounier, Grenoble

Appelons d la distance entre deux arbres consécutifs. d est un diviseur commun de 144, 180 et 240. On décompose ces trois entiers en facteurs premiers :

$$144 = 2^4 \times 3^2$$

$$180 = 2^2 \times 3^2 \times 5$$

$$240 = 2^4 \times 3 \times 5$$

Le plus grand diviseur commun à ces trois nombres est donc $2^2 \times 3 = 12$. d est donc un diviseur de 12. Les diviseurs de 12 sont : 1, 2, 3, 4, 6 et 12. Comme $5 \leq d \leq 10$, on a : $d = 6$.

Le périmètre du triangle étant de $144 + 240 + 180 = 564$, on doit donc disposer $\dfrac{564}{6} = 94$ arbres.

21 Logique

énoncé p. 18

Lycée Madame de Staël, Montluçon

P	Q	Si P alors Q	Si Q alors P	P équivaut à Q
x est multiple de 5	le chiffre des unités de x est 5	FAUX (par ex : $x = 10$)	VRAI	FAUX
$x = 2$	$x^2 = 4$	VRAI	FAUX (on peut avoir $x = -2$)	FAUX
$\frac{1}{x} > 0$	$x > 0$	VRAI	VRAI	VRAI

Remarque

Pour dire : « P équivaut à Q » (en abrégé : $P \Leftrightarrow Q$), il faut pouvoir dire à la fois « si P alors Q » et « si Q alors P ».

22 Calcul algébrique

énoncé p. 19

Lycée Romain Rolland, Ivry-sur-Seine

1

$$\frac{\frac{2}{7}+\frac{5}{21}}{\frac{5}{9}-\frac{1}{3}} = \frac{\frac{6}{21}+\frac{5}{21}}{\frac{5}{9}-\frac{3}{9}} = \frac{\frac{11}{21}}{\frac{2}{9}} = \frac{9 \times 11}{21 \times 2} = \frac{3 \times 3 \times 11}{3 \times 7 \times 2} = \frac{33}{14}$$

2

$$\frac{(2^{23})^{15}}{2^{1000}} = 2^{23 \times 15 - 1000} = 2^{-655}$$

3

$$\left(1-\frac{1}{3}\right)\left(\frac{2}{5}+1-\frac{1}{2}\right)=\frac{2}{3}\times\left(\frac{4}{10}+\frac{10}{10}-\frac{5}{10}\right)$$
$$=\frac{2}{3}\times\frac{9}{10}$$
$$=\frac{2\times 3\times 3}{3\times 2\times 5}=\frac{3}{5}$$

4 On peut commencer par écrire :

$$0{,}06=\frac{6}{100}=\frac{3}{50}=\frac{3}{2\times 5^2}$$

d'où :

$$(0{,}06)^4=\frac{3^4}{2^4\times 5^8}$$

De plus :

$$1{,}6=\frac{16}{10}=\frac{8}{5}=\frac{2^3}{5}$$

d'où :

$$(1{,}6)^{-3}=\frac{2^{-9}}{5^{-3}}=\frac{5^3}{2^9}$$

De même :

$$0{,}0002=\frac{2}{10000}=\frac{2}{10^4}=\frac{2}{2^4\times 5^4}=\frac{1}{2^3\times 5^4}$$

et donc :

$$(0{,}0002)^{-10}=\left(\frac{1}{2^3\times 5^4}\right)^{-10}=2^{30}\times 5^{40}$$

On peut donc calculer :

$$\frac{(0{,}06)^4\times(1,6)^{-3}}{30\times(0{,}0002)^{-10}}=\frac{3^4}{2^4\times 5^8}\times\frac{5^3}{2^9}\times\frac{1}{30}\times\frac{1}{2^{30}\times 5^{40}}$$
$$=\frac{3^4\times 5^3}{2^4\times 5^8\times 2^9\times 2\times 3\times 5\times 2^{30}\times 5^{40}}$$
$$=\frac{3^3}{2^{44}\times 5^{46}}\text{ (en simplifiant)}$$

On peut encore simplifier en remarquant :

$$\frac{3^3}{2^{44}\times 5^{46}}=\frac{2^2\times 3^3}{2^{46}\times 5^{46}}$$
$$=\frac{4\times 27}{10^{46}}$$
$$=108\times 10^{-46}=1{,}08\times 10^{-44}$$

23 Radicaux

énoncé p. 19

Lycée André Malraux, Biarritz

1 Il s'agit d'un produit remarquable :

$$(3-\sqrt{11})^2 = 9 - 6\sqrt{11} + 11 = 20 - 6\sqrt{11}$$

2 $3^2 = 9$ et $(\sqrt{11})^2 = 11$, donc $3 < \sqrt{11}$; on en déduit : $3 - \sqrt{11} < 0$.

3 Comme $(3-\sqrt{11})^2 = 20-6\sqrt{11}$, on sait que $\sqrt{20-6\sqrt{11}} = (3-\sqrt{11})$ ou $\sqrt{20-6\sqrt{11}} = -(3-\sqrt{11})$.
Comme $3 - \sqrt{11} < 0$, la racine carrée de $(20 - 6\sqrt{11})$ (qui doit être positive) est donc : $-(3-\sqrt{11}) = \sqrt{11} - 3$.

24 Calculs algébriques

énoncé p. 19

Lycée Blaise Pascal, Orsay

$$A = \frac{\frac{1}{2} - \frac{1}{3} + \frac{2}{5} + \frac{1}{6}}{\frac{1}{2} + \frac{1}{3} - \frac{2}{5} - \frac{5}{6}} = \frac{\frac{15}{30} - \frac{10}{30} + \frac{12}{30} + \frac{5}{30}}{\frac{15}{30} + \frac{10}{30} - \frac{12}{30} - \frac{25}{30}} = \frac{\frac{22}{30}}{\frac{-12}{30}} = -\frac{22}{12} = -\frac{11}{6}$$

$$B = \frac{(5^2 \times 10^{-5})^3}{(5 \times 10^{-3})^5} \times \left(\frac{10^2}{5}\right)^2 = \frac{5^6 \times 10^{-15}}{5^5 \times 10^{-15}} \times \frac{10^4}{5^2} = 5 \times \frac{(5 \times 2)^4}{5^2} = \frac{5 \times 5^4 \times 2^4}{5^2} = 5^3.2^4$$

$$C = 2^{23} \times \left(\frac{1}{2}\right)^{24} = \frac{2^{23}}{2^{24}} = \frac{1}{2}$$

$$D = \left(\frac{2}{3}\right)^{108} \times \left(\frac{3}{2}\right)^{107} = \left(\frac{2}{3}\right)^{108} : \left(\frac{2}{3}\right)^{107} = \frac{2}{3}$$

$$a = 0,000\,073\,654 = 7,365\,4.10^{-5}$$

$$b = 9\,325\,000 = 9,325.10^{6}$$

$$c = 0,023 \times 10^{-5} = 2,3.10^{-2} \times 10^{-5} = 2,3.10^{-7}$$

$$d = 19,402 \times 10^{2} = 1,940\,2.10^{3}$$

25 Moyennes

énoncé p. 20

Lycée Condorcet, Paris

1

$$A = \frac{\sqrt{7}+4\sqrt{7}}{2} = \frac{5\sqrt{7}}{2}$$
$$G = \sqrt{\sqrt{7}\times 4\sqrt{7}} = \sqrt{28} = \sqrt{4\times 7} = 2\sqrt{7}$$
$$\frac{2}{H} = \frac{1}{\sqrt{7}} + \frac{1}{4\sqrt{7}} = \frac{4}{4\sqrt{7}} + \frac{1}{4\sqrt{7}} = \frac{5}{4\sqrt{7}}$$

donc $\frac{H}{2} = \frac{4\sqrt{7}}{5}$ et :

$$H = \frac{8\sqrt{7}}{5}$$

On peut comparer facilement en les mettant au même dénominateur $H = \frac{16\sqrt{7}}{10}$, $A = \frac{25\sqrt{7}}{10}$ et $G = \frac{20\sqrt{7}}{10}$. On obtient :

$$H < G < A$$

Remarque : en fait, comme nous allons encore le voir au b), cet ordre ne dépend pas des réels a et b que l'on a choisis (démonstration plutôt difficile). A s'appelle la moyenne *arithmétique* de a et b ; G est la moyenne *géométrique* des deux nombres ; H est leur moyenne *harmonique*.

2

$$A = \frac{2^4 + 2^2\times 3^{-2}}{2} = 2^3 + 2\times 3^{-2} = 8 + \frac{2}{9} = \frac{74}{9}$$

$$G = \sqrt{2^4\times 2^2\times 3^{-2}} = \sqrt{2^6\times 3^{-2}} = 2^3\times 3^{-1} = \frac{8}{3}$$

$$\frac{2}{H} = \frac{1}{2^4} + \frac{3^2}{2^2} = \frac{1}{2^4} + \frac{3^2.2^2}{2^4} = \frac{1+9.4}{2^4} = \frac{37}{16}$$

On obtient :

$$H = \frac{32}{37}$$

On voit sans peine que A est supérieur à $G = \frac{24}{9}$.

Réduisons G et H au même dénominateur : $G = \frac{296}{37\times 3}$ et $H = \frac{96}{37\times 3}$, il vient $G > H$. De nouveau,

$$A > G > H$$

26 Radicaux

Lycée Hoche, Versailles

énoncé p. 20

1

$$\begin{aligned} I &= \sqrt{50} - 3\sqrt{2} + \frac{\sqrt{18}}{4} - \frac{\sqrt{2}}{2} \\ &= \sqrt{25 \times 2} - 3\sqrt{2} + \frac{\sqrt{9 \times 2}}{4} - \frac{\sqrt{2}}{2} \\ &= 5\sqrt{2} - 3\sqrt{2} + \frac{3\sqrt{2}}{4} - \frac{\sqrt{2}}{2} \\ &= (5 - 3 + \frac{3}{4} - \frac{1}{2})\sqrt{2} \\ &= \frac{9}{4}\sqrt{2} \end{aligned}$$

$$\begin{aligned} J &= 7\sqrt{\frac{3}{7}} \times \sqrt{\frac{30}{49}} \\ &= 7\sqrt{\frac{3}{7}} \times \frac{\sqrt{3 \times 10}}{7} \\ &= \frac{\sqrt{3} \times \sqrt{3} \times \sqrt{10}}{\sqrt{7}} \\ &= \frac{3\sqrt{10}}{\sqrt{7}} = \frac{3\sqrt{70}}{7} \end{aligned}$$

$$\begin{aligned} K &= \frac{\sqrt{6}}{\sqrt{3} - \sqrt{2}} + \frac{3}{\sqrt{3} + \sqrt{2}} \\ &= \frac{\sqrt{6} \times (\sqrt{3} + \sqrt{2}) + 3 \times (\sqrt{3} - \sqrt{2})}{(\sqrt{3} + \sqrt{2}) \times (\sqrt{3} - \sqrt{2})} \\ &= \frac{\sqrt{6 \times 3} + \sqrt{6 \times 2} + 3\sqrt{3} - 3\sqrt{2}}{3 - 2} \\ &= \sqrt{2 \times 3 \times 3} + \sqrt{3 \times 2 \times 2} + 3\sqrt{3} - 3\sqrt{2} \\ &= 3\sqrt{2} + 2\sqrt{3} + 3\sqrt{3} - 3\sqrt{2} \\ &= 5\sqrt{3} \end{aligned}$$

$$
\begin{aligned}
L &= \left(\sqrt{3-2\sqrt{2}}+\sqrt{3+2\sqrt{2}}\right)^2\\
&= (\sqrt{3-2\sqrt{2}})^2 + 2\times(\sqrt{3-2\sqrt{2}})\times(\sqrt{3+2\sqrt{2}}) + (\sqrt{3+2\sqrt{2}})^2\\
&= 3-2\sqrt{2}+2\times\sqrt{(3-2\sqrt{2}).(3+2\sqrt{2})}+3+2\sqrt{2}\\
&= 3-2\sqrt{2}+2\times\sqrt{9-8}+3+2\sqrt{2}\\
L &= 3-2\sqrt{2}+2+3+2\sqrt{2}\\
&= 8
\end{aligned}
$$

2 On veut calculer $Y = \sqrt{17-4\sqrt{13}}$

$$(2-\sqrt{13})^2 = 4-4\sqrt{13}+13 = 17-4\sqrt{13}$$

Il serait tentant de répondre que la racine de $17-4\sqrt{13}$ est $2-\sqrt{13}$. Mais attention ! 13 est supérieur à 4, donc $\sqrt{13}$ est supérieur à 2. $2-\sqrt{13}$ est donc négatif ! Il faut répondre : $Y = \sqrt{13}-2$.

27 Puissances

énoncé p. 21

Lycée Hoche, Versailles

On simplifie les puissances, puis les fractions :

$$
\begin{aligned}
B &= \left(\frac{a^3}{c}\right)^2 : \frac{[(a^7)^5b^{-2}(c^{-3})^{-2}]^{-1}}{[ab^2(c^{-2})^{-3}]^2}\\
&= \frac{a^6}{c^2} : \frac{(a^{35}b^{-2}c^6)^{-1}}{(ab^2c^6)^2}\\
&= \frac{a^6}{c^2} : \frac{a^{-35}b^2c^{-6}}{a^2b^4c^{12}}\\
&= \frac{a^6}{c^2} \times \frac{a^2b^4c^{12}}{a^{-35}b^2c^{-6}}\\
&= a^{43}b^2c^{16}
\end{aligned}
$$

28 Fractions

énoncé p. 21

Lycée Louis le Grand

1 Il faut réduire les deux fractions au même dénominateur :

$$
\begin{aligned}
A &= \frac{1}{n(n+1)(n+2)} - \frac{1}{(n+1)(n+2)(n+3)}\\
&= \frac{n+3}{n(n+1)(n+2)(n+3)} - \frac{n}{n(n+1)(n+2)(n+3)}\\
&= \frac{n+3-n}{n(n+1)(n+2)(n+3)}
\end{aligned}
$$

$$= \frac{3}{n(n+1)(n+2)(n+3)}$$

2 Du résultat précédent, il vient :

$$\frac{1}{n(n+1)(n+2)(n+3)} = \frac{1}{3}\left(\frac{1}{n(n+1)(n+2)} - \frac{1}{(n+1)(n+2)(n+3)}\right)$$

Si on applique cette formule à $n = 10$, on obtient :

$$\frac{1}{10 \times 11 \times 12 \times 13} = \frac{1}{3}\left(\frac{1}{10 \times 11 \times 12} - \frac{1}{11 \times 12 \times 13}\right)$$

En l'appliquant à $n = 11$:

$$\frac{1}{11 \times 12 \times 13 \times 14} = \frac{1}{3}\left(\frac{1}{11 \times 12 \times 13} - \frac{1}{12 \times 13 \times 14}\right)$$

Si on additionne ces deux formules membre à membre, on voit que les termes

$$\frac{1}{11 \times 12 \times 13}$$

vont s'annuler. Appliquons de nouveau la formule à $n = 12$:

$$\frac{1}{12 \times 13 \times 14 \times 15} = \frac{1}{3}\left(\frac{1}{12 \times 13 \times 14} - \frac{1}{13 \times 14 \times 15}\right)$$

Nous constatons que si nous ajoutons cette formule aux deux autres, le terme

$$\frac{1}{12 \times 13 \times 14}$$

disparaît.

Finalement, si nous répétons l'opération jusqu'à $n = 19$ et que nous simplifions, il ne restera que le tout premier terme

$$\frac{1}{10 \times 11 \times 12}$$

ainsi que le tout dernier, qui est le

$$\frac{1}{(n+1)(n+2)(n+3)}$$

avec $n = 19$. Il vient (attention aux signes et au facteur $\frac{1}{3}$!) :

$$\begin{aligned} B &= \frac{1}{3}\left(\frac{1}{10 \times 11 \times 12} - \frac{1}{20 \times 21 \times 22}\right) \\ &= \frac{1}{3}\left(\frac{1}{5 \times 2 \times 11 \times 4 \times 3} - \frac{1}{5 \times 4 \times 3 \times 7 \times 2 \times 11}\right) \\ &= \frac{1}{3}\frac{7-1}{20 \times 21 \times 22} \\ &= \frac{1}{3}\frac{6}{20 \times 21 \times 22} \end{aligned}$$

COURS EXERCICES CORRIGÉS

$$= \frac{2}{20 \times 21 \times 22}$$
$$= \frac{1}{10 \times 21 \times 22}$$
$$= \frac{1}{4620}$$

29 Arithmétique

énoncé p. 21

Lycée René Cassin, Gonesse

Il s'agit d'une simple équation du premier degré à une inconnue. Vous savez depuis la quatrième (si, si !) que le quotient de a par $\frac{2}{3}$ est égal à son produit par $\frac{3}{2}$. Écrivons l'équation proposée :

$$\frac{3}{2}a - \frac{2}{7}a = 221$$

Réduisons au même dénominateur :

$$\frac{3}{2}a - \frac{2}{7}a = \frac{21}{14}a - \frac{4}{14}a = \frac{17}{14}a$$

Il n'y a plus qu'à remarquer que $221 = 17 \times 13$, et on obtient :

$$a = \frac{221 \times 14}{17} = 13 \times 14 = 182$$

30 Arithmétique

énoncé p. 21

Lycée Louis le Grand, Paris

Si un nombre s'écrit avec trois chiffres x, y et z, cela signifie que ce nombre vaut $100x + 10y + z$. Une fois cette remarque bien comprise, il n'y a plus qu'à interpréter l'énoncé.

1. La somme des chiffres est $x + y + z$.
2. Permuter les deux derniers chiffres revient à écrire le réel $100x + 10z + y$.
3. Permuter les deux premiers chiffres revient à écrire le réel $100y + 10x + z$.

On obtient le système :

$$\begin{cases} x+y+z=18 \\ 100x+10z+y=100x+10y+z+18 \\ 100y+10x+z=100x+10y+z-360 \end{cases} \Leftrightarrow \begin{cases} x+y+z=18 \\ 9z-9y=18 \\ 90y-90x=-360 \end{cases}$$

$$\Leftrightarrow \begin{cases} x+y+z=18 \\ z-y=2 \\ y-x=-4 \end{cases}$$

$$\Leftrightarrow \begin{cases} y+4+y+y+2=18 \\ z=y+2 \\ x=y+4 \end{cases}$$

$$\Leftrightarrow \begin{cases} 3y=12 \\ z=y+2 \\ x=y+4 \end{cases}$$

$$\Leftrightarrow \begin{cases} y=4 \\ z=6 \\ x=8 \end{cases}$$

Le nombre est donc 846.

31 Intervalles

énoncé p. 21

Lycée Auguste Renoir, Asnières-sur-Seine

appartenance à un ensemble	traduction avec des inégalités
$x \in [-1, 3]$	$-1 \leq x \leq 3$
$x \in]-\infty, 5[$	$x < 5$
$x \in]-\infty, -1]$	$x \leq -1$
$x \in]-2, 3]$	$x \leq 3$ et $x > -2$

32 Inéquations

énoncé p. 22

Lycée Robespierre, Arras

Le plus difficile est ici de poser l'équation. En lisant attentivement l'énoncé, on obtient :

$$(N+7)^2 = N^2 + 357$$
$$\Leftrightarrow N^2 + 14N + 49 = N^2 + 357$$
$$\Leftrightarrow 14N = 357 - 49$$
$$\Leftrightarrow 14N = 308$$
$$\Leftrightarrow N = 22$$

33 Ordre

énoncé p. 22

Lycée Stanislas, Paris

Soit $x > 0$. Examinons le signe de $x + \frac{1}{x} - 2$. Pour se débarrasser du dénominateur, multiplions cette expression par x (c'est légitime, puisque $x > 0$), ce qui ne change pas son signe. On obtient $x^2 + 1 - 2x$. Ce n'est autre (produit remarquable !) que $(x-1)^2$, qui est toujours positif, et nul si $x = 1$. L'expression de départ est donc toujours positive, ce qui montre que la somme d'un nombre strictement positif et de son inverse est toujours supérieure à deux, avec égalité si $x = 1$.

34 Ordre

énoncé p. 22

Lycée Saint Pierre, Brunoy

$13 > 11$ donc $\frac{13}{15} > \frac{11}{15}$; $7 < 9 < 15$ donc :

$$\frac{11}{15} < \frac{11}{9} < \frac{11}{7}$$

Le problème est donc placer $\frac{13}{15}$ par rapport à ces trois valeurs.

Ce n'est pas difficile, car $13 < 15$, donc $\frac{13}{15} < 1$, alors que $\frac{11}{9} > 1$.

Finalement :

$$\frac{11}{15} < \frac{13}{15} < \frac{11}{9} < \frac{11}{7}$$

Méthode

Si vous utilisez une machine, n'oubliez pas d'encadrer les fractions par des valeurs approchées, ou d'expliquer la précision de vos approximations, sinon votre démonstration sera sans valeur. On peut dire, par exemple :

Au centième près, on a les valeurs approchées :

$$\frac{13}{15} \simeq 0{,}86 \qquad \frac{11}{15} \simeq 0{,}73 \qquad \frac{11}{9} \simeq 1{,}22 \qquad \frac{11}{7} \simeq 1{,}57$$

Comme l'écart entre deux de ces valeurs est toujours supérieur à 1 centième, ces approximations suffisent.

On peut utiliser des encadrements, avec des approximations moins poussées :

$$\frac{11}{15} < 0{,}8 < \frac{13}{15} < 0{,}9 < \frac{11}{9} < 1{,}5 < \frac{11}{7}$$

35 Ordre

énoncé p. 22

Lycée Fragonard, l'Isle Adam

Comme $1 = \sqrt{1}$ et $2 = \sqrt{4}$, on encadre facilement : $1 < \sqrt{2} < \sqrt{3} < 2$. Utilisons un petit schéma :

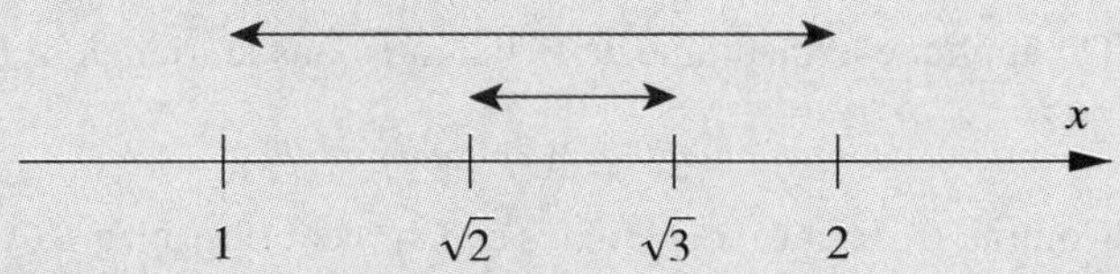

On constate : $0 < \sqrt{3} - \sqrt{2} < 1$. C'est une propriété naturelle des intervalles : la distance entre deux nombres pris dans un intervalle $]a, b[$ est toujours plus petite que la longueur de l'intervalle $(b - a)$.

Si pour un nombre réel x, on a $0 < x < 1$, alors en multipliant par x (positif) les deux membres de l'inégalité $x < 1$, il vient : $x^2 < x$, et en recommençant : $x^3 < x^2$. En posant $x = \sqrt{3} - \sqrt{2}$, il vient :

$$(\sqrt{3} - \sqrt{2})^3 < (\sqrt{3} - \sqrt{2})^2$$

36 Inéquations

énoncé p. 22

Lycée Victor Hugo, Poitiers

1 $x^2 > 9$ pour $x > 3$ ou $x < -3$ (n'oubliez pas les valeurs négatives !) L'ensemble des solutions est donc : $S =]-\infty; -3[\cup]3; +\infty[$

2 Il est tentant de répondre : $2 < x < 3$, mais n'oubliez pas que x peut aussi être négatif, et on aura alors : $-3 < x < -2$. L'ensemble des solutions est donc :

$$S =]-3; -2[\cup]2; 3[$$

3 Partons de l'encadrement :

$$5 \leq 3x - 1 \leq 14$$

Il vient :

$$6 \leq 3x \leq 15$$

Et, en divisant par 3 :

$$2 \leq x \leq 5$$

L'ensemble des solutions est donc : $S = [2; 5]$

37 Comparaisons

énoncé p. 23

Lycée Bernard Palissy, Agen

1 On applique le théorème de Pythagore dans le triangle ABH, rectangle en H :

$$AB^2 = BH^2 + AH^2 = 1 + a$$

On applique le théorème de Pythagore dans le triangle AHC, rectangle en H :

$$AC^2 = AH^2 + HC^2 = a + a^2$$

Comme B, H et C sont alignés et dans cet ordre, on a $BC = BH + HC$ donc :

$$BC^2 = (1 + a)^2 = a^2 + 2a + 1$$

On a :

$$AB^2 + AC^2 = 1 + a + a + a^2 = 1 + 2a + a^2 = BC^2$$

D'après la réciproque du théorème de Pythagore, le triangle ABC est rectangle en A. D'après une propriété vue au collège, le cercle circonscrit à un triangle rectangle a l'hypoténuse pour diamètre, c'est-à-dire que $[BC]$ est le diamètre du cercle qui passe par A, B et C.

2 D'après les calculs ci-dessus :

$$AC^2 - AB^2 = a + a^2 - (a + 1) = a^2 - 1 = (a - 1)(a + 1)$$

(a) Si $0 < a < 1$, alors $a - 1 < 0$ et comme $a + 1 > 0$, il vient :

$$AC^2 - AB^2 < 0$$

donc $AC^2 < AB^2$ et $AC < AB$ en passant aux racines carrées.

(b) Si $1 < a$, alors $a - 1 > 0$, et on obtient $AC > AB$ de la même manière.

38 Comparaisons

énoncé p. 23

Lycée Gérard de Nerval, Soissons

1 Nous allons réduire les deux parties de l'inégalité au même dénominateur.

$$\frac{1}{a} + \frac{1}{b} = \frac{b}{ab} + \frac{a}{ab} = \frac{b + a}{ab} = \frac{(a + b)^2}{ab(a + b)}$$

D'autre part,

$$\frac{1}{a + b} = \frac{ab}{ab(a + b)}$$

Puisque $(a + b)^2 = a^2 + 2ab + b^2 > ab$, et que $ab(a + b) > 0$, on obtient le résultat :

$$\frac{1}{a + b} < \frac{1}{a} + \frac{1}{b}$$

Avec $a = b = 2$, on obtient même : $\frac{1}{4} < 1$.

2 Élevons les deux membres de l'inégalité au carré.

$$(\sqrt{a} + \sqrt{b})^2 = a + 2\sqrt{ab} + b$$
$$(\sqrt{a+b})^2 = a + b$$

Les deux nombres $\sqrt{a} + \sqrt{b}$ et $\sqrt{a+b}$ étant positifs, ils sont dans le même ordre que leurs carrés. Il devient alors clair que $\sqrt{a+b} < \sqrt{a} + \sqrt{b}$. Ceci est d'ailleurs confirmé en prenant $a = b = 2$, on obtient : $2 < 2\sqrt{2}$.

39 Comparaisons

énoncé p. 23

Lycée Bascan, Rambouillet

Nous allons procéder par équivalences pour montrer que

$$\frac{8}{(\sqrt{a} + \sqrt{b})^2} \leq \frac{2}{\sqrt{ab}}$$

En échangeant $(\sqrt{a} + \sqrt{b})^2$ et 2 et en multipliant par $\sqrt{ab}$, on obtient :

$$\begin{aligned} 4\sqrt{ab} \leq (\sqrt{a} + \sqrt{b})^2 &\Leftrightarrow 4\sqrt{ab} \leq a + 2\sqrt{ab} + b \\ &\Leftrightarrow 0 \leq a - 2\sqrt{ab} + b \\ &\Leftrightarrow 0 \leq (\sqrt{a} - \sqrt{b})^2 \end{aligned}$$

Ce qui est toujours vrai car un carré est toujours positif. Procédons de même pour la deuxième inégalité :

$$\begin{aligned} \frac{2}{\sqrt{ab}} \leq \frac{1}{a} + \frac{1}{b} &\Leftrightarrow \frac{2}{\sqrt{ab}} \leq \frac{b+a}{ab} \\ &\Leftrightarrow \frac{2}{\sqrt{ab}}.ab \leq b + a \\ &\Leftrightarrow 2\sqrt{ab} \leq b + a \\ &\Leftrightarrow 0 \leq a - 2\sqrt{ab} + b \\ &\Leftrightarrow 0 \leq (\sqrt{a} - \sqrt{b})^2 \end{aligned}$$

Ce qui est toujours vrai.

40 Encadrements

énoncé p. 24

Lycée Jean Condorcet, Bordeaux

On encadre facilement $-2 \leq 2x \leq 4$ et $-12 \geq -3y \geq -15$, ce qui s'écrit aussi $-15 \leq -3y \leq -12$. En sommant ces deux encadrements membre à membre, on obtient :

$$-17 \leq 2x - 3y \leq -8$$

COURS EXERCICES CORRIGÉS

Il faut procéder avec délicatesse pour encadre xy. Comme on sait que y est positif, on peut multiplier l'encadrement de x par y, ce qui donne :

$$-y \leq xy \leq 2y$$

Or, $y \leq 5$ donne $-5 \leq -y$ et $2y \leq 10$. On en conclut :

$$-5 \leq xy \leq 10$$

Procédons de même pour $\frac{x}{y}$. L'encadrement de x nous donne :

$$-\frac{1}{y} \leq \frac{x}{y} \leq \frac{2}{y}$$

$4 \leq y$, donc $\frac{1}{y} \leq \frac{1}{4}$ et $\frac{2}{y} \leq \frac{1}{2}$. On en déduit aussi que $-\frac{1}{4} \leq -\frac{1}{y}$. Il vient :

$$-\frac{1}{4} \leq \frac{x}{y} \leq \frac{1}{2}$$

41 Encadrements

énoncé p. 24

Lycée Richelieu, Rueil-Malmaison

1 On part de :

$$2{,}65 < d < 2{,}75$$

$5 > 0$, donc la multiplication par 5 ne change pas le sens de l'encadrement :

$$13{,}25 < 5d < 13{,}75$$

De même, on multiplie par 2 les membres de l'encadrement :

$$1{,}2 < e < 1{,}4$$

ce qui donne :

$$2{,}4 < 2e < 2{,}8$$

Les encadrements ont même sens, on peut sommer terme à terme :

$$15{,}65 < 5d + 2e < 16{,}55$$

2 Les termes des encadrements de d et e sont strictement positifs, donc on peut inverser, à condition de changer de sens :

$$\frac{1}{2{,}75} < \frac{1}{d} < \frac{1}{2{,}65}$$

et

$$\frac{1}{1{,}4} < \frac{1}{e} < \frac{1}{1{,}2}$$

Ces deux encadrement ayant même sens, on peut sommer terme à terme :

$$\frac{1}{2{,}75} + \frac{1}{1{,}4} < \frac{1}{d} + \frac{1}{e} < \frac{1}{2{,}65} + \frac{1}{1{,}2}$$

42 Inéquation

énoncé *p. 24*

Lycée Van Gogh, Ermont

N'oublions pas d'éliminer -2 du domaine de l'équation (cette valeur annulerait le dénominateur de la fraction). Si vous avez multiplié par $x + 2$ et que vous êtes tombé sur l'inéquation $9 \geq (x + 2)^2$, C'EST TRÈS MAL ! ! ! Vous êtes devant une inéquation, et il faut vous préoccuper du signe de $x + 2$ avant de multiplier...

On commence par passer toutes les expressions avec x dans le même membre, puis on réduit au même dénominateur :

$$\frac{9}{x+2} \geq x + 2 \Leftrightarrow \frac{9}{x+2} - (x+2)$$
$$\Leftrightarrow \frac{9 - (x+2)^2}{(x+2)}$$

Les signes $\Leftrightarrow$ indiquent que les trois inéquations sont équivalentes (elles ont les mêmes solutions).
Le numérateur est de la forme $A^2 - B^2$, donc on factorise :

$$9 - (x+2)^2 = (3 + (x+2))(3 - (x+2)) = (5 + x)(1 - x)$$

On est ramené à l'inéquation :

$$F(x) = \frac{(5+x)(1-x)}{(x+2)} \geq 0$$

Le signe de la fraction dépend des signes de $(5 + x)$, de $(1 - x)$ et de $(x + 2)$. On dresse un petit tableau où on indique le signe de chaque expression en fonction de la position de x :

x		-5		-2		1	
$5+x$	$-$	0	$+$		$+$		$+$
$x+2$	$-$		$-$	0	$+$		$+$
$1-x$	$+$		$+$		$+$	0	$-$
$F(x)$	$+$	0	$-$	‖	$+$	0	$-$

En appliquant la règle des signes, on détermine le signe de $F(x)$ pour chaque valeur de x. On lit dans le tableau que la fraction est positive ou nulle si et seulement si $x \leq -5$ ou $-2 < x \leq 1$. On peut donc écrire l'ensemble des solutions :

$$S =]-\infty, -5] \cup]-2, 1]$$

Chapitre

2

Fonctions

Plan du chapitre

1. Étudier une fonction
2. Fonctions linéaires et affines
3. Les fonctions « carré » et « inverse »
4. Les fonctions trigonométriques

1 Étudier une fonction

Exercice type 1 — Lycée Jean Monnet, Franconville

Soit :

$$f : x \mapsto \frac{1+x^2}{x}$$

1. Quel est l'ensemble de définition de f ?
2. Quelle est l'image de -3 ? Quel sont les antécédents de 2 ?
3. Étudier la parité de f.
4. Montrer que f est strictement décroissante sur $]0, 1[$ et strictement croissante sur $]1, +\infty[$. En déduire le tableau des variations de f sur $]0, +\infty[$.
5. Représenter le graphe de f dans un repère orthonormal $(O, \vec{\imath}, \vec{\jmath})$ (unité : 2 cm).
6. Déterminer graphiquement les solutions de $f(x) = 4$.

Voir corrigé page 57

1.1 Qu'est-ce qu'une fonction ?

Exemple

Au distributeur du lycée, la canette de soda coûte 0,40 €. Si on achète 3 canettes, il faut dépenser 1,20 €. Si on note n le nombre de canettes achetées et D la dépense totale, on constate : (1) La dépense D dépend du nombre de canettes n. (2) Cette dépendance est *fonctionnelle*. Si quelqu'un achète le même nombre de canettes que moi, il dépensera la même somme. Dans le langage courant, on dit que la dépense D est fonction du nombre de canettes n. En mathématiques, on dira qu'il existe une certaine fonction, notée en général f (mais ce n'est pas obligatoire), qui à un nombre de canettes n associe la dépense D.

On écrira $D = f(n)$, ce qui se lit : « D égale f de n » ou bien « D est l'image de n par la fonction f ».

On écrit également $f : n \mapsto D$ (« n donne D »).

Après avoir dit : « $D = f(n)$ », on peut donner des renseignements complémentaires :

L'ensemble de définition n représente un nombre de canettes donc n est un entier naturel. $\mathbb{N}$ est l'ensemble de définition de f.

Les variations D est une fonction croissante de n (plus on achète de canettes, plus ça coûte cher !). En mathématiques, on dit : f est croissante.

Le type de fonction La relation entre D et n s'écrit : $D = p \times n$, où p est une constante (ici $p = 0{,}40$ est le prix d'une canette). On dit que f est une fonction *linéaire* (voir cours de troisième).

Vous aurez l'occasion, pendant le cours de statistiques notamment, de rencontrer des relations entre des grandeurs qu'on ne peut pas décrire par une fonction.

Exemple

On joue à pile ou face. On note n le nombre de fois où l'on a jeté la pièce en l'air, et p le nombre de fois où l'on a obtient pile. On constate :

- (1) Le nombre de piles p dépend du nombre de jets n
- (2) En revanche, cette dépendance n'est pas de type *fonctionnelle*. p n'est pas une *fonction* de n. Avec 3 tirages de la même pièce, on peut obtenir 0, 1, 2, 3 fois « pile ». p n'est donc pas une *fonction* de n.

La relation entre p et n étant soumise au hasard, on dit que p dépend *aléatoirement* de n.

Les fonctions peuvent être caractérisées de 3 manières :

Par un tableau de valeurs Cette méthode est parfaitement adaptée si le nombre de valeurs possibles est fini. Par exemple, la fonction donnant la température à Paris en fonction des mois de l'année :

jan	fév	mars	avr	mai	juin	juil	août	sept	oct	nov	déc
15	16	18	21	24	27	29	30	28	25	21	18

Par une courbe On indique les éléments « x » en abscisses, et leurs images $f(x)$ en ordonnée :

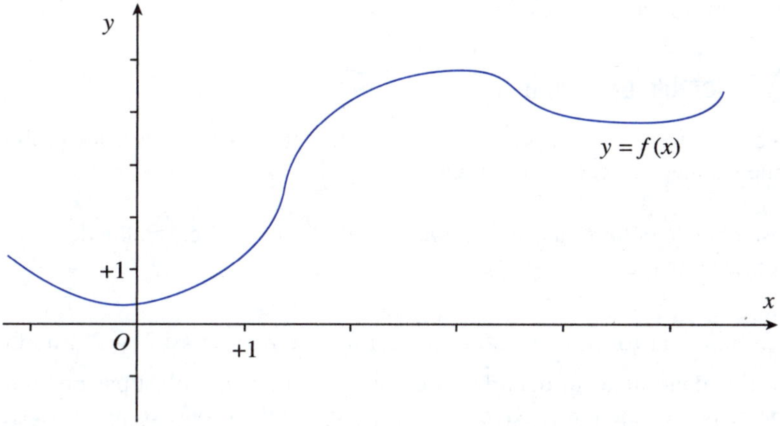

Le mot « courbe » est à prendre dans un sens très large. Vous savez déjà que pour les fonctions linéaires et les fonctions affines, cette courbe est... une droite !

Par une formule Elle explique comment *calculer* $f(x)$ à partir de x. Par exemple :

$$f(x) = \frac{1 + x^2}{x}$$

Les trois points de vue sont utiles, et il faut savoir passer de l'un à l'autre :

- A l'aide de la formule, on remplit un tableau de valeurs.
- On lit dans le tableau de valeurs les coordonnées d'un certain nombre de points de la courbe, que l'on peut éventuellement relier.
- Sur la courbe, on peut lire les valeurs de la fonction. Dans certains cas (droite, par exemple), on peut retrouver une formule...

Il arrive également qu'une fonction soit définie par plusieurs formules, chaque formule ne s'appliquant qu'à un domaine spécifique. Par exemple, si un loueur de voiture fait payer 40€ la location d'une voiture pour 500km et 0,20€ par kilomètre supplémentaire, le prix en euros de la location est donné en fonction du nombre x de kilomètres parcourus par :

$$\begin{cases} 40 \text{si } x \leq 500 \\ 40 + 0{,}20 \times x \text{ si } x > 500 \end{cases}$$

1.2 Image et antécédent

Si x est un réel, le réel $f(x)$ est son *image*. Le réel x est un antécédent de $f(x)$. Par exemple, si l'on considère la fonction $x \mapsto x^2$, 4 est l'image de 2 car $2^2 = 4$, et -3 est un antécédent de 9 (car $(-3)^2 = 9$).

Remarquez bien le vocabulaire utilisé : « son » image, « un » antécédent. En effet, $f(x)$ peut avoir plusieurs antécédents (x, mais peut-être aussi d'autres réels). Cependant, l'image de x est unique, s'il en a une.

1.3 Ensemble de définition

En général, tous les x n'ont pas une image. Dans les formules, les problèmes viennent généralement des fractions.

L'ensemble de définition (ou *domaine* de définition) est l'ensemble des éléments qui ont une image.

Par exemple, la fonction $x \mapsto \dfrac{1}{x-2}$ est définie partout sauf en 2. En effet, si $x = 2$, le dénominateur de la fraction est égal à 0, ce qui n'est pas possible. Le domaine de la fonction est donc $\mathbb{R} - \{2\}$, qui contient tous les nombres (réels), sauf le réel 2.

Dans certains cas, le domaine est imposé par l'énoncé. On peut ainsi considérer, par exemple, la fonction définie *seulement* sur $\mathbb{R}_+^*$ par $x \mapsto \dfrac{1}{x}$.

1.4 Variations

Le calcul de l'image de plusieurs points de l'ensemble de définition correspond à une vision *statique*, immobile, des fonctions. C'est un point de vue fatalement limité, puisqu'on ne pourra jamais calculer les images de *tous* les points de l'ensemble de définition (celui-ci étant en général infini). On est ainsi amené à une vision plus *dynamique* des fonctions, où l'on étudiera le comportement de $f(x)$ lorsqu'on augmente x.

On dira qu'une fonction est *croissante* (respectivement *décroissante*) sur un intervalle donné si, en prenant deux éléments quelconques de cet intervalle, x et x', avec $x' > x$, on a $f(x') \geq f(x)$ (respectivement $f(x') \leq f(x)$). Si la fonction prend toujours la même valeur, on dit qu'elle est *constante*. Une fonction répondant à l'une de ces trois définitions est dite *monotone*.

La fonction est *strictement croissante* (respectivement *strictement décroissante*) si on peut écrire des inégalités strictes. On parlera alors de fonction *strictement* monotone.

Attention

Il ne s'agit pas de prendre deux points au hasard dans l'intervalle et de les comparer. Par exemple, pour $f : x \mapsto x^2 - 5x$, il ne s'agit pas de calculer $f(2)$ et $f(4)$, puis de voir lequel des deux est le plus grand. Il faut déterminer le signe de l'expression $f(x') - f(x)$ en supposant que $x' > x$. Par exemple, si l'on examine $x \mapsto x^2 - 5x$ entre 0 et $\frac{5}{2}$:

$$\begin{aligned} f(x') - f(x) &= (x'^2 - 5x') - (x^2 - 5x) \\ &= x'^2 - 5x' - x^2 + 5x \\ &= x'^2 - x^2 - 5x' + 5x \\ &= (x' - x)(x' + x) - 5(x' - x) \\ &= (x' - x)(x' + x - 5) \end{aligned}$$

Comme $0 \leq x < x' \leq \frac{5}{2}$, on voit que $x' - x > 0$ et $x' + x - 5 < 0$. On en déduit que $f(x') - f(x) < 0$, et que f est décroissante sur l'intervalle considéré. On a prouvé une inégalité *stricte* entre $f(x')$ et $f(x)$, on peut même ajouter que f est *strictement* décroissante sur $\left[0, \frac{5}{2}\right]$.

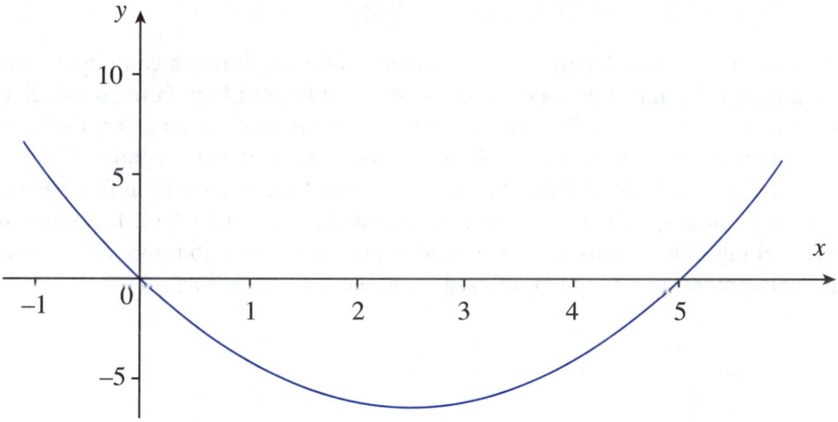

Le *maximum* est la valeur la plus haute atteinte par la fonction. Le *minimum* est la plus basse.

La fonction $f : x \mapsto x^2 - 5x$ atteint en $\frac{5}{2}$ son minimum, qui vaut $f(\frac{5}{2}) = -\frac{25}{4}$.

Remarquez qu'une fonction n'a pas nécessairement de maximum ou de minimum (par exemple : la fonction $x \mapsto x$, définie sur $\mathbb{R}$.)

1.5 Représentation graphique

Quand on prend un réel x dans l'ensemble de définition, on peut calculer $f(x)$ et placer dans un repère $(O, \vec{\imath}, \vec{\jmath})$ le point de coordonnées $(x, f(x))$. Si l'on fait cette opération pour *tout* l'ensemble de définition, on obtient une courbe, appelée la *représentation graphique* de la fonction.

Bien sûr, on ne peut pas tracer tous les points. On se contente de calculer les coordonnées de quelques points bien choisis, que l'on relie ensuite *à main levée*. *Bien choisis* signifie qu'on ne prend pas ces points au hasard. Le choix est guidé par le tableau de variations. On placera le maximum et le minimum, ainsi que quelques points autour. On range ces valeurs dans un tableau. Par exemple, pour $x \mapsto x^2$, on obtient le tableau :

x	-3	-2	-1	0	1	2	3
$f(x)$	9	4	1	0	1	4	9

Ce tableau permet de tracer la courbe ci-contre.

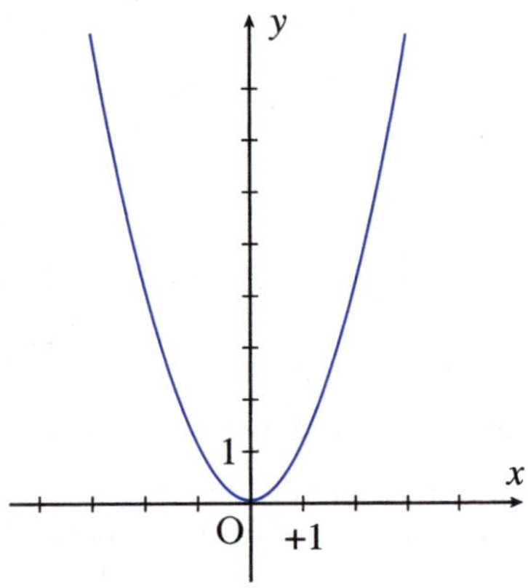

1.5.1 - Les conventions de la représentation

Ne perdez pas de vue, lorsqu'on vous demande la représentation graphique d'une fonction, qu'il s'agit d'un dessin *conventionnel*. On croit bien faire en calculant des dizaines de valeurs. Souvent, c'est bien inutile, et c'est un effort dérisoire. Un ordinateur peut calculer des milliers de points en quelques secondes. Ça n'aurait pas grand sens de mobiliser un humain pour faire beaucoup moins bien en plus longtemps ! Ce que l'ordinateur ne sait pas faire, c'est analyser la courbe, se rendre compte des points intéressants, des problèmes de définition, etc. Il vous faut notamment savoir faire la différence entre ces deux dessins :

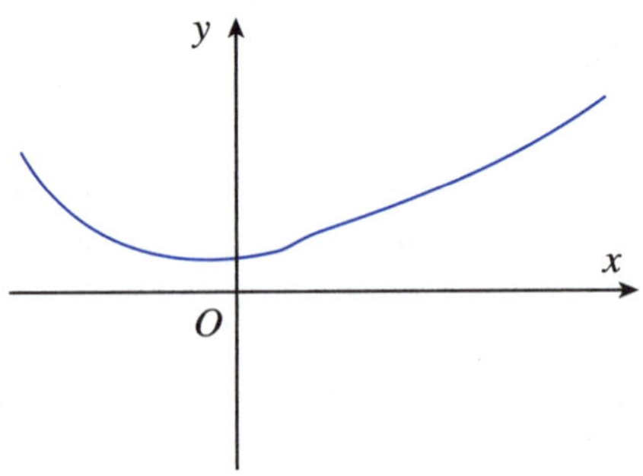

et

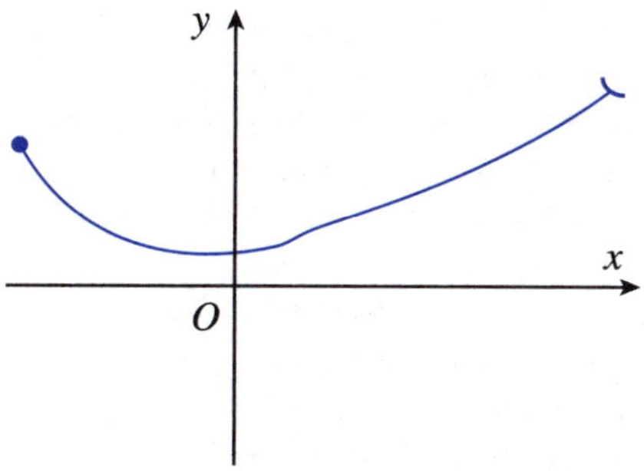

Sur le second dessin, la courbe est terminée, soit par un gros point, soit par un petit crochet. Cela signifie que la courbe est limitée par ces points : l'ensemble de définition est de la forme $[a, b[$. Rien de tel sur le premier dessin, ce qui signifie que seule la feuille de papier a limité la courbe. Elle se poursuit « à l'infini ». L'ensemble de définition est $\mathbb{R}$ tout entier.

1.6 Utilisation de votre calculatrice programmable

Remarque

Demandez à votre professeur de mathématiques quel modèle de calculatrice vous convient le mieux. Les calculatrices de type courant permettent de calculer automatiquement des valeurs de $f(x)$, en entrant la formule de $f(x)$ et les différentes valeurs.
Certaines machines vous proposent même directement, si vous entrez la formule de la fonction, un tableau de valeurs et une représentation graphique. Méfiance cependant ! La calculatrice ne vous proposera peut-être pas des valeurs dans un intervalle intéressant. De plus, même les écrans les plus perfectionnés ont un nombre fini de points, ce qui entraîne des erreurs de représentation graphique. On ne peut donc faire l'économie d'une petite étude théorique, avant de choisir le domaine d'étude et l'échelle de la représentation graphique.

1.7 Parité

La courbe représentative de certaines fonctions présentent des particularités, notamment des symétries, que l'on peut remarquer avant même d'avoir effectué le tracé.

La notion de parité ne figure pas explicitement au programme de seconde, mais il est fort utile de la connaître.

1.7.1 - Fonctions paires

Ce sont les fonctions dont la représentation graphique est symétrique par rapport à l'axe des ordonnées (Oy). Pour montrer qu'une fonction f est paire, il faut d'abord vérifier si son ensemble de définition est symétrique par rapport à 0, c'est-à-dire que s'il contient un réel x, alors il contient aussi $-x$. Ensuite, il faut vérifier que pour tout réel x de l'ensemble de définition, $f(-x) = f(x)$.

Exemple

Montrons que la fonction

$$f : x \mapsto \frac{1}{x^2}$$

est paire.

En effet, elle est définie sur $\mathbb{R}^*$. Quand un réel est non nul, son opposé est aussi non nul, donc l'ensemble de définition est symétrique par rapport à 0. Calculons $f(-x)$. Il suffit pour cela de remplacer x par $(-x)$ dans la formule ci-dessus :

$$f(-x) = \frac{1}{(-x)^2} = \frac{1}{x^2} = f(x)$$

La fonction f est bien paire, comme on peut le voir sur sa représentation graphique :

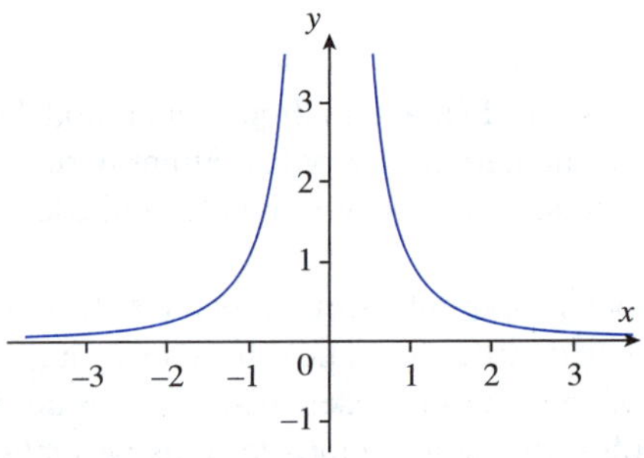

1.7.2 - Fonctions impaires

Ce sont les fonctions dont la représentation graphique est symétrique par rapport à l'origine du repère, O. Pour montrer qu'une fonction f est impaire, il faut d'abord vérifier si son domaine est symétrique par rapport à 0. Ensuite, il faut vérifier que pour tout réel x du domaine, $f(-x) = -f(x)$.

Exemple

Montrons que la fonction $f : x \mapsto \dfrac{x}{x^2 - 1}$ est impaire. Son ensemble de définition est $\mathbb{R} - \{-1; 1\}$. Cet ensemble est symétrique par rapport à 0, puisqu'il contient tous les réels sauf 1 et son opposé. Calculons maintenant $f(-x)$:

$$f(-x) = \frac{(-x)}{(-x)^2 - 1} = \frac{-x}{x^2 - 1} = -f(x)$$

f est bien impaire.

On le constate sur la figure :

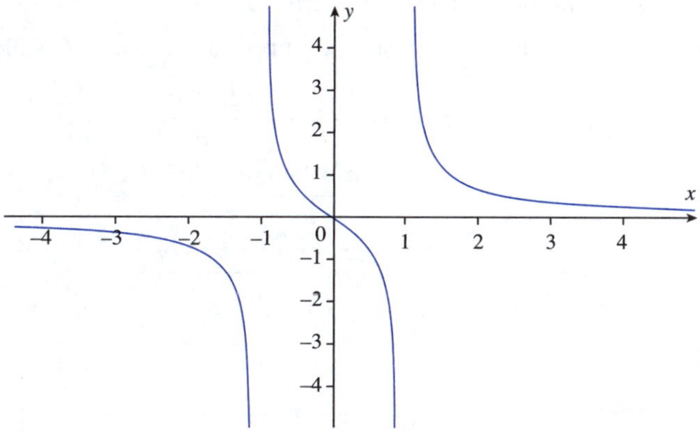

Remarque

La plupart des fonctions ne sont ni paires, ni impaires. Par exemple, pour f définie par $f(x) = 2x + 3$, prenez $f(1) = 5$ et $f(-1) = 1$. On voit tout de suite que f n'est ni paire, ni impaire.

Solution de l'exercice type 1

1 Le dénominateur de la fraction ne doit pas s'annuler, donc x ne doit pas être égal à zéro. L'ensemble de définition est donc $\mathbb{R}^*$.

2 $f(-3) = \frac{1+9}{-3} = -\frac{10}{3}$. Pour trouver les antécédents de 2, il faut résoudre l'équation :

$$\begin{aligned}\frac{1+x^2}{x} = 2 \quad &\Leftrightarrow \quad 1 + x^2 = 2x\\ &\Leftrightarrow \quad 1 - 2x + x^2 = 0\\ &\Leftrightarrow \quad (1-x)^2 = 0\\ &\Leftrightarrow \quad x = 1\end{aligned}$$

Solution de l'exercice type 1 (suite)

3 Le domaine de f est symétrique par rapport à 0. Pour $x \in \mathbb{R}^*$, calculons :

$$f(-x) = \frac{1+(-x)^2}{-x} = -\frac{1+x^2}{x} = -f(x)$$

Conclusion : la fonction f est impaire.

4 Prenons deux réels a et b, positifs et supposons que $a < b$. Calculons :

$$\begin{aligned} f(b) - f(a) &= \frac{1+b^2}{b} - \frac{1+a^2}{a} \\ &= \frac{a(1+b^2)}{ba} - \frac{b(1+a^2)}{ab} \\ &= \frac{a+ab^2-b-ba^2}{ab} \\ &= \frac{a-b-ba(a-b)}{ab} \\ &= (a-b)\frac{1-ba}{ab} \end{aligned}$$

Si a et b sont tous deux dans $]0, 1[$, ba est plus petit que 1 et donc $f(b) - f(a)$ est strictement négatif. On en déduit que $f(b) < f(a)$, et que f est strictement décroissante sur $]0, 1[$. D'un autre côté, si a et b sont tous deux supérieurs à 1, on a $a - b < 0$ et $1 < ab$ et donc $f(b) - f(a) > 0$. On en déduit que f est strictement croissante sur $]1, +\infty[$.

On peut résumer ces constatations dans un tableau de variations :

x	0		1		$+\infty$
$f(x)$	‖	↘	2	↗	

5 Représentation graphique :

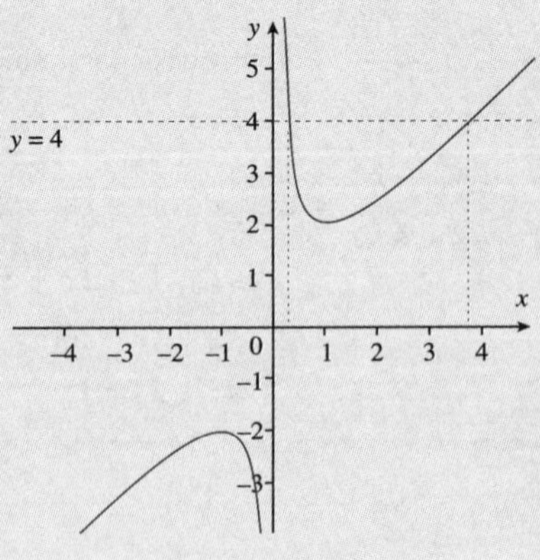

Solution de l'exercice type 1 (suite)

6 Il suffit de tracer sur le graphique la droite d'équation : $y = 4$. On obtient, en lisant sur le graphique, deux solutions : 0,25 et 3,75.

2 Fonctions linéaires et affines

Exercice type 2 — Lycée Pascal Paoli, Corte

1 Donner les variations des fonctions définies sur $\mathbb{R}$ par :

$$\begin{cases} f_1(x) = 2x + 3 \\ f_2(x) = 2x - 3 \\ f_3(x) = -2x + 3 \end{cases}$$

2 Tracez leur courbe représentative.

Voir corrigé page 60

2.1 Comment varient les fonctions linéaires et affines ?

Une fonction affine s'écrit :

$$f(x) = ax + b$$

où a et b sont des réels fixés. Les variations de $f(x)$ et de x sont proportionnelles, car :

$$f(x_2) - f(x_1) = (ax_2 + b) - (ax_1 + b) = a(x_2 - x_1)$$

a est le coefficient de proportionnalité.

- On a : $b = f(0)$ (c'est « l'ordonnée à l'origine »).
- La « courbe » représentative de f est une droite.
- L'équation de cette droite est : $y = ax + b$.
- La direction de cette droite est indiquée par le réel a, appelé *coefficient directeur*.

Le signe du coefficient directeur indique le sens de variation de f :

- Si $a > 0$, la droite « monte », et la fonction est strictement croissante.
- Si $a = 0$, la droite est horizontale, la fonction est constante.
- Si $a < 0$, la droite « descend », et la fonction est strictement décroissante.

COURS EXERCICES CORRIGÉS

À retenir

Une fonction est *linéaire* si elle est de la forme $x \mapsto ax$ (où a est une constante). C'est un cas particulier de fonction affine ($b = 0$). Sa courbe représentative est une droite qui passe par l'origine.

Solution de l'exercice type 2

1 Le coefficient directeur de f_1 est $+2$ donc f_1 est croissante.
Celui de f_2 est également $+2$ donc f_2 est croissante. Les coefficients directeurs étant les mêmes, les droites sont parallèles.
Le coefficient directeur de f_3 est -2, donc f_3 est décroissante.

2

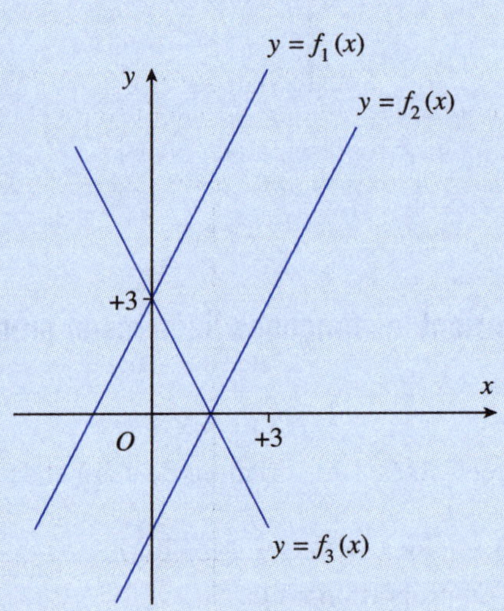

3 Les fonctions « carré » et « inverse »

Exercice type 3

Lycée Carnot, Dijon

Le plan est rapporté à un repère orthonormé $(O, \vec{\imath}, \vec{\jmath})$.

1 Développez l'expression : $(x+3)^2 - 6$.

2 En déduire que la courbe d'équation $y = x^2 + 6x + 3$ est une parabole, dont on déterminera le sommet S.

...

Exercice type 3

3 Écrire l'expression $\dfrac{2}{x+3} - 6$ sous la forme d'une fraction.

4 En déduire que la courbe d'équation $y = -\dfrac{6x+16}{x+3}$ est une hyperbole, dont on déterminera l'équation dans le repère $(S, \vec{\imath}, \vec{\jmath})$.

Voir corrigé page 65

3.1 La fonction « carré »

$x \mapsto x^2$ est une fonction définie sur $\mathbb{R}$, paire. Voici son tableau de variations :

x	$-\infty$	0	$+\infty$
x^2	↘	0	↗

Sa courbe représentative s'appelle une *parabole*. Au minimum de la fonction, 0, correspond sur la courbe le *sommet*, placé à l'origine du repère.

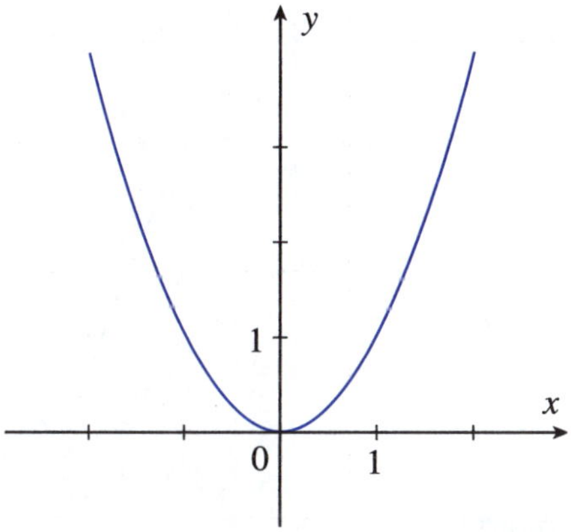

Toutes les courbes dont l'équation s'écrit, dans un repère particulier, sous la forme $y = ax^2$, sont des paraboles, dont le sommet est l'origine du repère. Le signe de a donne l'orientation (branches vers le haut ou vers le bas) de la parabole. Plus la valeur absolue de a est élevée, plus les branches sont resserrées.

Voici par exemple la courbe représentative de $x \mapsto 3x^2$:

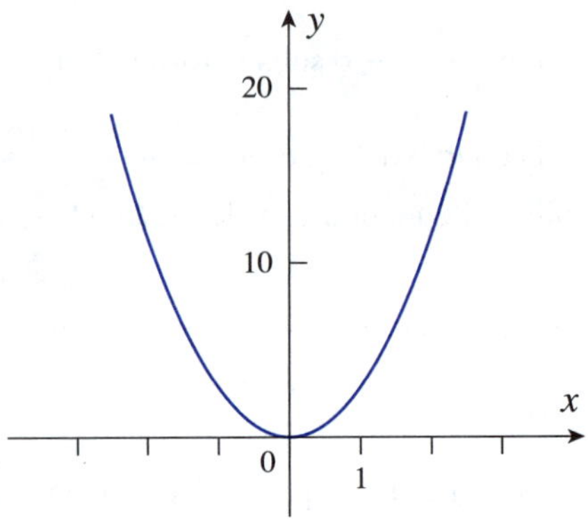

et celle de la fonction $x \mapsto -2x^2$:

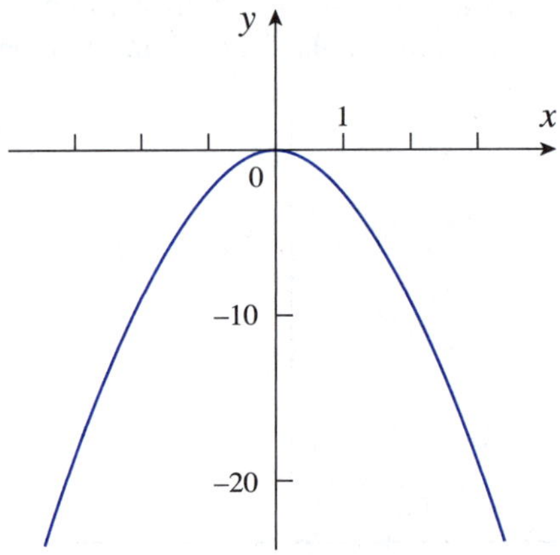

3.2 La fonction « inverse »

La fonction $x \mapsto \dfrac{1}{x}$ est définie sur $\mathbb{R}^*$. Elle est impaire, et décroissante sur chaque intervalle $]-\infty, 0[$ et $]0, +\infty[$. Attention ! Elle n'est pas décroissante *sur* $\mathbb{R}^*$ car, par exemple, $f(-1) < f(+1)$.

Son tableau de variations est le suivant :

x	$-\infty$		0		$+\infty$
$\dfrac{1}{x}$		$\searrow$	‖	$\searrow$	

La courbe représentative est une *hyperbole*. Elle est formée de deux branches disjointes, dont l'origine du repère est le centre de symétrie.

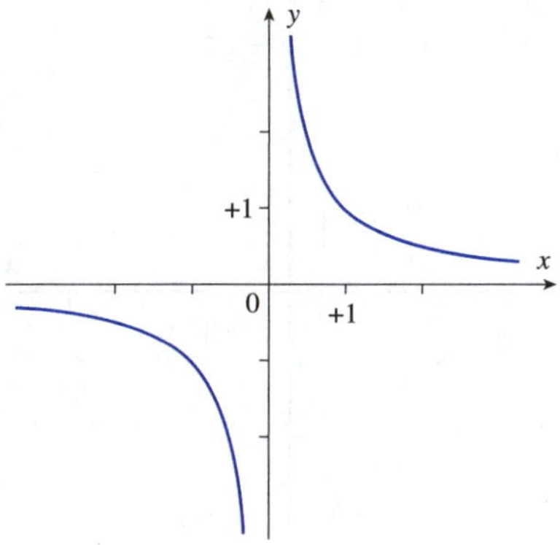

Toutes les courbes dont l'équation s'écrit, dans un repère particulier, sous la forme $y = \frac{a}{x}$ s'appellent des hyperboles, et l'origine du repère est leur *centre*. Si a est négatif, la fonction $x \mapsto \frac{a}{x}$ est croissante sur chacun des intervalles $]-\infty, 0[$ et $]0, +\infty[$. Plus la valeur absolue de a est grande, plus les branches de l'hyperbole sont évasées.

Voici par exemple l'hyperbole d'équation $y = -\frac{1}{x}$:

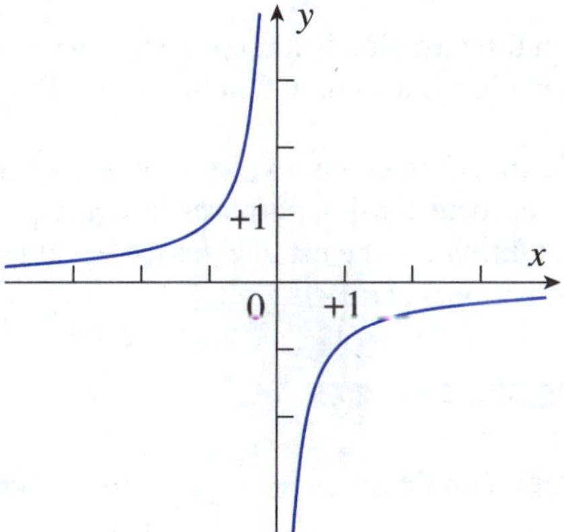

et celle d'équation $y = \frac{2}{x}$:

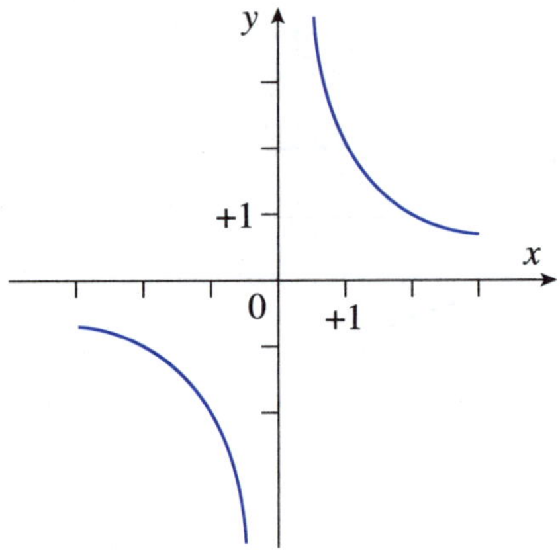

Remarque

Les fonctions affines et linéaires, la fonction carré et la fonction inverse sont les fonctions de référence dont vous *devez* bien connaître les variations et les représentations graphiques. Nous vous présentons ci-dessous trois autres types de fonctions que vous pouvez être amené(e) à rencontrer dans les problèmes.

3.3 Les polynômes du second degré

Un polynôme du second degré s'écrit : $x \mapsto ax^2 + bx + c$ (a, b et c sont des constantes, $a \neq 0$ sinon c'est une simple fonction affine !)

L'expression peut être transformée en : $x \mapsto a(x + p)^2 + q$. En déplaçant les axes de coordonnées, on peut ainsi superposer la courbe à celle de la fonction $X \mapsto aX^2$. Autrement dit, la courbe est une parabole (du type de celles étudiées au paragraphe sur la fonction « carré »).

3.4 La fonctions homographiques

Une fonction homographique s'écrit : $x \mapsto \frac{ax + b}{cx + d}$ (a, b, c et d sont des constantes, on peut supposer $c \neq 0$ sinon c'est une fonction affine !)

L'ensemble de définition est $D = \mathbb{R} - \left\{\frac{-d}{c}\right\}$.

L'expression peut être transformée en : $x \mapsto \frac{p}{ax+b} + q$. Là encore, si on déplace les axes de coordonnées, on reconnaît la courbe de la fonction $X \mapsto \frac{p}{X}$. La courbe est donc une hyperbole (comme la courbe de la fonction « inverse »).

Solution de l'exercice type 3

1 On développe :

$$(x+3)^2 - 6 = x^2 + 6x + 9 - 6 = x^2 + 6x + 3$$

2 L'équation $y = x^2 + 6x + 3$ s'écrit donc aussi :

$$y = (x+3)^2 - 6 \qquad \text{soit :} \qquad y + 6 = (x+3)^2$$

On procède alors à un changement de repère, en posant :

$$\begin{cases} X = x + 3 \\ Y = y + 6 \end{cases}$$

X et Y sont les coordonnées dans le nouveau repère. Dans ce repère, l'équation de la courbe est $Y = X^2$, il s'agit donc d'une parabole. Le sommet S est l'origine du (nouveau) repère. Dans le nouveau repère, S a pour coordonnées (0; 0). On résout facilement le système :

$$\begin{cases} 0 = x + 3 \\ 0 = y + 6 \end{cases}$$

Les coordonnées de S dans $(O, \vec{\imath}, \vec{\jmath})$ sont donc (−3; −6).

3 Il n'y a qu'à réduire au même dénominateur.

$$\frac{2}{x+3} - 6 = \frac{2}{x+3} - \frac{6x+18}{x+3} = \frac{-6x-16}{x+3}$$

4 L'équation $y = -\dfrac{6x+16}{x+3}$ s'écrit donc aussi :

$$y = \frac{2}{x+3} - 6$$

c'est-à-dire :

$$y + 6 = \frac{2}{x+3}$$

Dans le repère $(S, \vec{\imath}, \vec{\jmath})$ défini ci-dessus, l'équation de la courbe est donc : $Y = \dfrac{2}{X}$. Conclusion : c'est bien une hyperbole.

4 Les fonctions trigonométriques

Exercice type 4 — Lycée Charlemagne, Paris

1 On pose $x = \dfrac{\pi}{6}$. Calculer $\cos(2x)$, $2\cos x$ et $\cos^2 x - \sin^2 x$. Que constate-t-on ?

2 Démontrer que, pour tout x réel, $\cos^2 x - (1 + \sin x)(1 - \sin x) = 0$.

Voir corrigé page 72

4.1 Enrouler $\mathbb{R}$ sur le cercle trigonométrique

Le plan étant rapporté à un repère orthonormal (O, I, J), le cercle trigonométrique est le cercle de rayon 1 et de centre O. On note $I(1, 0)$ et on considère la tangente en I au cercle trigonométrique.

On va graduer cette droite : l'origine sur la droite est I, l'unité est la même que dans le reste du plan, et la droite est orientée « vers le haut ». Plus mathématiquement, on peut dire que la droite est munie du repère $(I, \vec{\jmath})$. Chaque point de la droite correspond à un réel unique, on identifie la droite et $\mathbb{R}$.

Maintenant, on peut imaginer que l'on courbe cette droite pour la coller au cercle trigonométrique (voir figures).

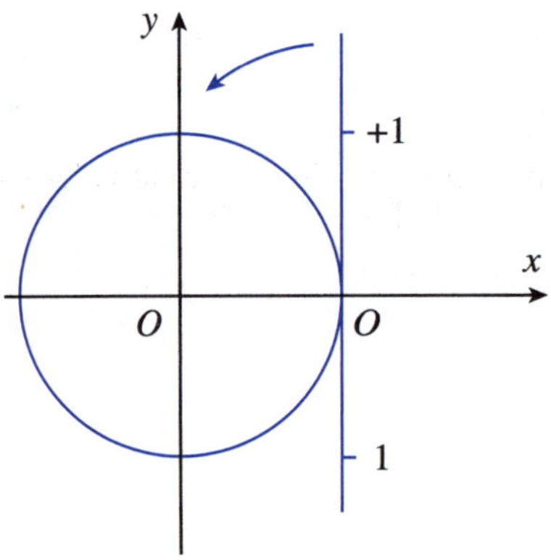

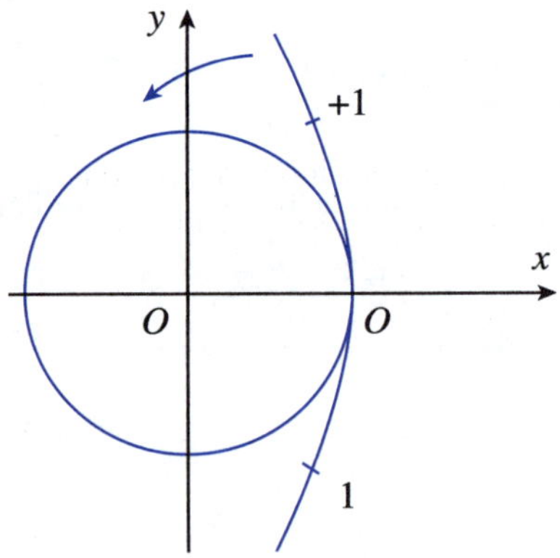

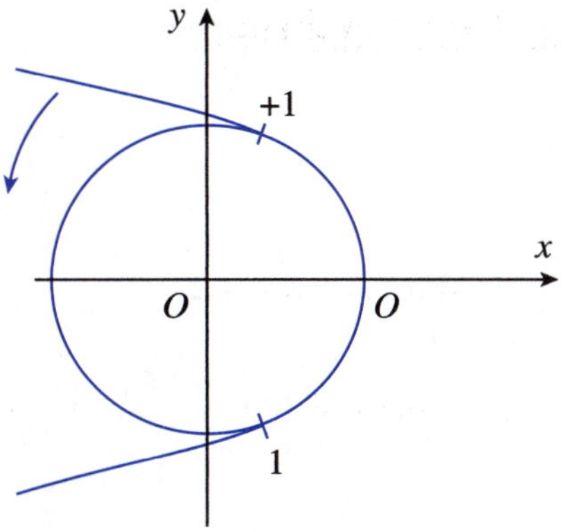

Un point M de la droite, qui avait des coordonnées $(1, t)$, se retrouve en un point M'. Par définition, les coordonnées de M' sont $(\cos t, \sin t)$.

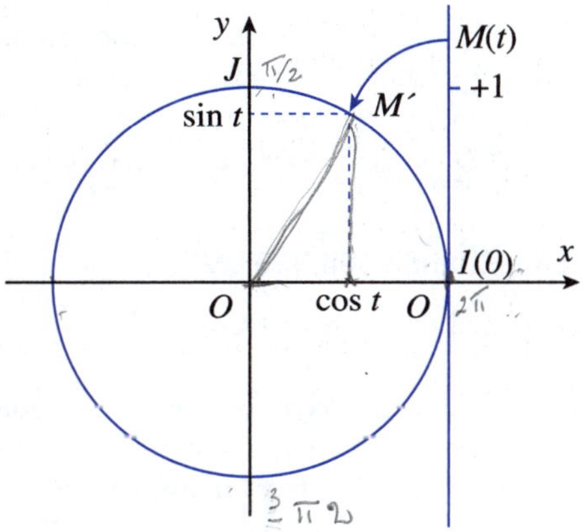

On définit ainsi deux fonctions, cos (« cosinus ») et sin (« sinus »), dont voici les représentations graphiques :

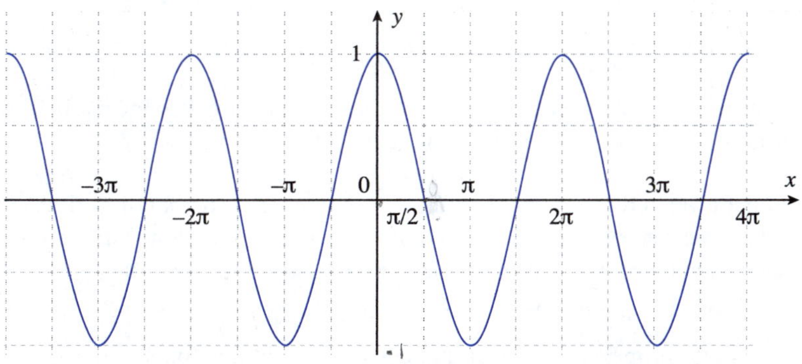

La fonction cos

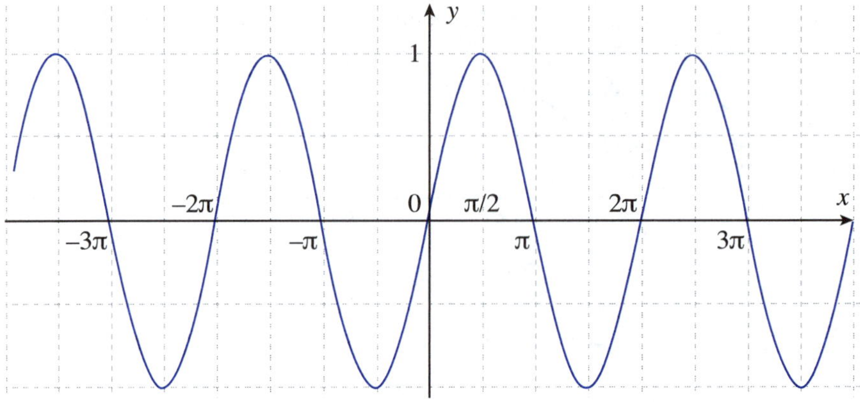

La fonction sin

Remarque

Les dessins utilisent ici un repère orthogonal, mais non orthonormal. En effet, les fonctions cosinus et sinus représentent des abscisses et des ordonnées sur le cercle trigonométriques, elles prennent donc leurs valeurs entre -1 et 1. Dans un repère orthonormal, la courbe paraît écrasée, et on ne voit pas bien ses caractéristiques.

4.2 Propriétés des fonctions cosinus et sinus

La fonction cos est paire et la fonction sin est impaire.

Lorsque l'on enroule $\mathbb{R}$ sur le cercle trigonométrique, les points d'abscisses x et $-x$ se retrouvent « l'un au-dessus de l'autre », (comme les points d'abscisses -1 et $+1$ sur nos dessins), c'est-à-dire que leurs images auront :

- la même abscisse, donc $\cos x = \cos(-x)$:
- et des ordonnées opposées, donc $\sin(-x) = -\sin x$

On voit donc que cos est une fonction paire, et sin est une fonction impaire.

Les fonctions cos et sin sont périodiques.

La longueur (ou circonférence) du cercle trigonométrique est donné par la formule bien connue : $2\pi R$. Ici $R = 1$, cette longueur est donc 2π.

Ainsi, lorsqu'on enroule $\mathbb{R}$ sur le cercle trigonométrique, deux points d'abscisses x et $x + 2\pi$ se retrouveront au même endroit sur le cercle, donc auront le même sinus et le même cosinus. On peut donc écrire, pour toute valeur de t :

$$\cos(t + 2\pi) = \cos t \text{ et } \sin(t + 2\pi) = \sin t$$

On décrit cette propriété en disant que cos et sin sont des fonctions périodiques, dont la période est 2π. On reconnaît une fonction périodique à ce que sa courbe répète à l'infini un motif. Plus mathématiquement, la courbe est (globalement) invariante par certaines translations. Par exemple, cos et sin sont périodiques car leurs courbes sont invariantes par la translation de vecteur $2\pi.\vec{\imath}$:

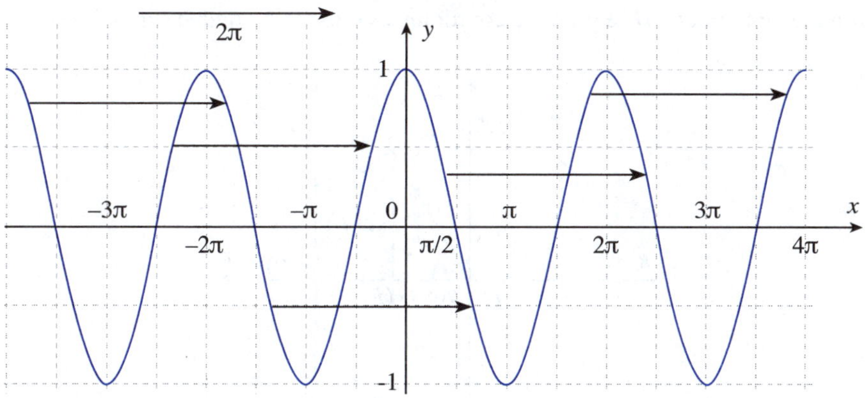

Il existe une relation entre cos et sin.

La courbe de sin est l'image de celle de cos par par la translation de vecteur $\frac{\pi}{2}\vec{\imath}$:

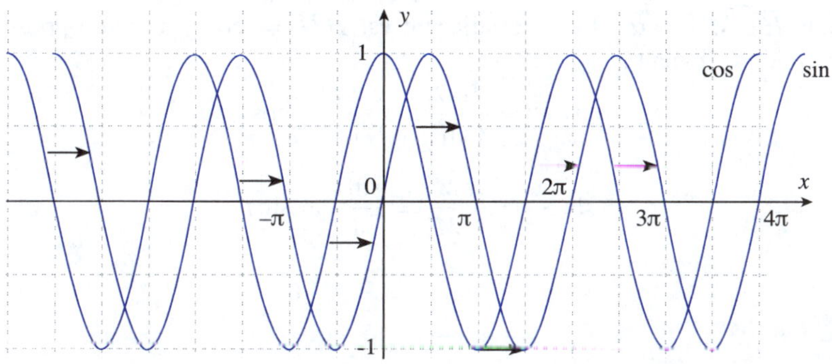

cos ⟶ sin

Cela se traduit pour tout réel t par : $\sin(t + \frac{\pi}{2}) = \cos(t)$.

4.3 Quel rapport entre le cosinus et le sinus d'un réel et celui d'un angle en degrés ?

En troisième, vous avez appris à déterminer, dans un triangle rectangle, les cosinus et sinus d'un de ses angles :

$$\text{cosinus} = \frac{\text{côté adjacent}}{\text{hypoténuse}} \qquad \text{sinus} = \frac{\text{côté opposé}}{\text{hypoténuse}}$$

Prenons un réel t, positif, pas trop grand (voir figure), et le point $M(t)$ sur la tangente en I au cercle trigonométrique. Quand on enroule cette tangente sur le cercle, M a pour image $M'(\cos t, \sin t)$.

Maintenant, notons H le point de coordonnées $(\cos t, 0)$, comme sur la figure :

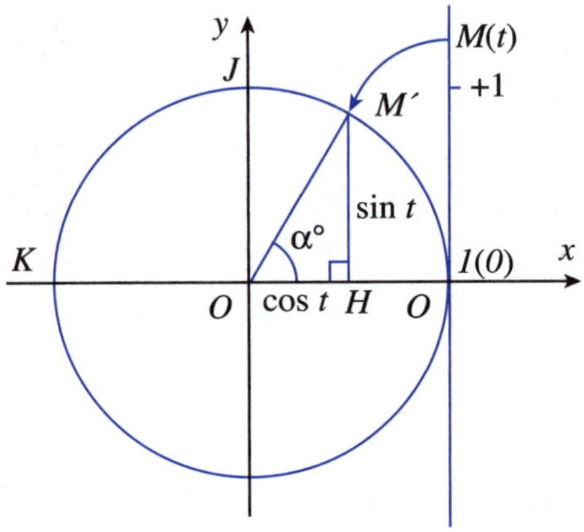

Considérons le triangle HOM'. Il est rectangle en H. L'hypoténuse est $[OM']$ et $OM' = 1$ (rayon du cercle trigonométrique).
Notons $\widehat{HOM'} = \alpha°$. Le côté adjacent est $HO = \cos t$, le côté opposé est $HM' = \sin t$. Il vient :

$$\cos\alpha° = \frac{HO}{OM'} = \frac{\cos t}{1} = \cos t$$

et :

$$\sin\alpha° = \frac{HM'}{OM'} = \frac{\sin t}{1} = \sin t$$

Attention

α est un angle en degrés et t est une longueur. Si vous faites un calcul à la machine, et que vous voulez calculer par exemple : $\cos 35°$, assurez-vous que vous êtes dans le mode *degrés*. Vous obtiendrez environ 0,819. Si c'est le cosinus du réel 35 que vous voulez, mettez-vous dans le mode *radian* ; vous obtiendrez environ $-0{,}904$. Vous voyez que les résultats n'ont vraiment rien à voir. C'est une source très fréquente d'erreurs, pourtant faciles à éviter !

4.3.1 - Quelques valeurs exactes

Angle de 45° On considère un triangle ABC rectangle en A et isocèle tel que :

$$AB = AC = 1$$

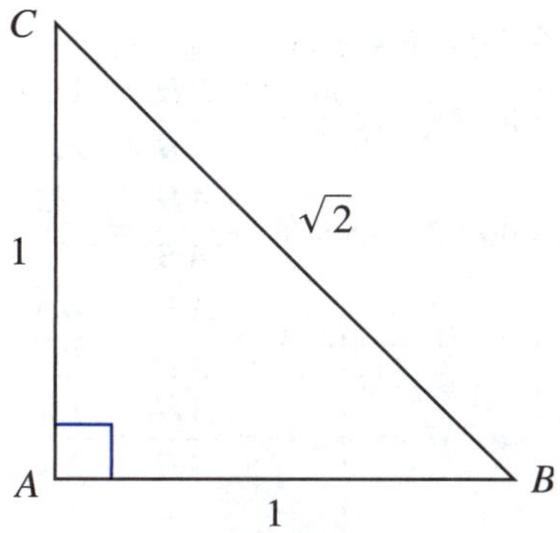

Alors $\hat{B} = \hat{C} = 45°$. D'après le théorème de Pythagore :

$$BC^2 = AB^2 + AC^2 = 2$$

donc $BC = \sqrt{2}$. Il vient :

$$\cos \hat{B} = \frac{AB}{BC} = \frac{1}{\sqrt{2}}$$

et

$$\sin \hat{B} = \frac{AC}{BC} = \frac{1}{\sqrt{2}}$$

On en déduit que $\cos 45° = \sin 45° = \dfrac{1}{\sqrt{2}} = \dfrac{\sqrt{2}}{2}$.

Angles de $30°$ **et** $60°$ On considère un triangle ABC équilatéral de côté 1 et H le milieu de $[BC]$. Vous savez que, comme ABC est équilatéral, (AH) est également la hauteur issue de A, la médiatrice de $[BC]$, et la bissectrice de $\widehat{BAC}$. En particulier :

$$\widehat{HAB} = \frac{1}{2}\widehat{CAB} = \frac{60}{2} = 30°$$
$$\widehat{ABH} = \widehat{ABC} = 60°$$

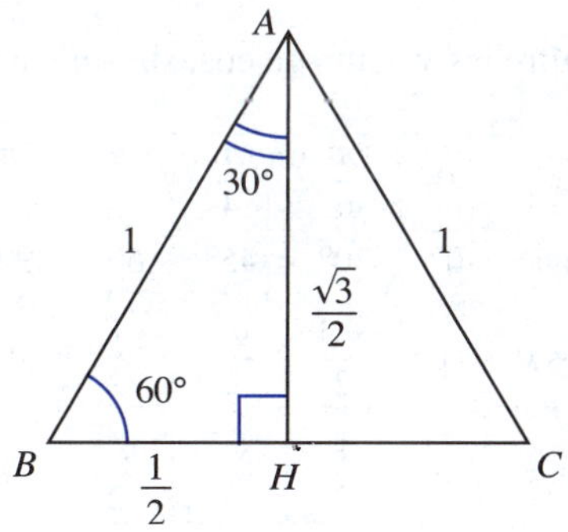

En appliquant le théorème de Pythagore au triangle ABH, rectangle en H, il vient :

$$BA^2 = BH^2 + AH^2 \Leftrightarrow 1 = \frac{1}{4} + AH^2 \Leftrightarrow \frac{3}{4} = AH^2 \Leftrightarrow \frac{\sqrt{3}}{2} = AH$$

Dans ce même triangle ABH, on a :

$$\cos 60^\circ = \cos \hat{B} = \frac{BH}{AB} = \frac{1}{2}$$
$$\sin 60^\circ = \sin \hat{B} = \frac{AH}{AB} = \frac{\sqrt{3}}{2}$$
$$\cos 30^\circ = \cos \hat{A} = \frac{AH}{AB} = \frac{\sqrt{3}}{2}$$
$$\sin 30^\circ = \sin \hat{A} = \frac{AH}{AB} = \frac{1}{2}$$

4.3.2 - Valeurs particulières des fonctions cos et sin

Si on reprend la figure reliant le cosinus et le sinus d'un angle et celui d'un réel, on voit qu'à un réel t correspond un angle α exprimé en degrés. on voit que $\alpha = 60^\circ$ correspond à un sixième de cercle, et donc au réel $\frac{2\pi}{6} = \frac{\pi}{3}$:

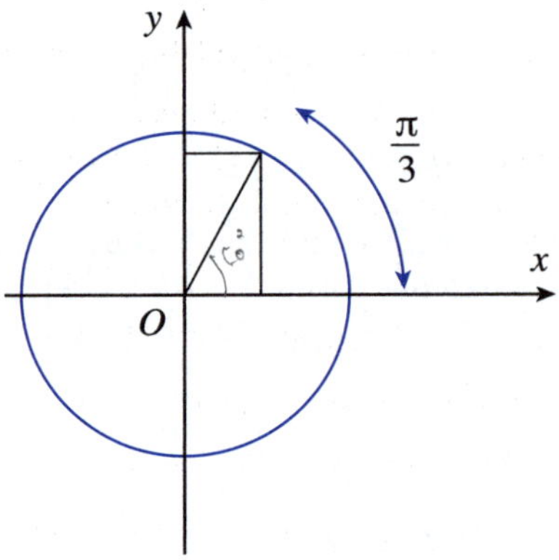

Vous devez (bien) connaître les valeurs de cos, sin suivantes :

x	0	$\frac{\pi}{6}$	$\frac{\pi}{4}$	$\frac{\pi}{3}$	$\frac{\pi}{2}$
angle	0°	30°	45°	60°	90°
$\cos x$	1	$\frac{\sqrt{3}}{2}$	$\frac{\sqrt{2}}{2}$	$\frac{1}{2}$	0
$\sin x$	0	$\frac{1}{2}$	$\frac{\sqrt{2}}{2}$	$\frac{\sqrt{3}}{2}$	1

Solution de l'exercice type 4

1 $x = \frac{\pi}{6}$ donc $2x = \frac{\pi}{3}$. On utilise les valeurs :

$$\cos\frac{\pi}{6} = \frac{\sqrt{3}}{2}, \quad \cos\frac{\pi}{3} = \frac{1}{2}, \quad \sin\frac{\pi}{6} = \frac{1}{2}$$

et on calcule :

$$\cos 2x = \cos\frac{\pi}{3} = \frac{1}{2}$$

$$2\cos x = 2 \times \frac{\sqrt{3}}{2} = \sqrt{3}$$

$$\cos^2 x - \sin^2 x = \cos^2\frac{\pi}{6} - \sin^2\frac{\pi}{6} = \frac{3}{4} - \frac{1}{4} = \frac{1}{2}$$

On constate :

$$\cos(2x) \neq 2\cos x \text{ (cos n'est pas linéaire}$$

$$\cos(2x) = \cos^2 x - \sin^2 x$$

(Cette dernière formule est en fait valable pour tout réel x).

2 Par définition, les points M de coordonnées $(\cos x, \sin x)$ appartiennent au cercle trigonométrique, donc $OM = 1$. Comme on connaît l'abscisse et l'ordonnée de M, on applique la formule :

$$\begin{aligned} 1 = OM^2 &= (x_M - 0)^2 + (y_M - 0)^2 \\ &= \cos^2 x + \sin^2 x \end{aligned}$$

Or, en développant la formule proposée, on a :

$$\begin{aligned} \cos^2 x - (1 + \sin x)(1 - \sin x) &= \cos^2 x - (1 - \sin^2 x) \\ &= \cos^2 x + \sin^2 x - 1 = 0 \end{aligned}$$

d'après notre remarque. D'où l'égalité :

$$\cos^2 x - (1 + \sin x)(1 - \sin x) = 0$$

QCM 1 Image et antécédent

3 min. | corrigé p. 92

Dans l'écriture $5 = f(2)$:

[a] f est un nombre
[b] $f(2)$ est un nombre
[c] 5 est l'image de 2 par f
[d] 2 est l'image de 5 par f

QCM 2 Image et antécédent

3 min. | corrigé p. 92

9 est antécédent de $\sqrt{2}$ par f s'écrit :

[a] $f(9) = \sqrt{2}$
[b] $f(\sqrt{2}) = 9$
[c] $f : \sqrt{2} \mapsto 9$

QCM 3 Ensembles de définition

3 min. | corrigé p. 92

D désignant l'ensemble de définition de f, quelles sont les propositions correctes ?

[a] $f : x \mapsto 5x + 2$ $\quad D = \mathbb{R}$
[b] $f : x \mapsto \dfrac{1}{x - 2}$ $\quad D = \mathbb{R} - \{-2\}$
[c] $f : x \mapsto (1 + x^2)^2$ $\quad D = \mathbb{R}_+$
[d] $f : x \mapsto \dfrac{x - 5}{x + 2}$ $\quad D = \mathbb{R} - \{-2, 5\}$

QCM 4 Représentation graphique

5 min. | corrigé p. 92

À la lecture du graphique, la fonction représentée :

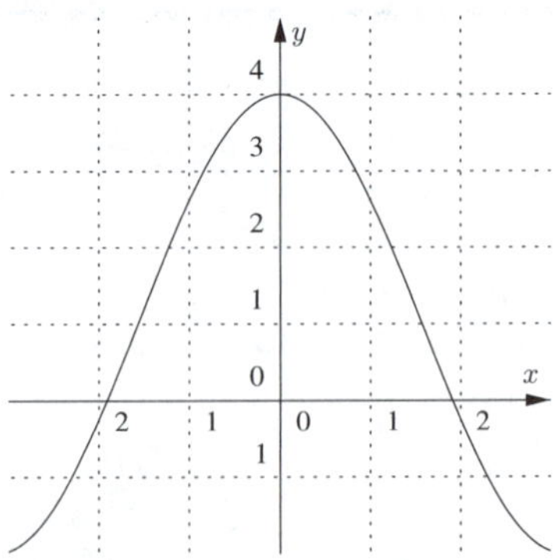

(courbe représentative de la fonction f)

a est décroissante
b est paire
c a pour ensemble de définition $\mathbb{R}$
d a pour maximum 4
e a pour maximum 0

QCM

5 Représentation graphique

5 min. corrigé *p. 92*

À la lecture du graphique, la fonction représentée :

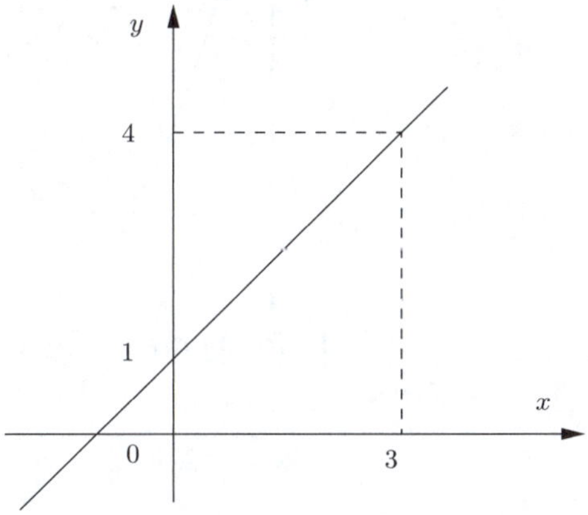

a est croissante
b est affine
c est impaire
d est $x \mapsto x + 4$

QCM

6 Calculs algébriques

5 min. corrigé *p. 93*

On considère $f : x \mapsto x^2 - x$ définie sur $[0, 4]$.

a $f(0) = f(1)$
b Le point $M(2; 2)$ n'appartient pas à la courbe représentative de f.
c Le point $N(3; 9)$ est au-dessus de la courbe représentative de f.
d Le point $P(5; 20)$ appartient à la courbe représentative de f

7 Étude graphique

★ *10 min.* corrigé *p. 93*

Lycée Molière, Paris

Examiner les courbes des fonctions f, g et h page suivante :

COURS EXERCICES CORRIGÉS

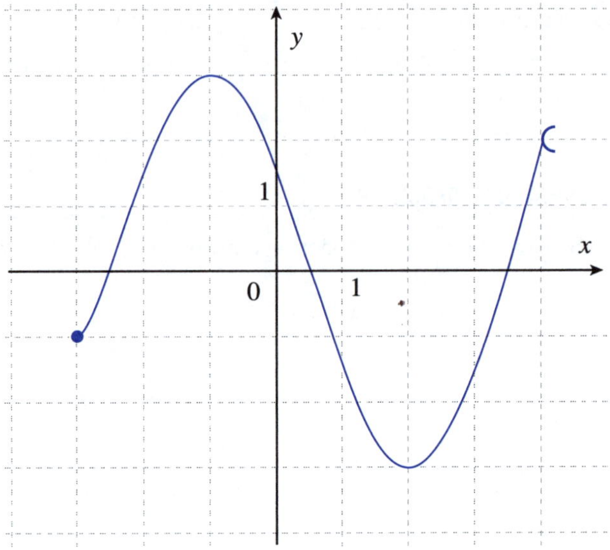

La fonction f

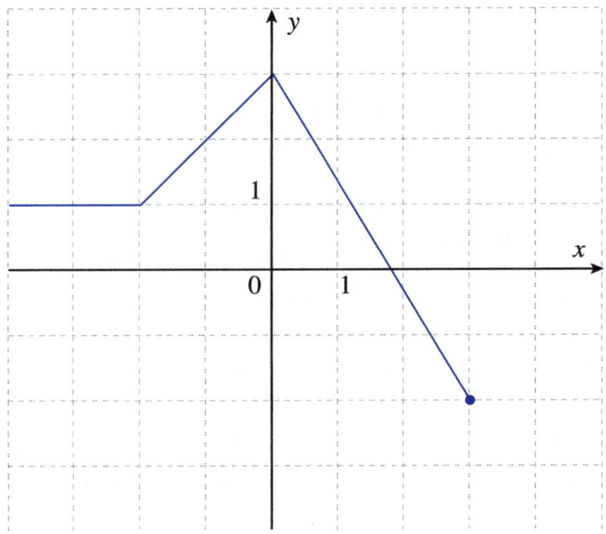

La fonction g

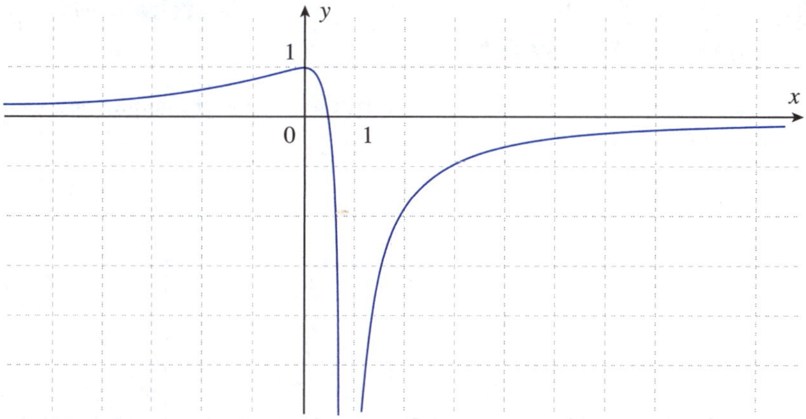

La fonction h

1 Donner pour chaque fonction son ensemble de définition.

2 Donner le tableau de variations des fonctions f, g et h

8 Représentation graphique

★ 10 min. corrigé p. 93

Lycée Albert Chatelet, Douai

Dans un repère (O, I, J), en prenant comme unité le cm, dessiner la courbe représentative d'une fonction répondant aux indications suivantes :

- f est définie sur $[-3; 4[$;
- $f(-3) = 1$;
- f admet un maximum qui est 3, atteint en -1 ;
- f est croissante sur $[-3; -1]$ et décroissante sur $[-1; 4[$;
- les réels -2 et 1 ont la même image qui est 2,5 ;
- $f(3) = 0$.

9 Images et antécédents

★ 10 min. corrigé p. 94

Lycée Fustel de Coulanges, Massy

Soit f la fonction définie, pour tout réel x, par : $f(x) = x^2 - 4$.

1 Calculer l'image par la fonction f des réels 0, 1, -2.

2 Déterminer, lorsque c'est possible, le ou les antécédent(s) par f des réels 5, -7, -4.

10 Étude graphique

★ 15 min. | corrigé p. 94

Lycée Pasteur, Neuilly-sur-Seine

Les courbes suivantes sont-elles les représentations graphiques de fonctions ? (justifier les réponses).

1.

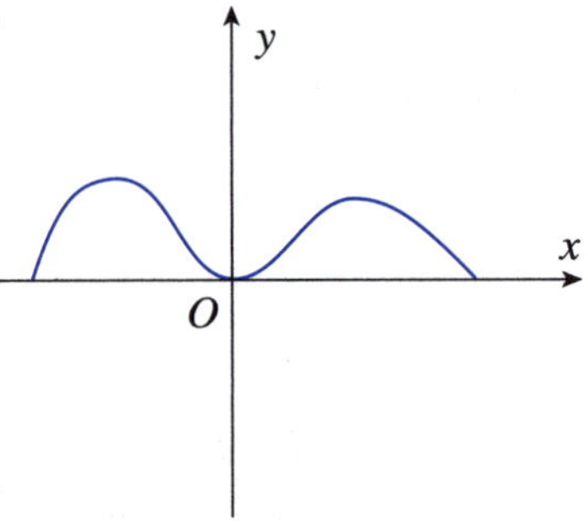

2.

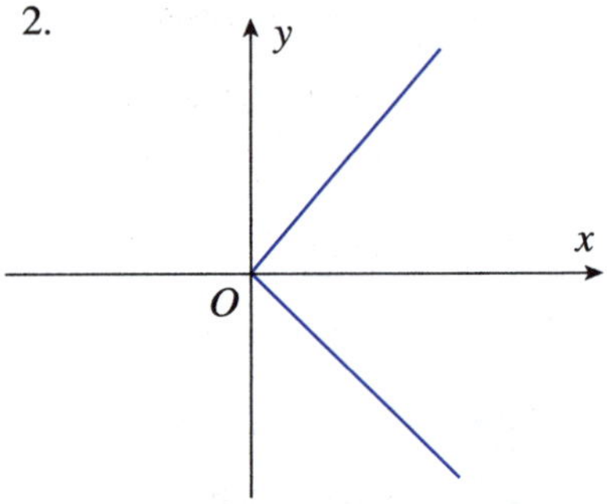

3.

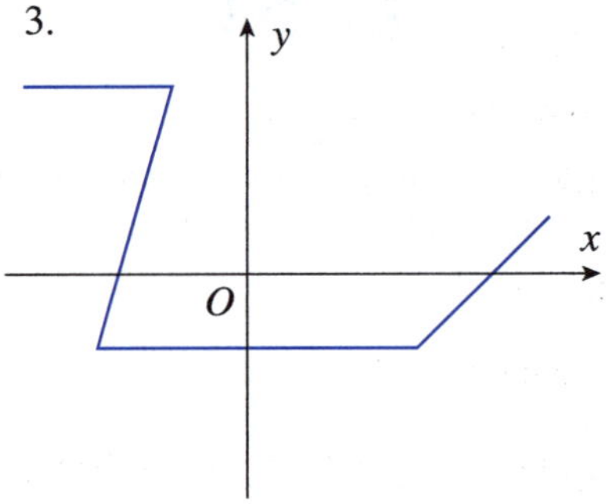

4.

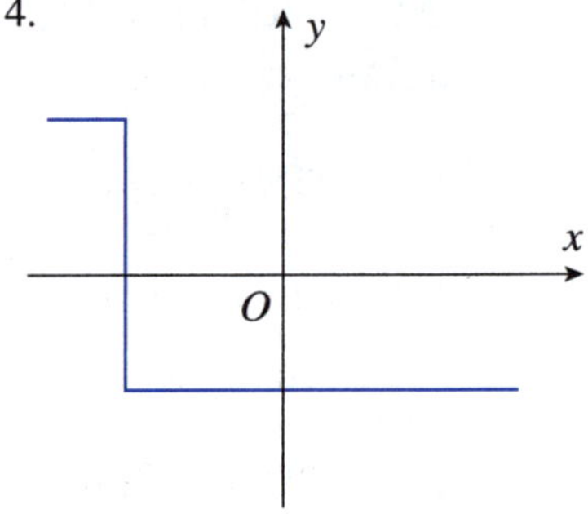

5.

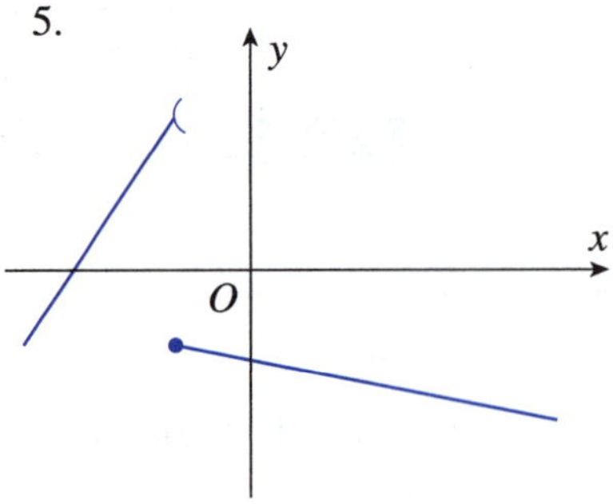

6.

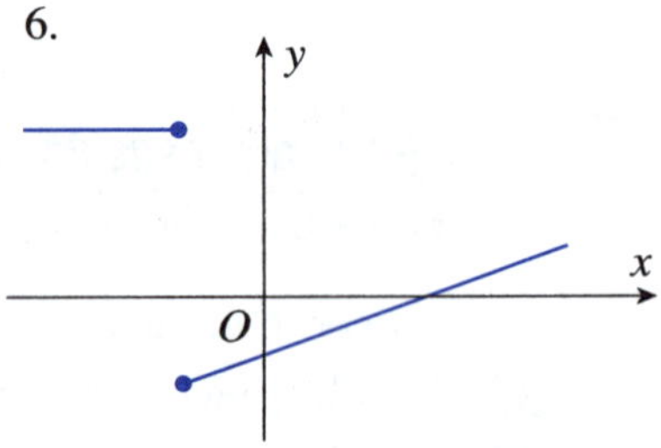

11 Fonctions affines

★ 10 min. corrigé p. 95

Lycée Édouard Herriot, Lyon

Trouver une fonction affine f telle que $f\left(\frac{1}{2}\right) = 1$ et $f(1) = \frac{1}{4}$.

12 Parité

★ 15 min. corrigé p. 95

Lycée Le Corbusier, Poissy

Les fonctions suivantes sont-elles paires ou impaires ?

1. $f_1(x) = \dfrac{x+1}{x^2-9}$.
2. $f_2(x) = 4x^2 + \dfrac{1}{x^2}$.
3. $f_3(x) = (x+3)^2 - (x-3)^2$.

13 Variations

★ 15 min. corrigé p. 96

Lycée Paul Painlevé, Oyonnax

Soit f la fonction définie sur $\mathbb{R}$ par :

$$f(x) = 2x^2 - x + 1$$

1. Soient x et x' deux réels. Factoriser $f(x') - f(x)$.
2. Montrer que, si $x' > x \geq \frac{1}{4}$, alors $f(x') > f(x)$.
3. Montrer que, si $x' < x \leq \frac{1}{4}$, alors $f(x') > f(x)$.
4. En déduire le tableau de variation de f sur $\mathbb{R}$.
5. Calculer $f(-1)$, $f(0)$, $f\left(\frac{1}{4}\right)$, $f(1)$, $f(2)$, et tracer la courbe représentative de f.

14 Parité

★ 20 min. corrigé p. 98

Lycée Henri IV, Paris

Étudier la parité des fonctions suivantes :

1. $f(x) = 3x$
2. $h(x) = \dfrac{x^3+1}{x^5(x^2+1)}$
3. $i(x) = \dfrac{x^4+x^2+1}{x-3}$

15 Fonctions trigonométriques ★ 10 min. corrigé p. 98

Lycée Jeanne d'Arc, Arras

En utilisant le cercle trigonométrique :

1 Précisez l'ensemble des réels x de l'intervalle $[-\frac{\pi}{2} ; \pi]$ tels que $\cos x = \frac{1}{2}$.

2 Précisez l'ensemble des réels x de l'intervalle $[-\pi ; \pi]$ tels que $\sin x = \frac{\sqrt{2}}{2}$.

16 Images et antécédents ★ 15 min. corrigé p. 100

Lycée Jean Puy, Roanne

Soit la fonction f définie par :

$$f(x) = \frac{x}{x-3}$$

1 Domaine de définition.

2 Images, si elles existent, de -1 et 2.

3 Antécédents éventuels de -3 et 1.

17 Étude graphique ★ 15 min. corrigé p. 100

Lycée du Parc, Lyon

On trace dans un repère orthonormal les représentations des fonctions suivantes :

$$f : x \mapsto -x + 6$$

$$g : x \mapsto 2x^2 - 1$$

$$h : x \mapsto -\frac{1}{x}$$

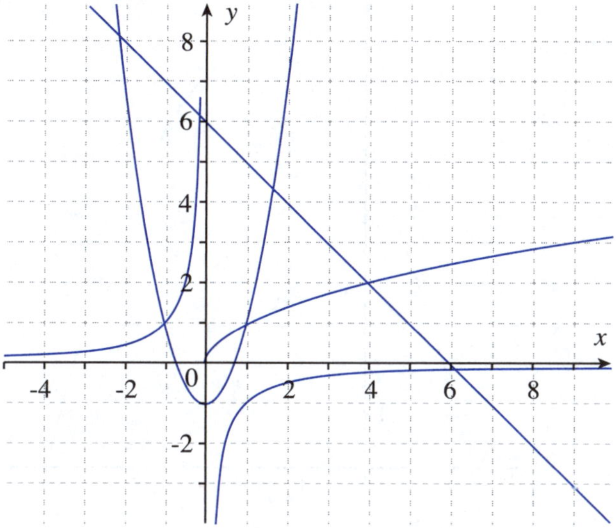

1 Préciser sur le graphique les représentations de f, g, h.

2 Pour chacune d'entre elles, donner le tableau de variations.

18 Images et antécédents

★★ 20 min. corrigé p. 101

Lycée Saint Louis, Saint Nazaire

Soit f la fonction donnée par :

$$f(x) = \frac{6}{9x^2 - 16}$$

1 Déterminer l'ensemble de définition de f.

2 Calculer l'image de -1.

3 Déterminer les antécédents éventuels de $\frac{1}{8}$.

19 Étude graphique

★★ 20 min. corrigé p. 102

Lycée Vaugelas, Chambéry

La figure suivante représente la courbe de la fonction f.

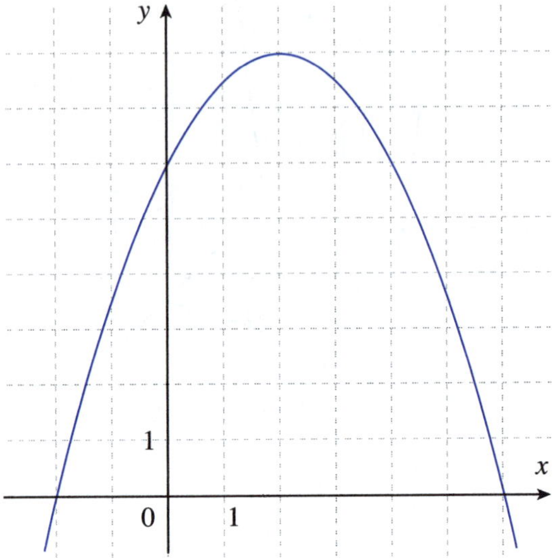

1 Quelle est la nature de la courbe ?

2 Dresser le tableau de variations de f.

3 En fait, f est l'une des trois fonctions suivantes :

(a) $f(x) = \frac{1}{2}x^2 + 2x + 6$

(b) $f(x) = \frac{1}{2}x^2 + 2x - 2$

(c) $f(x) = -\frac{1}{2}x^2 + 2x + 6$

Laquelle ? (Donner une justification simple).

20 Étude graphique

★★ 15 min. corrigé p. 102

Lycée Victor Louis, Talence

Voici les représentations des fonctions définies par : $f(x) = x^2 - 3$; $g(x) = 5 - x^2$; $h(x) = \frac{1}{x} - 3$ et $k(x) = 2x - 3$.

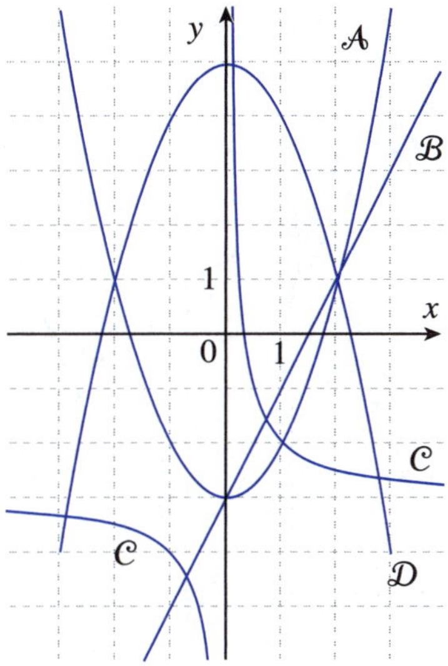

1 Associer par des croix les fonctions et les tracés :

	f	g	h	k
$\mathcal{A}$				
$\mathcal{B}$				
$\mathcal{C}$				
$\mathcal{D}$				

2 Donner les tableaux de variations des fonctions g et h.

3 Résoudre graphiquement les équations et inéquations suivantes :

(a) $x^2 - 3 = 5 - x^2$;

(b) $\dfrac{1}{x} - 3 = x^2 - 3$;

(c) $5 - x^2 > 1$;

(d) $x^2 - 3 \leq 2x - 3$

21 Étude graphique

★★ 30 min. corrigé p. 104

Lycée Albert de Mun, Nogent-sur-Marne

Soit $(\mathcal{C})$ la représentation graphique d'une fonction f définie sur $[-3{,}5\,;\;2{,}5]$.

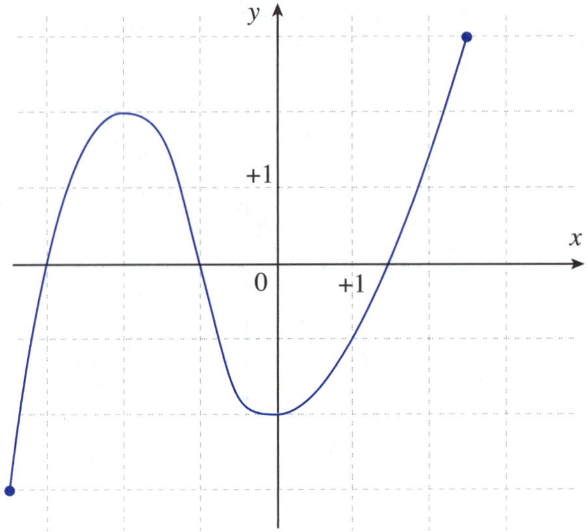

1 Compléter :

(a) le nombre 1 a pour image par f le nombre : ...

(b) l'image par f du nombre 0 est le nombre : ...

(c) un antécédent par f de 2 est le nombre : ...

(d) $f(0) = \ldots$

2 **(a)** Dresser le tableau de variation de f.

(b) Soient a et b deux nombres réels de l'intervalle $[-2, 0]$ tels que $a < b$. Comparer $f(a)$ et $f(b)$ et justifiez votre réponse.

22 Étude graphique

★★ 15 min. corrigé p. 105

Lycée Montaigne, Bordeaux

La courbe $(\mathcal{C})$ (voir à la fin de l'énoncé) est la courbe représentative dans le repère (O, I, J) de la fonction f définie sur $\mathbb{R}$ par :

$$f(x) = x^2 - 1$$

1 Indiquer de deux façons différentes le signe de $f(x)$ selon les valeurs de x :

(a) graphiquement ;

(b) par le calcul.

2 Quelle est la fonction affine représentée par la droite $\mathcal{D}$?

3 Résoudre graphiquement, puis par le calcul, l'inéquation $f(x) \leq g(x)$.

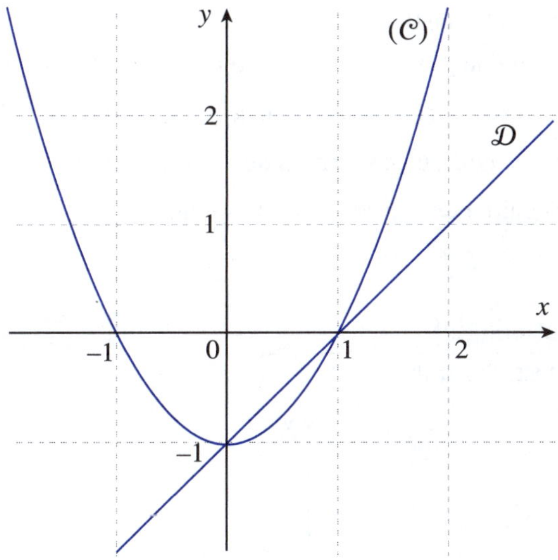

23 Fonctions affines

★★ 20 min. corrigé p. 106

Lycée P. et I. Joliot-Curie, Nanterre

Les fonctions suivantes sont-elles des fonctions affines ? Si oui, donner le coefficient directeur et l'ordonnée à l'origine de la droite qui les représente ainsi que leur sens de variation :

1 $f_1 : x \mapsto \dfrac{3+11x}{6}$.

2 $f_2 : x \mapsto -5$.

3 $f_3 : x \mapsto 7 - x$.

4 $f_4 : x \mapsto \dfrac{5x+4}{x-8}$.

5 $f_5 : x \mapsto \dfrac{2}{3}x$.

6 $f_6 : x \mapsto (x-4)(x+2) - x^2 + 10$.

24 Variations

★★ 20 min. corrigé p. 107

Lycée Thiers, Marseille

Étude du sens de variation de f définie par :

$$f : \begin{array}{ccc}]0, +\infty[& \to & \mathbb{R} \\ x & \mapsto & x + \dfrac{1}{x} \end{array}$$

Soit x_1 et x_2 tels que $0 < x_1 < x_2$.

1 Montrer que $f(x_1) - f(x_2)$ est du signe de $(1 - x_1 x_2)$.

2 En déduire le sens de variation de f sur $]0; 1]$ et sur $[1, +\infty[$.

3 Tracer le tableau de variation de f sur $]0; +\infty[$.

4 En déduire l'existence d'un extremum.

25 Étude graphique

★★ 35 min. corrigé p. 108

Lycée Alphonse Daudet, Nîmes

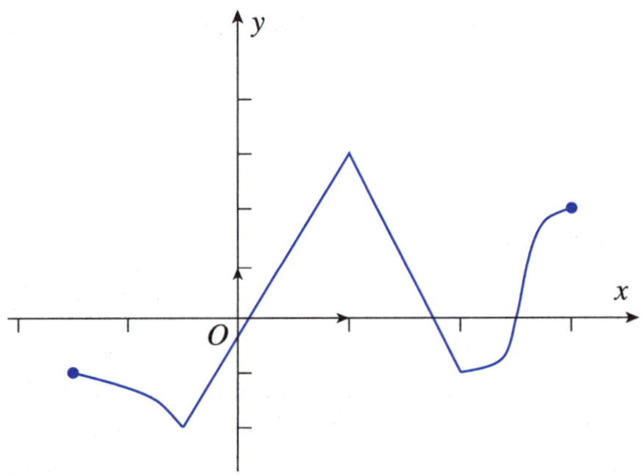

La courbe $\mathcal{C}$ ci-dessus est représentative d'une fonction f dans le repère orthogonal $(O, \vec{\imath}, \vec{\jmath})$.

1 Préciser D_f.

2 Donner les images par f des réels : -1 ; $-\dfrac{1}{2}$; 1 ; 2 ; $2{,}5$ et 3.

3 Quel est le nombre de solutions de :

- l'équation $E_1 : f(x) = 0$?
- l'équation $E_2 : f(x) = 2$?

On les représentera sur la figure.

4 f est-elle bornée sur D_f ?

5 f est-elle paire ou impaire ?

6 Sachant que la courbe de f sur $[-0{,}5; 2]$ est l'union de deux segments, exprimer $f(x)$ pour tout x de $[-0{,}5; 2]$.

7 Résoudre alors l'équation E_1, puis l'équation E_2.

26 Variations

★★ 25 min. corrigé p. 110

Lycée Saint-Michel, Paris

Soit f une fonction définie par la formule :

$$f(x) = \frac{x^2}{x^2 - 1}$$

1. Donner l'ensemble de définition de f.
2. Montrer que f est paire et justifiez le choix de $[0; +\infty[$ comme intervalle d'étude.
3. Montrer que f est décroissante sur $[0; 1[$ et sur $]1; +\infty[$. En déduire le tableau de variations de f.
4. Calculer au moins quatre valeurs intéressantes de f et tracer le graphe de f.

27 Fonctions de référence

★★ 20 min. corrigé p. 111

Lycée Michelet, Vanves

Dessiner, dans un repère orthonormé, la parabole $\mathcal{P}$ d'équation $y = x^2$ et placer le point $A(2; 4)$.

1. Pour tout $m \in \mathbb{R}$, on note $\mathcal{D}_m$ la droite passant par A et de coefficient directeur m. Vérifier que $\mathcal{D}_m$ admet pour équation $y = m(x - 2) + 4$.
2. Tracer les droites $\mathcal{D}_0$, $\mathcal{D}_1$ et $\mathcal{D}_{-1}$ et déterminer graphiquement les intersections de $\mathcal{P}$ et $\mathcal{D}_1$.
3. Déterminer par le calcul les intersections de $\mathcal{D}_m$ et $\mathcal{P}$, et déterminer le réel m_0 tel que cette intersection soit réduite à A. Tracer la droite $\mathcal{D}_{m_0}$. Que remarquez-vous et comment pouvez-vous appeler cette droite ?

28 Variations

★★ 20 min. corrigé p. 112

Lycée Geoffroy-Saint-Hilaire, Étampes

Soit f la fonction définie sur $\mathbb{R}$ par : $f(x) = x^2 - 4x + 3$.

1. Vérifier que $f(x_1) - f(x_2) = (x_2 - x_1)(4 - (x_1 + x_2))$.
2. Démontrer les deux propriétés suivantes :
   - si $x_1 < x_2 \leq 2$ alors $x_1 + x_2 < 4$;
   - si $2 \leq x_1 < x_2$ alors $x_1 + x_2 > 4$.
3. En déduire que f est strictement décroissante sur $]-\infty; 2]$ et que f est strictement croissante sur $[2; +\infty[$ Dresser le tableau de variations de f.

COURS EXERCICES CORRIGÉS

4 Vérifier que $x^2 - 4x + 3 = (x - 1)(x - 3)$.

5 Résoudre l'équation $x^2 - 4x + 3 = 0$.

6 Utiliser les questions 3 et 5 pour résoudre l'inéquation $x^2 \geq 4x - 3$.

7 Retrouver le résultat de la question 6 en utilisant la question 4.

29 Fonctions de référence

★★ 20 min. corrigé p. 113

Lycée Fénelon, Paris

Utiliser les fonctions de référence pour établir le sens de variation des fonctions suivantes (on n'oubliera pas de rédiger une conclusion) :

1 $f(x) = (x - 1)^2 - 9$

2 $h(x) = (-2x + 8)^2$

3 $i(x) = -(x^2 + 2x + 4)$

4 $j(x) = \dfrac{-2}{-x + 2}$

30 Parité

★★ 15 min. corrigé p. 115

Lycée Jules Ferry, Conflans-Ste-Honorine

Soit f une fonction définie sur un ensemble D centré en O. Pour tout x de D on pose :

$$p(x) = \frac{1}{2}[f(x) + f(-x)] \qquad \text{et} \qquad i(x) = \frac{1}{2}[f(x) - f(-x)]$$

1 Calculer $p(x)$ et $i(x)$ lorsque f est définie par :

(a) $D = \mathbb{R}$ et $f(x) = x^3 + 3x^2 - 5x + 1$.

(b) $D =]-\infty; -1[\cup]-1; 1[\cup]1; +\infty[$ et $f(x) = \dfrac{x + 1}{x - 1}$.

2 Dans chaque cas, étudier la parité de p et i et vérifier que pour tout x de D : $f(x) = p(x) + i(x)$.

31 Variations

★★ 10 min. corrigé p. 116

Lycée Talma, Brunoy

Étudier le sens de variation des fonctions suivantes, sur les intervalles I donnés :

1 $f(x) = \dfrac{-x + 3}{x - 5}$, $I =]-\infty; 5[$.

2 $g(x) = (x - 8)^2$, $I = [8; +\infty[$.

32 Étude graphique

★★ 15 min. | corrigé p. 117

Lycée Hélène Boucher, Paris

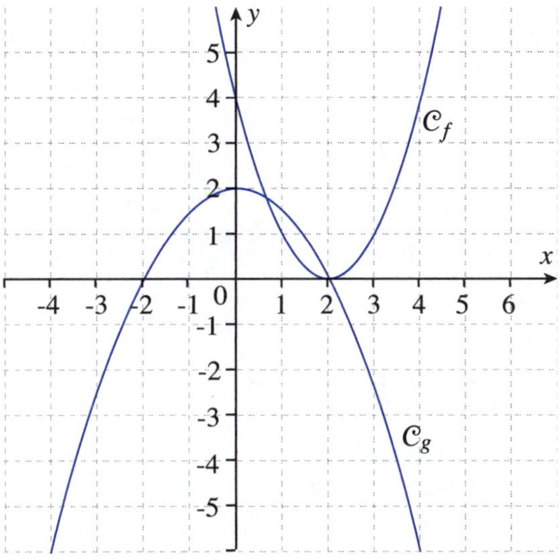

La figure montre $\mathcal{C}_f$ et $\mathcal{C}_g$, les représentations graphiques respectives des fonctions f et g dans le repère $(O, \vec{\imath}, \vec{\jmath})$. Lire sur le graphique :

1 l'image par f de 0 ; de 2 ;

2 l'image par g de 2 ;

3 la (ou les) solution(s) de l'équation $g(x) = 2$;

4 la (ou les) solution(s) de l'équation $f(x) = g(x)$.

! Attention

Vous devez laisser apparentes les constructions faites pour répondre aux questions posées.

33 Représentation graphique

★★★ 20 min. | corrigé p. 117

Lycée Hoche, Versailles

On considère la fonction f représentée par la courbe page suivante.

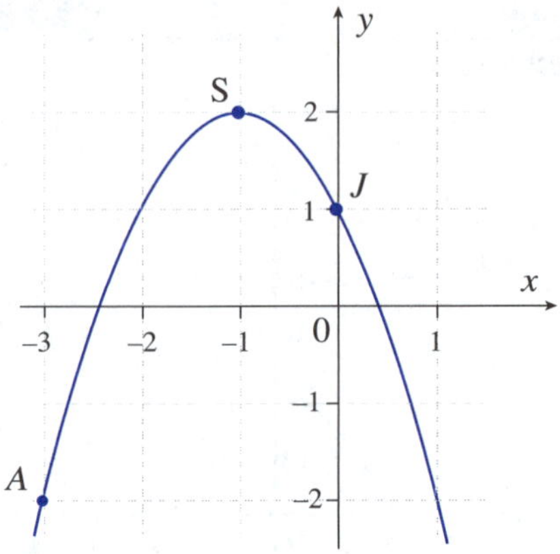

1 Dans cette question, on ne cherche pas à déterminer $f(x)$. On appelle f_1 et f_2 les fonctions définies par :
$f_1(x) = -f(x)$ et $f_2(x) = -f(-x)$.
Représenter dans le même repère f_1 et f_2.

2 On admet que la courbe représentant f est une parabole $(\mathcal{P})$, c'est-à-dire que $f(x) = ax^2 + bx + c$, a, b, c étant trois constantes. Déterminer a, b, c en utilisant le fait que la courbe $\mathcal{C}_f$ passe par les points S, A, et J.

34 Fonctions de référence

★★★ *10 min.* corrigé *p. 118*

Lycée Jean Zay, Orléans

1 Étudier la fonction définie pour $x \in \mathbb{R}$ par : $f(x) = -2x^2 + 8x$ (on montrera que la courbe obtenue a un sommet d'abscisse 2).

2 Représenter la fonction pour $x \in [-1, 5]$ dans un repère orthonormal.

35 Représentation graphique

★★★ *45 min.* corrigé *p. 119*

Lycée Saint-Louis-de-Gonzague, Paris

On considère les fonctions f et g définies pour tout x réel par :

$$f(x) = (2x+1)^2 - (-x+3)^2$$

$$g(x) = x^2 - 16 - (2x+8)(-2x+1)$$

1 Développer et réduire $f(x)$.

2 Factoriser $f(x)$ et $g(x)$.

3 Déterminer les antécédents de -8 par f.

4 Résoudre dans $\mathbb{R}$: $f(x) + g(x) = 0$.

5 On considère la fonction $h : x \mapsto g(x) - f(x)$ définie sur $[-4, 2]$.

(a) Montrer que $h(x) = 2[(x+1)^2 - 9]$.

(b) Recopier et compléter le tableau de valeurs suivant :

x	-4	-3	-2	$-1,5$	-1	$-0,5$	0	1	2
$h(x)$									

(c) Tracer la courbe représentative $\mathcal{C}_h$ de h sur $[-4, 2]$ dans (O, I, J) avec $OI = 1$ cm, $OJ = 0,5$ cm.

QCM 1 Image et antécédent

énoncé p. 74

a NON, f est une application.

b OUI (c'est l'image de 2 par l'application f).

c OUI.

d NON, 2 est un antécédent de 5 par f.

QCM 2 Image et antécédent

énoncé p. 74

a OUI ($\sqrt{2}$ est l'image de 9 par f).

b NON.

c NON, cette écriture avec $\mapsto$ s'emploie au moment où on *définit* la fonction f. Elle signifie que 9 est l'image de $\sqrt{2}$.

QCM 3 Ensembles de définition

énoncé p. 74

a OUI, une fonction affine est définie sur $\mathbb{R}$ tout entier.

b NON, c'est la valeur 2, solution de $x-2=0$, qu'il faut ôter de l'ensemble de définition : $D=\mathbb{R}-\{2\}$.

c NON. On peut calculer $f(x)$ pour n'importe quel x de $\mathbb{R}$. D'où : $D=\mathbb{R}$.

d NON. À cause du dénominateur $x+2$, il faut enlever la valeur -2 de l'ensemble de définition. Mais 5 ne pose pas de problème : $f(5)=0$. L'ensemble de définition est $\mathbb{R}-\{-2\}$.

QCM 4 Représentation graphique

énoncé p. 74

a NON. Elle est croissante sur $\mathbb{R}_-$, décroissante sur $\mathbb{R}_+$.

b OUI (la courbe semble symétrique par rapport à la droite Oy).

c OUI. La courbe n'est pas terminée par un point ou un crochet, ce qui indique qu'elle se poursuit sur toutes les abscisses réelles.

d OUI, ce maximum est atteint en 0.

e NON. Le maximum est atteint en 0, mais il vaut 4.

QCM 5 Représentation graphique

énoncé p. 75

a OUI.

b OUI (la fonction est représentée par une droite).

c NON, la courbe n'est pas symétrique par rapport à O (elle devrait passer par O).

d NON, car l'ordonnée à l'origine est 1. Il s'agit en fait de l'application $x\mapsto x+1$.

QCM 6 Calculs algébriques

énoncé p. 75

a OUI, $f(0) = f(1) = 0$

b SI, $f(2) = 4 - 2 = 2$, donc le point $M(2; 2)$ appartient bien à la courbe.

c OUI, $f(3) = 6$, donc $9 > f(3)$, et $N(3; 9)$ est au-dessus de la courbe.

d OUI car $f(5) = 25 - 5 = 20$.

7 Étude graphique

énoncé p. 75

Lycée Molière, Paris

1 (a) L'ensemble de définition est $[-3, 4[$. Le gros point à l'abscisse -3 et le crochet à l'abscisse $+4$ signalent que -3 est inclus alors que $+4$ est exclu de l'ensemble.

(b) L'ensemble de définition est $]-\infty, 3]$. Attention, la figure s'arrête à l'abscisse -4, mais simplement parce qu'on ne peut pas représenter une figure infinie. Si l'ensemble de définition était $[-4, 3]$ ou $]-4, 3]$, il y aurait un gros point ou un crochet au point d'abscisse -4.

(c) L'ensemble de définition est $\mathbb{R} - \{1\}$. Cet ensemble s'écrit également :

$$]-\infty, 1[\cup]1, +\infty[$$

2 (a)

x	-3		-1		$+2$		$+4$
$f(x)$	-1	↗	$+3$	↘	-3	↗	2

(b)

x	∞		2		0		$\mid 3$
$g(x)$		→	$+1$	↗	3	↘	-2

(c)

x	$-\infty$		0		$+1$		$+\infty$
$h(x)$		↗	1	↘	‖	↗	

8 Représentation graphique

énoncé p. 77

Lycée Albert Chatelet, Douai

Il y a plusieurs réponses possibles, mais votre dessin doit ressembler à la figure page suivante ; n'oubliez pas notamment :

- Le gros point en $(-3, 1)$ qui signale que l'ensemble de définition s'arrête en -3 et contient -3 ;
- le crochet à l'abscisse 4 qui signale que 4 est une extrémité (exclue) de l'ensemble de définition.

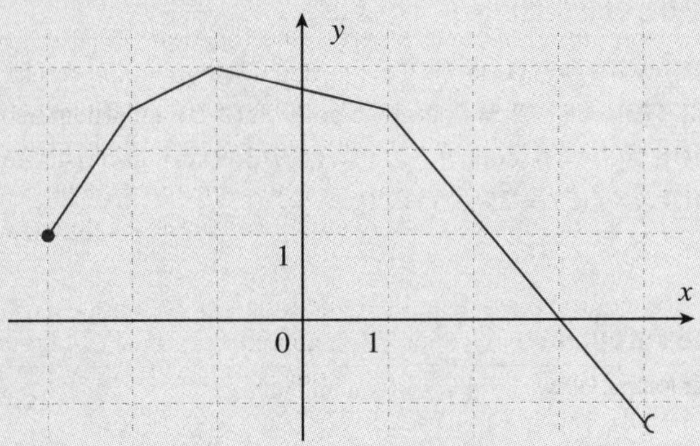

9 Images et antécédents

énoncé p. 77

Lycée Fustel de Coulanges, Massy

1 Il faut remplacer x par sa valeur dans l'expression de f.
$f(0) = 0^2 - 4 = -4$; $f(1) = 1^2 - 4 = 1 - 4 = -3$;
$f(-2) = (-2)^2 - 4 = 4 - 4 = 0$.

2 Nous devons, connaissant la valeur de $f(x)$, retrouver celle(s) de x :

$$f(x) = 5 \Leftrightarrow x^2 - 4 = 5 \Leftrightarrow x^2 = 4 + 5 \Leftrightarrow x^2 = 9 \Leftrightarrow x \in \{-3, 3\}$$

Les antécédents de 5 par f sont donc -3 et 3.

$$f(x) = -7 \iff x^2 - 4 = -7 \iff x^2 = -3$$

Cette dernière égalité est impossible, puisqu'un carré est toujours positif, -7 n'a donc pas d'antécédent par f.

$$f(x) = -4 \iff x^2 - 4 = -4 \iff x^2 = 0 \iff x = 0$$

L'antécédent de -4 par f est donc 0 (et c'est le seul !).

10 Étude graphique

énoncé p. 78

Lycée Pasteur, Neuilly-sur-Seine

Pour répondre à la question, il suffit de vérifier que, pour tout x, il y aura au maximum un point sur la courbe qui aura comme abscisse x ; ou, de façon plus pratique, la courbe représente une fonction si elle ne passe pas par deux points qui ont la même abscisse. Examinons chaque courbe :

1 Aucun problème. Il n'y a pas deux points sur la courbe qui aient la même abscisse.

2 Cette courbe ne peut représenter une fonction. En effet, à toute abscisse strictement positive correspond *deux* points sur la courbe, l'un d'ordonnée positive, l'autre d'ordonnée négative.

3 Ici non plus, il ne peut s'agir d'une fonction. à cause, notamment, du « virage » de la courbe dans le deuxième quadrant (c'est le nom de la partie du plan où les abscisses sont négatives et les ordonnées positives), on peut trouver plusieurs points de la courbe avec la même abscisse.

4 Aucune courbe de fonction ne peut contenir de segment vertical. En effet, tous les points de ce segment (il sont une infinité !) ont la même abscisse. La réponse est encore : non.

5 Cette courbe représente bien une fonction. Remarquez qu'au niveau du « décrochage » de la courbe (on appelle cela une *discontinuité*), les symboles dessinés indiquent que pour cette abscisse, seul le point du segment de droite est sur la courbe.

6 Nous avons une situation quasiment identique au cas 5. Néanmoins, au niveau de la discontinuité, les symboles • indiquent qu'à cette abscisse correspondent *deux* points, l'un sur le segment de gauche, l'autre sur le segment de droite. Il ne s'agit donc pas d'une fonction.

11 Fonctions affines

énoncé p. 79

Lycée Édouard Herriot, Lyon

Une fonction affine est définie de $\mathbb{R}$ dans $\mathbb{R}$ par : $f(x) = ax + b$, où a et b sont deux réels fixés.

Dans un premier temps, supposons que f existe, donc que $a.\frac{1}{2} + b = 1$ et que $a.1 + b = \frac{1}{4}$.

Pour trouver a et b, nous devons donc résoudre le système :

$$\begin{cases} \frac{a}{2} + b = 1 \\ a + b = \frac{1}{4} \end{cases} \Leftrightarrow \begin{cases} -\frac{a}{2} = \frac{3}{4} \\ a + b = \frac{1}{4} \end{cases} \Leftrightarrow \begin{cases} a = -\frac{3}{2} \\ b = \frac{7}{4} \end{cases}$$

La fonction affine f est donc définie par :

$$f(x) = -\frac{3}{2}x + \frac{7}{4}$$

Vous pouvez vérifier que cette fonction répond à la question.

12 Parité

énoncé p. 79

Lycée Le Corbusier, Poissy

Il suffit, pour chaque fonction, de vérifier la symétrie de son domaine de définition, et d'exprimer $f(-x)$ en fonction de $f(x)$.

1 f_1 n'est pas définie si $x^2 - 9 = 0$, donc son ensemble de définition est $\mathbb{R}\backslash\{-3, 3\}$. Cet ensemble est clairement symétrique par rapport à 0. Néanmoins, la fonction n'est ni paire, ni impaire. On peut s'en rendre compte en remarquant que $f_1(-1) = 0$, alors que $f_1(1)$ n'est visiblement pas nul.

2 f_2 n'est pas définie si $x = 0$, son ensemble de définition est donc $\mathbb{R}\backslash\{0\}$, qui est symétrique par rapport à 0 !

$$f_2(-x) = 4(-x)^2 + \frac{1}{(-x)^2} = 4x^2 + \frac{1}{x^2} = f_2(x)$$

La fonction f_2 est donc paire.

3 L'ensemble de définition ne pose pas de problème ($\mathbb{R}$).

$$f_3(-x) = (-x+3)^2 - (-x-3)^2 = (x-3)^2 - (x+3)^2 = -f(x)$$

La fonction f_3 est impaire.

13 Variations

énoncé p. 79

Lycée Paul Painlevé, Oyonnax

1 On factorise :

$$\begin{aligned} f(x') - f(x) &= (2x'^2 - x' + 1) - (2x^2 - x + 1) \\ &= 2(x'^2 - x^2) - (x' - x) \\ &= 2(x' - x)(x' + x) - (x' - x) \\ &= (x' - x)(2(x' + x) - 1) \\ &= 2(x' - x)(x' + x - \frac{1}{2}) \end{aligned}$$

2 On suppose :

$$x' > x \geq \frac{1}{4}$$

Comme $x' > x$, on a $x' + x > 2x$; or $2x \geq \frac{1}{2}$ donc $x' + x - \frac{1}{2} > 0$.
On a également : $x' - x > 0$.
On en conclut que $2(x' - x)(x' + x - \frac{1}{2}) > 0$, donc $f(x') > f(x)$.
Ceci montre que la fonction f est strictement croissante sur $\left[\frac{1}{4}; +\infty\right[$ puisque, sur cet intervalle, si $x < x'$ alors $f(x) < f(x')$.

3 On suppose cette fois : $x' < x \leq \frac{1}{4}$. On a alors $x' + x < 2x$ et $2x \leq \frac{1}{2}$, donc $x' + x - \frac{1}{2} < 0$.
On a ici $x' - x < 0$. D'où $f(x') > f(x)$.

Ne pas conclure trop vite. x et x' sont deux éléments de $]-\infty; \frac{1}{4}]$. Nous venons de prouver que, sur cet intervalle, si $x' < x$, alors $f(x') > f(x)$; la fonction f est donc strictement décroissante sur $]-\infty; \frac{1}{4}]$.

4 On donne le tableau de variation :

x	$-\infty$		$\frac{1}{4}$		$+\infty$
$f(x)$		$\searrow$	$\frac{7}{8}$	$\nearrow$	

5 On calcule les valeurs demandées :

x	-1	0	$\frac{1}{4}$	1	2
$f(x)$	4	1	$\frac{7}{8} = 0,875$	2	7

D'où la courbe suivante :

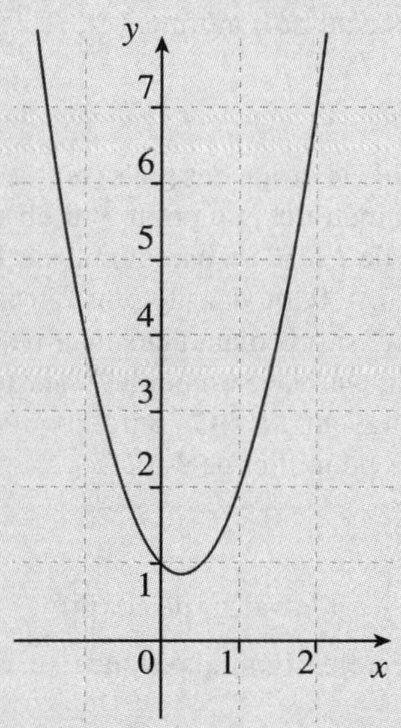

14 Parité

énoncé p. 79

Lycée Henri IV, Paris

La méthode habituelle est de vérifier d'abord que l'ensemble de définition de la fonction à étudier est symétrique par rapport à 0, puis de calculer l'image de $-x$, que l'on exprime ensuite en fonction de x.

1 f est définie sur $\mathbb{R}$, et $f(-x) = 3 \times (-x) = -3x = -f(x)$, donc f est impaire.

2 On pourrait appliquer la méthode que nous venons déjà d'utiliser. On s'aperçoit alors que $h(-x)$ et $h(x)$ ne se ressemblent pas vraiment. Dans ces cas-là, le mieux est de calculer h en deux points « symétriques ». Par exemple, $h(-1) = 0$, et $h(+1) = 1$. $h(-1)$ et $h(+1)$ ne sont ni égaux, ni opposés, donc h n'est ni paire, ni impaire.

Remarque : dans ces conditions, il est inutile de s'intéresser davantage à l'ensemble de définition ($\mathbb{R}^*$).

3 Même méthode. $i(1) = \dfrac{1+1+1}{1-3} = -\dfrac{3}{2}$ et $i(-1) = \dfrac{1+1+1}{-1-3} = -\dfrac{3}{4}$, donc i n'est ni paire, ni impaire.

15 Fonctions trigonométriques

énoncé p. 80

Lycée Jeanne d'Arc, Arras

Notons, dans un repère orthonormal (O, I, J), le point $I(1, 0)$.

Méthode

Lorsqu'on enroule la droite des réels (représentée par la tangente en I) sur le cercle trigonométrique, un point P d'abscisse x est transformée en un point P'. On va de I à P' en parcourant sur le cercle la longueur $|x|$, dans le sens direct si $x \geq 0$, ou dans le sens rétrograde si $x \leq 0$.
Réciproquement : si on connaît la valeur de $\cos x$ et on veut déterminer x (sans machine !). On place un point P' sur le cercle, d'abscisse $\cos x$. On détermine la longueur IP'. On aura $x = +IP'$ ou $x = -IP'$ selon le sens de parcours pour aller de I à P'.

1 On sait que $\dfrac{1}{2}$ est la valeur de $\cos 60°$.

Traçons un cercle trigonométrique :

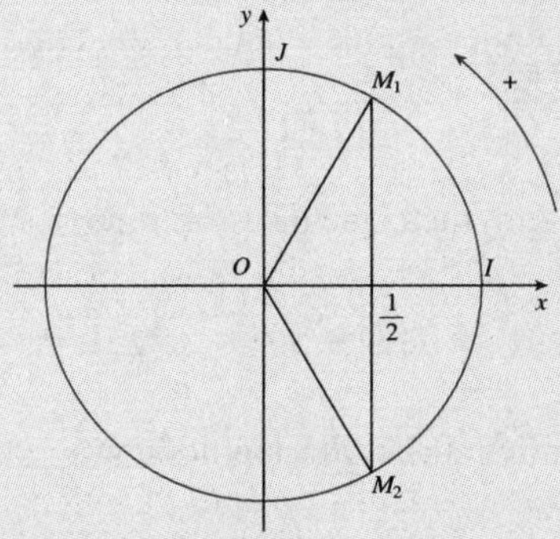

On constate que deux points du cercle ont $\frac{1}{2}$ comme abscisse. Appelons-les M_1 et M_2.
On sait que $OI = OM_1 = 1$ et le milieu de $[OI]$ est le pied de la hauteur issue de M_1, donc OIM_1 est isocèle en M_1 et $OM_1 = IM_1$. Le triangle IOM_1 est équilatéral d'où $\widehat{IOM_1} = 60^o$ soit $\frac{2}{3}$ de l'angle droit.
La longueur IM_1 est donc les deux-tiers du quart de cercle. Le cercle tout entier a pour périmètre 2π, d'où :

$$IM_1 = \frac{2}{3} \times \frac{1}{4} \times 2\pi = \frac{\pi}{3}$$

Par symétrie, $IM_2 = \frac{\pi}{3}$ également, seul le sens de parcours change, d'où les deux solutions (qui sont bien dans l'intervalle demandé) :

$$S = \{-\frac{\pi}{3}, \frac{\pi}{3}\}$$

2 Il y a deux points sur le cercle trigonométrique qui ont $\frac{\sqrt{2}}{2}$ pour ordonnée. On les appelle N_1 et N_2. Ces deux points sont symétriques par rapport à (Oy) (puisqu'ils ont même ordonnée).

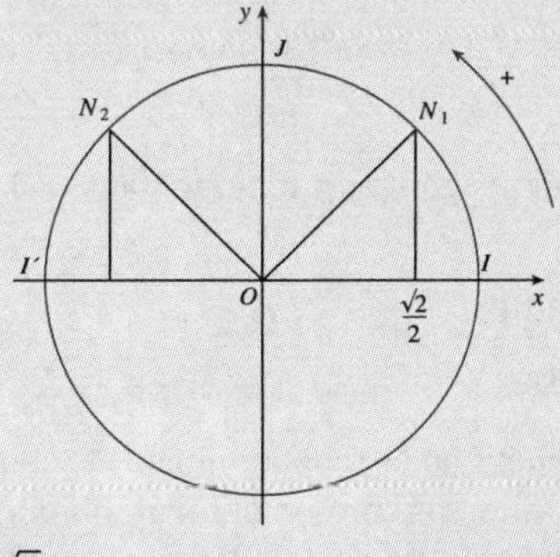

D'après le cours, $\frac{\sqrt{2}}{2} = \sin 45^o$. L'angle $\widehat{ION_1}$ est donc un demi-angle droit, donc la longueur de l'arc IN_1 est un demi-quart de cercle. Le cercle tout entier a pour longueur 2π, On a donc :

$$IN_1 = \frac{1}{2} \times \frac{1}{4} \times 2\pi = \frac{\pi}{4}$$

Notons I' le symétrique de I par rapport à O. Par symétrie, $I'N_2 = \frac{\pi}{4}$ et donc :

$$IN_2 = II' - N_2I' = \pi - \frac{\pi}{4} = \frac{3\pi}{4}$$

Les deux valeurs cherchées sont donc $\frac{\pi}{4}$ et $\frac{3\pi}{4}$.

16 Images et antécédents

énoncé p. 80

Lycée Jean Puy, Roanne

1 $f(x)$ est définie à condition que $x - 3$ soit différent de zéro. L'ensemble de définition est :

$$D_f = \mathbb{R} - \{3\}$$

2 $f(-1) = \frac{1}{4}$ et $f(2) = -2$.

3 On résout l'équation $f(x) = -3$:

$$\begin{aligned} -3 = \frac{x}{x-3} &\Leftrightarrow -3(x-3) = x \\ &\Leftrightarrow -3x + 9 = x \\ &\Leftrightarrow 9 = 4x \\ &\Leftrightarrow x = \frac{9}{4} \end{aligned}$$

$\frac{9}{4}$ est donc (l'unique) antécédente de -3.
Calculons les antécédents de 1 :

$$\begin{aligned} 1 = f(x) &\Leftrightarrow 1 = \frac{x}{x-3} \\ &\Leftrightarrow x - 3 = x \\ &\Leftrightarrow -3 = 0 \end{aligned}$$

Cette dernière égalité est toujours fausse. 1 n'a donc pas d'antécédent.

17 Étude graphique

énoncé p. 80

Lycée du Parc, Lyon

1 Il y a 3 fonctions et (apparemment) 5 courbes. La fonction f est une fonction affine, sa représentation graphique est une droite.
La fonction g est du second degré, sa représentation est une parabole.
h est l'opposée de la fonction inverse, elle est représentée par une hyperbole (deux branches).

On peut donc attribuer à chaque courbe sa fonction :

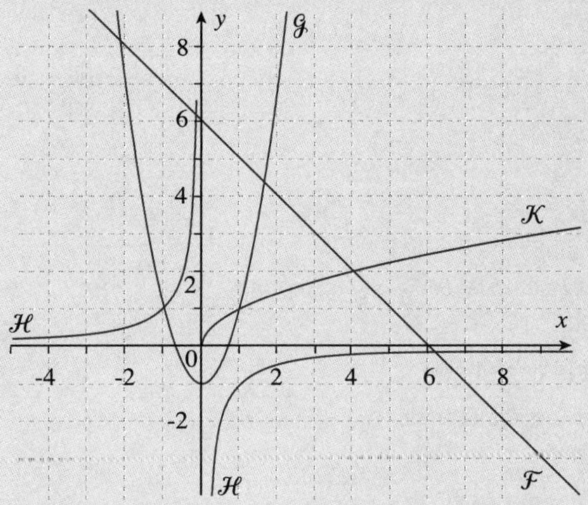

La courbe $\mathcal{K}$ est en trop.

2 **(a)** La fonction f est décroissante sur $\mathbb{R}$. Si on y tient, on peut donner le tableau de variation :

x	$-\infty$		$+\infty$
$f(x)$		↘	

(b) g décroît jusqu'à $x = 0$, puis croît :

x	$-\infty$		0		$+\infty$
$g(x)$		↘	-1	↗	

(c) h est définie sur $\mathbb{R}^*$. Elle est strictement croissante sur $\mathbb{R}_+^*$ et sur $\mathbb{R}_-^*$.

x	$-\infty$		0		$+\infty$
$h(x)$		↗	‖	↗	

18 Images et antécédents

énoncé p. 81

Lycée Saint Louis, Saint Nazaire

1 $f(x)$ existe si $9x^2 - 16 = 0$. On résout :

$$9x^2 - 16 = 0 \Leftrightarrow (3x-4)(3x+4) = 0 \Leftrightarrow x = \frac{4}{3} \text{ ou } x = \frac{-4}{3}$$

On conclut que l'ensemble de définition de f est :

$$\mathbb{R} - \left\{\frac{-4}{3}, \frac{4}{3}\right\}$$

2 On calcule : $f(-1) = \frac{6}{9-16} = \frac{-6}{7}$

3 Pour calculer les antécédents de $\frac{1}{8}$ par f, on résout :

$$\frac{6}{9x^2-16}=\frac{1}{8}$$
$$\Leftrightarrow 48 = 9x^2 - 16$$
$$\Leftrightarrow 64 = 9x^2$$
$$\Leftrightarrow x^2 = \frac{64}{9} \Leftrightarrow x = \frac{8}{3} \text{ ou } x = -\frac{8}{3}$$

Les antécédents de $\frac{1}{8}$ sont donc $\frac{8}{3}$ et $-\frac{8}{3}$.

19 Étude graphique

énoncé *p. 81*

Lycée Vaugelas, Chambéry

1 La courbe est une parabole.

2 On déduit de la courbe les variations de f :

x	$-\infty$		2		$+\infty$
$f(x)$	$-\infty$	↗	8	↘	$-\infty$

3 Le sommet de la parabole correspond à un minimum de la fonction. Ceci n'est possible que si le coefficient de x^2 est négatif. La seule solution est donc :

$$f(x) = -\frac{1}{2}x^2 + 2x + 6$$

20 Étude graphique

énoncé *p. 82*

Lycée Victor Louis, Talence

1 f et g sont des fonctions du second degré, leurs courbes sont des paraboles (donc $\mathcal{A}$ et $\mathcal{D}$).

Le coefficient de x^2 dans $g(x)$ est -1, donc le sommet de la parabole correspond au maximum de la fonction (autrement dit, la parabole associée à g doit avoir ses branches « vers le bas »).

Le coefficient de x^2 dans $f(x)$ est $+1$, donc le sommet de la parabole associée à f correspond au minimum de la fonction (branches « vers le haut »).

Dans ces conditions, on voit que $\mathcal{A}$ est la courbe de f, et $\mathcal{D}$ celle g. $\mathcal{B}$ est une droite, donc représente une application affine (ici k). $\mathcal{C}$ est une hyperbole qui représente h (la courbe de h est l'image de la courbe de $x \mapsto \frac{1}{x}$ par la translation de vecteur $-3\vec{j}$).

On complète le tableau :

	f	g	h	k
$\mathcal{A}$	x			
$\mathcal{B}$				x
$\mathcal{C}$			x	
$\mathcal{D}$		x		

2 On lit sur la courbe les variations des fonctions g :

x	$-\infty$		0		$+\infty$
$g(x)$	$-\infty$	$\nearrow$	5	$\searrow$	$-\infty$

et h :

x	$-\infty$		0		$+\infty$
$h(x)$	-3	$\searrow$	$-\infty$ ‖ $+\infty$	$\searrow$	-3

3 **(a)** Les courbes de f et g se coupent en deux points dont on peut lire les abscisses sur la figure : $+2$ et -2. D'où :

$$S = \{-2; 2\}$$

(b) On lit également l'abscisse de l'intersection des courbes de h et f : $+1$. D'où :

$$S = \{+1\}$$

(c) Il suffit de considérer les points de la parabole $\mathcal{D}$ qui ont une ordonnée supérieure à 1. Ces points sont ceux dont l'abscisse est comprise entre -2 et $+2$ (voir figure à la fin du corrigé). Il s'agit donc d'un intervalle, dont on exclut les extrémités car on demande une inégalité stricte :

$$S =]-2; +2[$$

(d) Considérons les points de la parabole $\mathcal{A}$ qui sont au-dessous de la droite $\mathcal{B}$. Il s'agit des points de $\mathcal{A}$ dont l'abscisse est comprise entre 0 et 2. L'inégalité est large, il faut donc inclure les extrémités, d'où :

$$S = [0, 2]$$

COURS EXERCICES CORRIGÉS

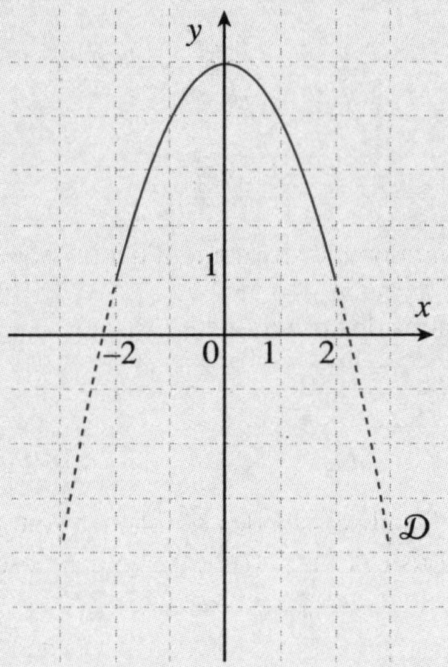

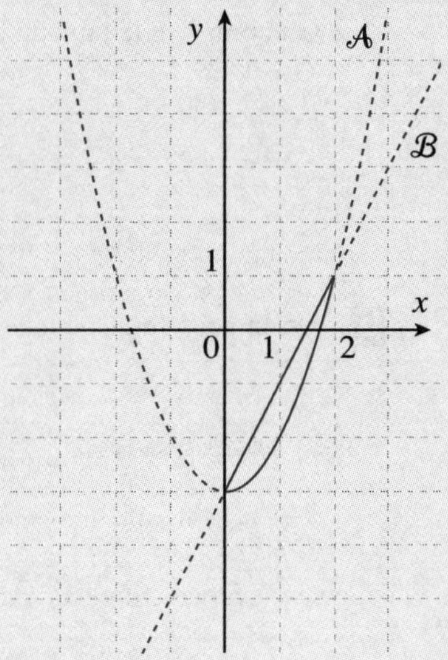

21 Étude graphique

énoncé p. 83

Lycée Albert de Mun, Nogent-sur-Marne

1 **(a)** 1 a pour image -1 par f.

(b) 0 a pour image -2 par f.

(c) -2 est un antécédent de 2 (il y a un autre antécédent entre 2 et 2,5).

(d) $f(0) = -2$

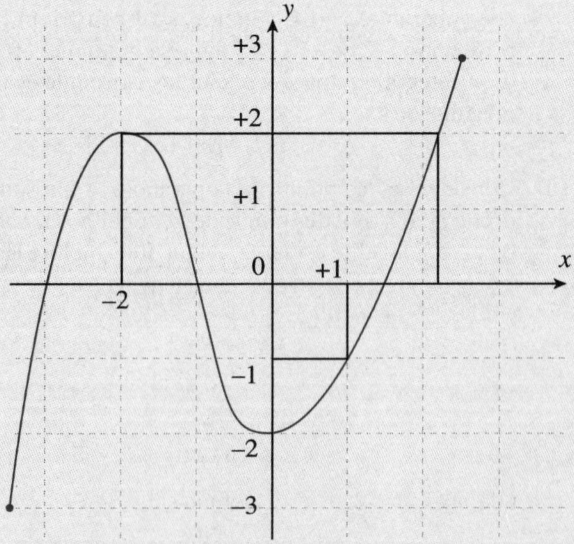

2

x	$-3{,}5$		-2		0		$2{,}5$
$f(x)$			2				3
		$\nearrow$		$\searrow$		$\nearrow$	
	-3				-2		

3 Sur l'intervalle $[-2, 0]$, la fonction est strictement décroissante.
Si $a < b$, on a donc $f(a) > f(b)$.

22 Étude graphique

énoncé p. 84

Lycée Montaigne, Bordeaux

1 **(a)** On lit sur le graphique les abscisses des points qui sont au-dessus ($f(x) \geq 0$) ou au-dessous ($f(x) \leq 0$) de l'axe des abscisses. On résume dans un tableau :

x	$-\infty$		-1		$+1$		$+\infty$
$f(x)$		$+$	0	$-$	0	$+$	

(b) Dans ce type d'inéquation, deux méthodes sont possibles.

- On peut factoriser $f(x) = (x - 1)(x + 1)$ puis utiliser un tableau de signes :

x	$-\infty$		-1		$+1$		$+\infty$
$x - 1$		$-$	|	$-$	0	$+$	
$x + 1$		$-$	0	$+$	|	$+$	
$f(x)$		$+$	0	$-$	0	$+$	

- On peut aussi remarquer que le signe de $f(x)$ dépend de la position de x^2 par rapport à 1, ce qui permet d'utiliser les variations de la fonction $x \mapsto x^2$:

x	$-\infty$		-1		0		$+1$		$+\infty$
x^2		$\searrow$						$\nearrow$	
			1				1		
				$\searrow$	0	$\nearrow$			

On lit dans le tableau : $x^2 \leq 1$ pour $x \in [-1, 1]$ et $x^2 \geq 1$ pour $x \in]-\infty, -1]$ ou $x \in [1, +\infty[$. On retrouve ainsi les résultats précédents.

2 La fonction g est sous la forme $x \mapsto ax + b$. On lit sur le graphique : $g(0) = -1$ et $g(1) = 0$, d'où les équations :

$$\begin{cases} g(0) = b = -1 \\ g(1) = a + b = 0 \end{cases} \Leftrightarrow \begin{cases} a = 1 \\ b = -1 \end{cases}$$

g est donc la fonction affine définie sur $\mathbb{R}$ par :

$$g(x) = x - 1$$

3 Graphiquement, on constate que la parabole $(\mathcal{C})$ est au-dessous de la droite $\mathcal{D}$ pour les points dont les abscisses sont comprises entre 0 et 1. L'inégalité est large, il faut donc inclure les valeurs 0 et 1, d'où :

$$S = [0, 1]$$

4 Par le calcul :

$$\begin{aligned} f(x) \leq g(x) &\Leftrightarrow x^2 - 1 \leq x - 1 \\ &\Leftrightarrow (x-1)(x+1) \leq (x-1) \\ &\Leftrightarrow (x-1)[(x+1)-1] \leq 0 \\ &\Leftrightarrow x(x-1) \leq 0 \end{aligned}$$

On utilise un tableau de signes :

x	$-\infty$		0		$+1$		$+\infty$
x		$-$	0	$+$	|	$+$	
$(x-1)$		$-$	|	$-$	0	$+$	
$x(x-1)$		$+$	0	$-$	0	$+$	

On constate que $x(x-1) \leq 0$ pour $x \in [0, 1]$, ce qui confirme le résultat lu sur le graphique.

23 Fonctions affines

énoncé p. 85

Lycée P. et I. Joliot-Curie, Nanterre

1 f_1 est bien sûr une fonction affine, puisqu'on peut écrire :

$$f_1(x) = \frac{11}{6}x + \frac{3}{6}$$

L'ordonnée à l'origine de la droite qui représente f_1 est $\frac{3}{6}$, c'est-à-dire $\frac{1}{2}$. Son coefficient directeur est $\frac{11}{6}$. Il est positif (strictement), donc f_1 est croissante (strictement).

2 f_2 est une fonction constante (donc en particulier affine), représentée par une droite parallèle à l'axe des abscisses, d'ordonnée à l'origine -5. Le coefficient directeur de cette droite « horizontale » est bien entendu 0.

3 f_3 est clairement une fonction affine. L'ordonnée à l'origine de sa droite représentative est 7, son coefficient directeur est -1. Il est négatif et non nul, donc la fonction est strictement décroissante.

4 f_4 n'est pas une fonction affine. J'espère que cela vous a sauté aux yeux ($f(x)$ ne peut être mis sous la forme $ax + b$). La méthode la plus rapide pour prouver que f_4 n'est pas une fonction affine est de remarquer que f n'est pas définie en 8, alors que les fonctions affines sont définies sur $\mathbb{R}$ tout entier.

5 f_5 est une fonction affine. Elle est même linéaire : l'ordonnée à l'origine de sa droite représentative est 0. Le coefficient directeur de cette droite est $\frac{2}{3}$; il est positif et non nul, donc f_5 est strictement croissante.

6 Si on jette un coup d'œil (trop !) rapide sur f_6, celle-ci ne paraît pas affine, vue la présence de termes en x^2. Néanmoins, si l'on développe la formule, on obtient :

$$f_6(x) = x^2 + 2x - 4x - 8 - x^2 + 10 = -2x + 2$$

f_6 est donc bien une fonction affine. L'ordonnée à l'origine de sa droite représentative est 2, son coefficient directeur est -2. f_6 est donc strictement décroissante.

24 Variations

énoncé p. 85

Lycée Thiers, Marseille

1 Obéissons poliment aux injonctions de l'énoncé, et munissons-nous de x_1 et x_2, tels que $0 < x_1 < x_2$. On calcule :

$$\begin{aligned}
f(x_1) - f(x_2) &= x_1 + \frac{1}{x_1} - x_2 - \frac{1}{x_2} \\
&= \frac{1}{x_1} - x_2 + x_1 - \frac{1}{x_2} \\
&= \frac{1}{x_1} - \frac{x_2x_1}{x_1} + \frac{x_1x_2}{x_2} - \frac{1}{x_2} \\
&= \frac{1}{x_1}(1 - x_2x_1) + \frac{1}{x_2}(x_1x_2 - 1) \\
&= (1 - x_2x_1)\left(\frac{1}{x_1} - \frac{1}{x_2}\right)
\end{aligned}$$

Ceci est du signe de $(1 - x_2x_1)$, puisque, x_1 étant inférieur à x_2, $\frac{1}{x_1}$ est supérieur à $\frac{1}{x_2}$, donc : $\frac{1}{x_1} - \frac{1}{x_2}$ est positif.

2 Si l'on se donne deux points x_1 et x_2 inférieurs à 1, et tels que $0 < x_1 < x_2$, alors $(1 - x_2x_1)$ est positif (si ce point ne vous paraît pas évident, cherchez-en une preuve *maintenant*, une correction est donnée à la fin de ce paragraphe). Donc $f(x_1) - f(x_2)$ est positif, et f est *décroissante* sur $]0, 1]$ (x_1 est le plus petit et son image est la plus grande).
En revanche, si les deux points x_1 et x_2 sont supérieurs à 1, alors $(1-x_2x_1)$ est négatif. Donc $f(x_1) - f(x_2)$ est négatif, et f est *croissante* sur $[1, +\infty[$ (x_1 est le plus petit et son image est aussi la plus petite).
Au sujet de $1 - x_2x_1 > 0$: vous savez que $0 < x_1 < 1$ et $0 < x_2 < 1$, il suffit de multiplier membre à membre ces encadrements (ce que l'on a

le droit de faire car ils concernent des nombres tous positifs), et il vient : $0 < x_1x_2 < 1$, d'où : $1 - x_1x_2 > 0$.

3 À l'aide de la question précédente, on dresse le tableau de variations de f :

x	0	1	$+\infty$
$f(x)$	↘	2	↗

4 D'après le tableau de variations, f admet pour minimum 2 en $x = 1$.

25 Étude graphique

énoncé p. 86

Lycée Alphonse Daudet, Nîmes

1 f est définie sur $[-1{,}5\ ;\ 3]$.

2 On lit sur le graphique : $f(-1) = -1{,}2$, $f(-0{,}5) = -2$, $f(1) = 3$, $f(2) = -1$, $f(2{,}5) = 0$ et $f(3) = 2$. Remarquez que l'imprécision du dessin ne vous permet que de donner une approximation de $f(-1)$. Vous avez donc (aussi) raison si vous avez écrit $f(-1) = -1{,}3$. Évitez les réponses trop précises du type $f(-1) = -1{,}25$ (êtes-vous sûr(e) que ce n'est pas 1,26 ou 1,24 ?)

3 On a indiqué les « points-solutions » sur la figure ci-dessous. Dans les deux cas, il y a trois solutions.

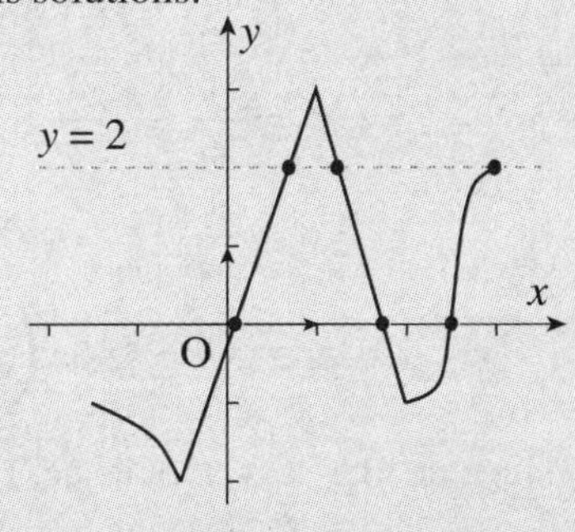

4 f est bornée sur son ensemble de définition, par -2 et 3.

5 f n'est évidemment ni paire, ni impaire, puisque sa courbe n'est symétrique ni par rapport à O, ni par rapport à (Oy).

6 D'après l'énoncé, la courbe de f est un segment de droite sur $[-0,5; 1]$. Sur cet intervalle, la fonction s'écrit donc :

$$f(x) = ax + b$$

où a et b sont deux constantes réelles. On peut donc écrire :

$$f(-0,5) = -0,5a + b \text{ et } f(1) = a + b$$

En tenant compte de la question 2), il n'y a plus qu'à résoudre le système :

$$\begin{cases} -2 = -0{,}5a + b \\ 3 = a + b \end{cases} \Leftrightarrow \begin{cases} 3 = a + b \\ 5 = 1{,}5a \end{cases}$$

$$\Leftrightarrow \begin{cases} b = 3 - a \\ a = \dfrac{10}{3} \end{cases}$$

$$\Leftrightarrow \begin{cases} b = -\dfrac{1}{3} \\ a = \dfrac{10}{3} \end{cases}$$

Ce qui nous donne sur l'intervalle $[-0{,}5; 1]$:

$$f(x) = \frac{10}{3}x - \frac{1}{3}$$

On utilise la même méthode sur $[1, 2]$. $f(1) = a + b$ et $f(2) = 2a + b$, on résout le système :

$$\begin{cases} 3 = a + b \\ -1 = 2a + b \end{cases} \iff \begin{cases} b = 3 - a \\ -4 = a \end{cases} \iff \begin{cases} b = 7 \\ a = -4 \end{cases}$$

f, sur l'intervalle $[1, 2]$, a pour formule :

$$f(x) = -4x + 7$$

7 Il y a trois solutions à E_1. La première se trouve dans l'intervalle $[-0, 5; 1]$, il suffit de résoudre :

$$\frac{10}{3}x - \frac{1}{3} = 0 \Leftrightarrow x = \frac{1}{10}$$

Il y a une deuxième solution dans $[1, 2]$:

$$-4x + 7 = 0 \Leftrightarrow x = \frac{7}{4}$$

La troisième solution est parfaitement lisible, puisque $f(2, 5) = 0$. Les solutions de E_1 sont donc :

$$\left\{\frac{1}{10}; \frac{7}{4}; \frac{5}{2}\right\}$$

Ici encore, la première solution de E_2 se trouve dans $[-0, 5; 1]$. On résout :

$$\frac{10}{3}x - \frac{1}{3} = 2 \Leftrightarrow \frac{10}{3}x = \frac{7}{3} \Leftrightarrow x = \frac{7}{10}$$

Il y a une autre solution, dans l'intervalle $[1, 2]$:

$$-4x + 7 = 2 \Leftrightarrow -4x = -5 \Leftrightarrow x = \frac{5}{4}$$

Enfin, nous savons déjà que $f(3) = 2$. Les solutions de l'équation sont :

$$\left\{\frac{7}{10}; \frac{5}{4}; 3\right\}$$

COURS EXERCICES CORRIGÉS

26 Variations

énoncé p. 87

Lycée Saint-Michel, Paris

1 L'expression qui définit f ne peut être calculée que si son dénominateur est non nul. $x^2 - 1 = 0$ quand $(x-1).(x+1) = 0$, donc si $x = -1$ ou $x = 1$. L'ensemble de définition est donc $D_f = \mathbb{R}\backslash\{-1, 1\}$

2 Soit x dans l'ensemble de définition. Celui-ci étant symétrique par rapport à 0, $f(x)$ et $f(-x)$ existent et :

$$f(-x) = \frac{(-x)^2}{(-x)^2 - 1} = \frac{x^2}{x^2 - 1} = f(x)$$

La fonction est donc paire. De ce fait, on peut restreindre l'étude aux éléments positifs de l'ensemble de définition ; on complétera la courbe par une symétrie par rapport à l'axe (Oy).

3 Prenons dans D_f deux éléments positifs x et x', tels que $x' > x$. On a alors :

$$\begin{aligned} f(x') - f(x) &= \frac{x'^2}{x'^2 - 1} - \frac{x^2}{x^2 - 1} \\ &= \frac{x'^2(x^2 - 1) - x^2(x'^2 - 1)}{(x'^2 - 1)(x^2 - 1)} \\ &= \frac{x'^2x^2 - x'^2 - x^2x'^2 + x^2}{(x'^2 - 1)(x^2 - 1)} \\ &= \frac{x^2 - x'^2}{(x'^2 - 1)(x^2 - 1)} \\ &= \frac{(x - x')(x + x')}{(x'^2 - 1)(x^2 - 1)} \end{aligned}$$

Le numérateur de cette dernière expression est toujours négatif. Si x et x' sont dans $[0, 1[$, le dénominateur est positif, comme produit de nombres négatifs. Si x et x' sont dans $]1, +\infty[$, le dénominateur est positif, comme produit de nombres positifs. Dans les deux cas, $f(x') - f(x)$ est négatif, donc f est décroissante sur $[0, 1[$ et sur $]1, +\infty[$.
On en déduit le tableau de variations de f :

x	0	1	$+\infty$
$f(x)$	0 ↘	‖	↘

4 On peut par exemple calculer $f(0) = 0$, $f\left(\dfrac{1}{2}\right) = -\dfrac{1}{3}$, $f(\frac{3}{2}) = \dfrac{9}{5}$, $f(2) = \dfrac{4}{3}$.

On peut tracer la courbe de f :

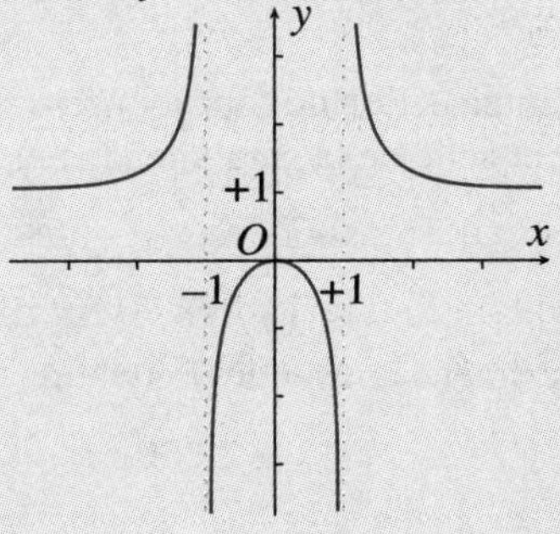

27 Fonctions de référence

énoncé p. 87

Lycée Michelet, Vanves

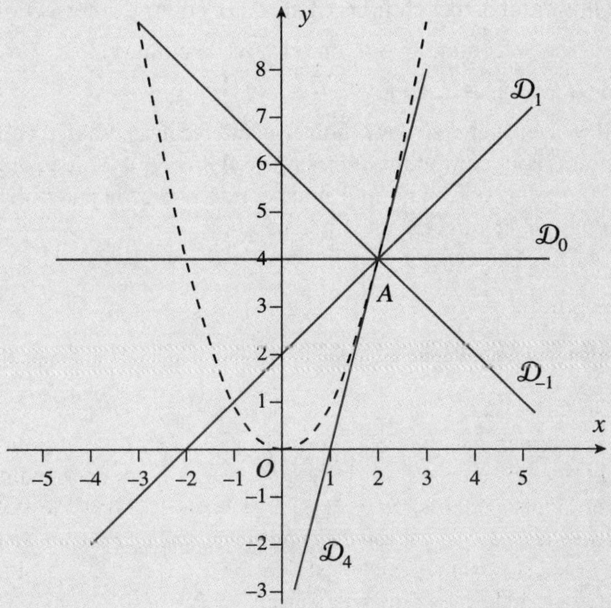

1 La droite d'équation $y = m(x - 2) + 4$ est de coefficient directeur m, et elle passe visiblement par A, puisque $m(2 - 2) + 4 = 4$. Il s'agit donc bien de $\mathcal{D}_m$.

2 $\mathcal{D}_0$, $\mathcal{D}_1$ et $\mathcal{D}_{-1}$ ont pour équations respectives $y = 4$, $y = x + 2$ et $y = -x + 6$. En lisant l'ordonnée à l'origine, on peut donc représenter ces trois droites, sachant qu'elles passent toutes par A et, respectivement, par les points de coordonnées (0; 4), (0; 2) et (0; 6).
On peut lire les coordonnées des deux points d'intersection de $\mathcal{P}$ et de

$\mathcal{D}_1$ sur la figure. L'un est bien sûr A, et l'autre a pour coordonnées $(-1, 1)$.

3 Un point d'intersection de coordonnées (x, y) vérifie à la fois l'équation de la droite et celle de la parabole, donc :

$$\begin{cases} y &= x^2 \\ y &= m(x-2)+4 \end{cases}$$

On est donc amené à résoudre l'équation :

$$x^2 = m(x-2)+4$$

On obtient :

$$\begin{aligned} 0 = m(x-2)+4-x^2 &= m(x-2)-(x^2-4) \\ &= m(x-2)-(x-2)(x+2) \\ &= (x-2)(m-x-2) \end{aligned}$$

On a enfin deux solutions (donc deux points d'intersection) :

- $x = 2$ (donc $y = 4$, on retrouve le point A) ;
- $x = m-2$, donc $y = (m-2)^2$.

Il y a en général deux points d'intersection, sauf... quand ces deux points sont confondus, c'est-à-dire si $m-2 = 2$, donc $m = 4$. La droite $\mathcal{D}_4$ n'a que le seul point d'intersection A avec la parabole. Traçons-la. Il s'agit de la tangente en A à la parabole.

28 Variations

énoncé p. 87

Lycée Geoffroy-Saint-Hilaire, Étampes

1 On factorise :

$$\begin{aligned} f(x_1) - f(x_2) &= (x_1^2 - 4x_1 + 3) - (x_2^2 - 4x_2 + 3) \\ &= x_1^2 - 4x_1 + 3 - x_2^2 + 4x_2 - 3 \\ &= x_1^2 - x_2^2 - 4x_1 + 4x_2 \\ &= (x_1 - x_2)(x_1 + x_2) + 4(x_2 - x_1) \\ &= (x_2 - x_1)(4 - (x_1 + x_2)) \end{aligned}$$

2 Si $x_1 < x_2$, on peut écrire $x_1 + x_2 < 2x_2$. Avec l'hypothèse : $x_2 \leq 2$, on obtient $x_1 + x_2 < 4$.

Toujours avec $x_1 < x_2$, on écrit $x_1 + x_2 > 2x_1$. Avec $x_1 \geq 2$, on peut écrire $x_1 + x_2 > 4$.

3 Donnons-nous x_1 et x_2 dans $]-\infty; 2]$, tels que $x_1 < x_2$. D'après les questions précédentes, on sait que $4 - (x_1 + x_2) > 0$ et, par ailleurs, $x_2 - x_1 > 0$, donc $f(x_1) - f(x_2) > 0$. On en déduit que $f(x_1) > f(x_2)$, donc f est strictement décroissante sur $]-\infty; 2]$.

De la même façon, on montre que dans $[2; +\infty[$, f est strictement croissante. Voici le tableau de variations de f :

x	$-\infty$		2		$+\infty$
$f(x)$		$\searrow$	-1	$\nearrow$	

4 Il suffit de développer $(x-1)(x-3)$.

5 D'après la factorisation précédente, l'égalité est vérifiée pour $x = 1$ et $x = 3$, donc $S = \{1; 3\}$.

6 L'inéquation proposée revient à l'inéquation : $f(x) \geq 0$. $f(x)$ s'annule en 1 et 3. De $-\infty$ à 1, f décroît, donc $f(x)$ est positif. Il devient négatif à partir de 1. Arrivée en $x = 2$, la fonction croît de nouveau, passe par la valeur 0 en $x = 3$, puis devient positive. Ces considérations apparaissent plus clairement dans le tableau de variation :

x	$-\infty$		1		2		3		$+\infty$
$f(x)$		$\searrow$	0	$\searrow$	-1	$\nearrow$	0	$\nearrow$	

L'ensemble des solutions est donc :

$$S =]-\infty; 1] \cup [3; +\infty[$$

7 L'énoncé vous demande en fait de procéder directement à la résolution de l'inéquation, par un tableau de signes :

x	$-\infty$		1		3		$+\infty$
$x-1$		$-$	0	$+$	|	$+$	
$x-3$		$-$	|	$-$	0	$+$	
$f(x)$		$+$	0	$-$	0	$+$	

On retrouve le résultat de la question précédente.

29 Fonctions de référence

énoncé p. 88

Lycée Fénelon, Paris

1 L'expression de $f(x)$ est la somme d'une constante, -9, (qui à ce titre n'intervient pas dans le sens de variation), et de $(x-1)^2$. Cette partie ressemble à la fonction de référence $x \mapsto x^2$, dont vous devez savoir qu'elle est décroissante jusqu'à 0, puis croissante. C'est-à-dire que $x \mapsto (x-1)^2$ est strictement décroissante quand $x-1$ va de $-\infty$ jusqu'à zéro, et strictement croissante ensuite. On peut traduire cette dernière phrase en disant que $x \mapsto (x-1)^2$ est strictement décroissante quand x va de $-\infty$ jusqu'à 1, et strictement croissante ensuite. Puisqu'on a déjà dit que la constante n'intervenait pas, on peut conclure :

f est strictement décroissante sur $]-\infty; 1]$ et strictement croissante sur $[1; +\infty[$.

2 La fonction de référence $x \mapsto x^2$ est strictement décroissante sur $]-\infty; 0]$ et strictement croissante sur $[0; +\infty[$. La fonction $x \mapsto -2x + 8$ est, elle, strictement décroissante sur $\mathbb{R}$, et s'annule quand $x = 4$. On en déduit que, lorsque x varie de $-\infty$ à 4, $-2x + 8$ décroît en restant positif, donc son carré *décroît*. h est donc strictement décroissante sur $]-\infty, 4]$. Inversement, quand x augmente à partir de 4, $-2x + 8$ décroît, mais tout en étant négatif ! Donc son carré *croît*.

Conclusion : h est strictement décroissante sur $]-\infty, 4]$ et strictement croissante sur $[4, +\infty[$.

Attention au raisonnement faux qui aurait consisté à dire, par exemple : « Quand x est dans $]-\infty, 4]$, $-2x + 8$ est positif. Or la fonction de référence $x \mapsto x^2$ est croissante pour x positif. Donc h est croissante. » Le problème de ce raisonnement est que $-2x + 8$ n'augmente pas mais diminue. On se ballade bien sur la branche « de droite » de la parabole, mais nous voyageons de droite à gauche, de $+\infty$ à 0.

La deuxième conclusion est donc de se méfier des sens de variations appris par cœur. « Le carré d'un nombre positif croît » n'a pas de sens. Ce qu'il faut dire, c'est : « le carré d'une variable positive croît *si cette variable croît* ».

3 Pour étudier la fonction i, il est bon de changer l'expression $x^2 + 2x + 4$. Celle-ci commence comme le produit remarquable
$x^2 + 2x + 1 = (x + 1)^2$. On peut donc écrire :

$$x^2 + 2x + 4 = x^2 + 2x + 1 + 3 = (x + 1)^2 + 3$$

Donc $i(x) = -(x + 1)^2 - 3$.
On procède alors comme d'habitude. Quand x croît de $-\infty$ à -1, $x + 1$ croît alors de jusqu'à 0, donc $(x + 1)^2$ *décroît* jusqu'à 0 (attention, $x + 1$ est négatif !). Enfin, $-(x + 1)^2$ croît jusqu'à 0 (le signe $-$ change le sens de variation. On raisonne de même pour $x \in [-1; +\infty[$, on conclut alors :

i est (strictement) croissante sur $]-\infty; -1]$ et strictement décroissante sur $[-1; +\infty[$.

4 La première chose à faire dans ce genre de situations est de remarquer que j n'est défini que sur $\mathbb{R} - \{2\}$, à cause du dénominateur.

Une petite astuce consiste à se débarrasser d'emblée du signe $-$, qui est bien gênant ! En effet, puisque $-x + 2 = -(x - 2)$, on peut écrire :

$$j(x) = \frac{2}{x - 2}$$

Du point de vue du sens de variation, le facteur 2 ne change rien à celles de $x \mapsto \frac{1}{x-2}$. La fonction de référence est $x \mapsto \dfrac{1}{x}$. Elle est décroissante sur $]-\infty; 0[$ et sur $]0; +\infty[$. Donc $x \mapsto \dfrac{1}{(x-2)}$ est décroissante sur $]-\infty; 2[$ et sur $]2; +\infty[$.

Conclusion : j est strictement décroissante sur $]-\infty; 2[$ et strictement décroissante sur $]2; +\infty[$.

30 Parité

énoncé p. 88

Lycée Jules Ferry, Conflans-Ste-Honorine

1 **(a)** Calculons :

$$\begin{aligned} p(x) &= \frac{1}{2}[f(x) + f(-x)] \\ &= \frac{1}{2}[x^3 + 3x^2 - 5x + 1 + (-x)^3 + 3(-x)^2 - 5(-x) + 1] \\ &= 3x^2 + 1 \end{aligned}$$

et :

$$\begin{aligned} i(x) &= \frac{1}{2}[f(x) - f(-x)] \\ &= \frac{1}{2}[x^3 + 3x^2 - 5x + 1 - (-x)^3 - 3(-x)^2 + 5(-x) - 1] \\ &= x^3 - 5x \end{aligned}$$

(b) Même chose :

$$\begin{aligned} p(x) &= \frac{1}{2}\left[\frac{x+1}{x-1} + \frac{-x+1}{-x-1}\right] \\ &= \frac{1}{2}\left[\frac{x+1}{x-1} + \frac{x-1}{x+1}\right] \\ &= \frac{1}{2}\frac{(x+1)^2 + (x-1)^2}{x^2-1} \\ &= \frac{1}{2}\frac{x^2 + 2x + 1 + x^2 - 2x + 1}{x^2-1} \\ &= \frac{1}{2}\frac{2x^2+2}{x^2-1} \\ &= \frac{x^2+1}{x^2-1} \end{aligned}$$

$$\begin{aligned} i(x) &= \frac{1}{2}\left[\frac{x+1}{x-1} - \frac{-x+1}{-x-1}\right] \\ &= \frac{1}{2}\left[\frac{x+1}{x-1} - \frac{x-1}{x+1}\right] \\ &= \frac{1}{2}\frac{(x+1)^2 - (x-1)^2}{x^2-1} \\ &= \frac{1}{2}\frac{x^2 + 2x + 1 - x^2 + 2x - 1}{x^2-1} \\ &= \frac{1}{2}\frac{4x}{x^2-1} \\ &= \frac{2x}{x^2-1} \end{aligned}$$

2 Il est clair que l'ensemble de définition de p et de i est le même que celui de f. Dans les deux cas proposés, l'ensemble de définition est symétrique par rapport à 0. Reste à vérifier si dans les deux cas, $p(-x) = p(x)$, $i(-x) = -i(x)$, et $f(x) = p(x) + i(x)$. On peut le faire cas par cas, mais on peut aussi le démontrer en utilisant les formules générales de p et i.

$$p(-x) = \frac{1}{2}\big[f(-x) + f\big(-(-x)\big)\big] = \frac{1}{2}[f(-x) + f(x)] = p(x)$$

p est donc bien une fonction paire.

$$i(-x) = \frac{1}{2}\big[f(-x) - f\big(-(-x)\big)\big] = \frac{1}{2}[f(-x) - f(x)]$$
$$= -\frac{1}{2}[f(x) - f(-x)] = -i(x)$$

i est bien impaire.

$$p(x)+i(x) = \frac{1}{2}[f(x)+f(-x)]+\frac{1}{2}[f(x)-f(-x)] = \frac{1}{2}[2f(x)] = f(x)$$

Ce qu'il fallait démontrer.

Les formules données par l'énoncé permettent de décomposer toute fonction f en une partie paire, p, et une partie impaire, i, à condition que l'ensemble de définition de f soit symétrique par rapport à 0. On peut même démontrer que c'est la *seule* décomposition de ce type (démonstration difficile).

31 Variations

énoncé p. 88

Lycée Talma, Brunoy

1 Prenons dans I deux réels x et x' tels que $x' > x$ et comparons $f(x')$ et $f(x)$. Pour rendre la comparaison plus commode, exprimons $f(x') - f(x)$:

$$\begin{aligned}
f(x') - f(x) &= \frac{-x'+3}{x'-5} - \frac{-x+3}{x-5} \\
&= \frac{(-x'+3)(x-5) - (-x+3)(x'-5)}{(x'-5)(x-5)} \\
&= \frac{-x'x + 3x + 5x' - 15 - (-xx' + 5x + 3x' - 15)}{(x'-5)(x-5)} \\
&= \frac{-x'x + 3x + 5x' - 15 + xx' - 5x - 3x' + 15}{(x'-5)(x-5)} \\
&= \frac{-2x + 2x'}{(x'-5)(x-5)} \\
&= (x'-x)\frac{2}{(x'-5)(x-5)}
\end{aligned}$$

Comme $x' - x > 0$, $x' - 5 < 0$ et $x - 5 < 0$, on obtient :

$$f(x') - f(x) > 0, \text{ donc } f(x') > f(x)$$

On en déduit que f est strictement croissante sur I.

2 Prenons encore dans I deux réels, $x' > x$. Cette fois, plutôt que calculer $f(x') - f(x)$, écrivons directement :

$$x' > x$$
$$x' - 8 > x - 8$$

et, ces deux réels étant positifs (car $x \geq 8$), on peut élever les deux membres au carré :

$$(x' - 8)^2 > (x - 8)^2$$

ce qui donne : $f(x') > f(x)$. On en déduit que f est strictement croissante sur I.

32 Étude graphique

énoncé p. 89

Lycée Hélène Boucher, Paris

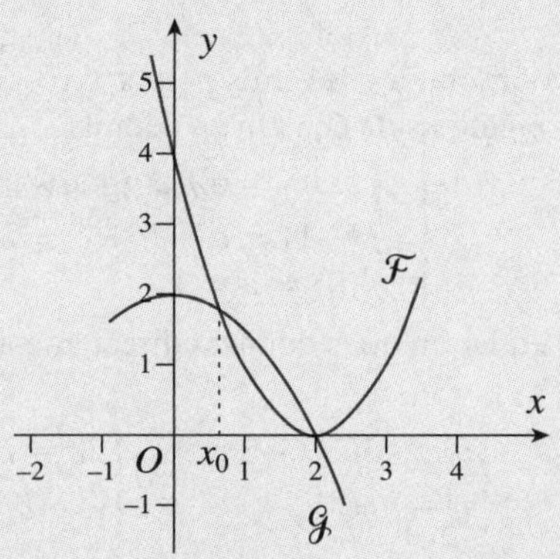

1 On lit sans difficulté : $f(0) = 4$ et $f(2) = 0$.

2 $g(2) = 0$.

3 Il n'y a qu'une solution à l'équation $g(x) = 2$: $S = \{0\}$.

4 Il y a deux solutions, 2 et un réel x_0 compris entre 0,5 et 1. Vous devez donner une approximation raisonnable de cette deuxième solution, par exemple 0,6 ou 0,7 (la valeur exacte est $\frac{2}{3}$, mais vous serez sanctionné(e) si vous la donnez aussi précisément, car on vous demande de « lire », pas de « deviner » la réponse).

33 Représentation graphique

énoncé p. 89

Lycée Hoche, Versailles

1 $f_1(x) = -f(x)$ signifie que la courbe représentative de f_1 est symétrique de celle de f par rapport à (Ox).

$f_2(x) = -f(-x) = f_1(-x)$, donc la courbe représentative de f_2 est symétrique de celle de f_1 par rapport à (Oy).

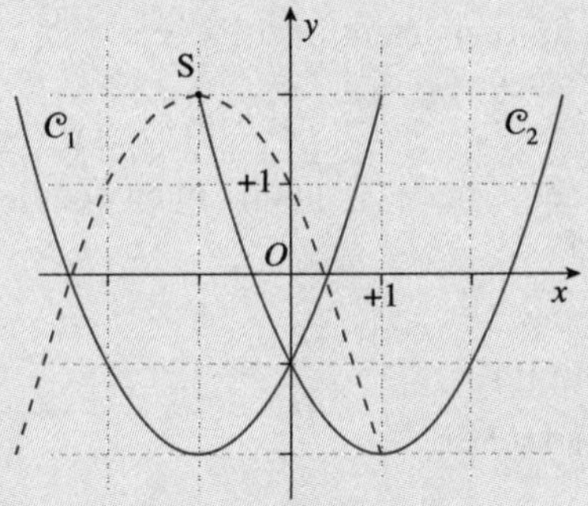

2 Lisons les coordonnées des trois points : $A(-3, -2)$, $S(-1, 2)$, $J(0, 1)$. Ce sont des éléments de $\mathcal{C}_f$. On en déduit :

$$\begin{cases} f(-3) = 9a - 3b + c = -2 \\ f(-1) = a - b + c = 2 \\ f(0) = c = 1 \end{cases}$$

La dernière équation nous donnant directement $c = 1$, il n'y a plus qu'à résoudre :

$$\begin{cases} 9a - 3b = -3 \\ a - b = 1 \end{cases} \Leftrightarrow \begin{cases} 3a - b = -1 \\ a - b = 1 \end{cases}$$

$$\Leftrightarrow \begin{cases} 2a = -2 \\ b = a - 1 \end{cases}$$

$$\Leftrightarrow \begin{cases} a = -1 \\ b = -2 \end{cases}$$

Finalement :

$$f(x) = -x^2 - 2x + 1$$

34 Fonctions de référence

énoncé p. 90

Lycée Jean Zay, Orléans

1 Pour faire apparaître le sommet de la courbe, on commence la factorisation de l'expression :

$$\begin{aligned} f(x) &= -2x^2 + 8x \\ &= -2(x^2 - 4x) \\ &= -2(x^2 - 4x + 4 - 4) \\ &= -2(x - 2)^2 + 8 \end{aligned}$$

Mise sous cette forme, l'expression fait apparaître que les ordonnées des points de la courbe sont toujours inférieures à 8, et atteignent 8 quand $x = 2$. La courbe est une parabole de sommet $S(2, 8)$.

2 Courbe représentative :

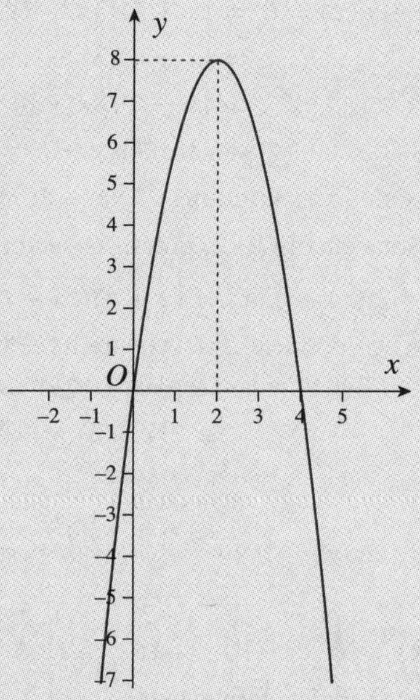

35 Représentation graphique

énoncé p. 90

Lycée Saint-Louis-de-Gonzague, Paris

1 $f(x) = 4x^2 + 4x + 1 - x^2 + 6x - 9 = 3x^2 + 10x - 8$

2 Factorisons f :

$$\begin{aligned} f(x) &= [(2x+1) + (-x+3)][(2x+1) - (-x+3)] \\ &= (2x + 1 - x + 3)(2x + 1 + x - 3) \\ &= (x+4)(3x-2) \end{aligned}$$

Factorisons g :

$$\begin{aligned} g(x) &= (x-4)(x+4) - 2(x+4)(-2x+1) \\ &= (x+4)[(x-4) - 2(-2x+1)] \\ &= (x+4)(x - 4 + 4x - 2) \\ &= (x+4)(5x-6) \end{aligned}$$

3 Il faut résoudre l'équation :

$$-8 = 3x^2 + 10x - 8 \Leftrightarrow 0 = 3x^2 + 10x \Leftrightarrow x(3x+10) = 0$$

Les antécédents de -8 par f sont donc : 0 et $\dfrac{-10}{3}$.

4 Utilisons les expressions factorisées de f et g :

$$\begin{aligned} f(x)+g(x)=0 &\Leftrightarrow (x+4)(3x-2)+(x+4)(5x-6)=0 \\ &\Leftrightarrow (x+4)(3x-2+5x-6)=0 \\ &\Leftrightarrow (x+4)(8x-8)=0 \\ &\Leftrightarrow (x+4)(x-1)=0 \end{aligned}$$

D'où l'ensemble de solutions : $S=\{-4; 1\}$.

5 **(a)** Utilisons encore les expressions factorisées de f et g :

$$\begin{aligned} g(x)-f(x) &= (x+4)(5x-6)-(x+4)(3x-2) \\ &= (x+4)(5x-6-3x+2) \\ &= (x+4)(2x-4) \\ &= 2(x+4)(x-2) \\ &= 2(x+1+3)(x+1-3) \\ &= 2[(x+1)^2-9] \end{aligned}$$

(b)

x	-4	-3	-2	$-1,5$	-1	$-0,5$	0	1	2
$h(x)$	0	-10	-16	$-17{,}5$	-18	$-17{,}5$	-16	-10	0

(c) Courbe représentative de h :

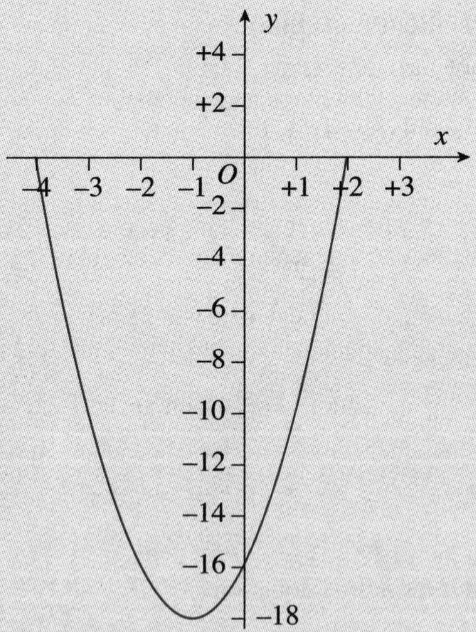

Chapitre 3

Équations et inéquations

Plan du chapitre

1. Savoir factoriser et développer
2. Savoir résoudre algébriquement une équation
3. Savoir résoudre algébriquement une inéquation
4. Comment résoudre graphiquement une équation ou une inéquation ?

1 Savoir factoriser et développer

Exercice type 1 — Lycée Alain Fournier, Bourges

Factoriser $A = 18x^2 - 24x + 8 - (x + 1)(6x - 4) - 3x + 2$.

Voir corrigé page 123

1.1 Développement

Développer, c'est effectuer dans une expression toutes les multiplications possibles, *en tenant compte des ordres de priorité* des opérations, puis « enlever » toutes les parenthèses (attention aux signes !) Par exemple, si on veut développer :

$$B = (x - 2)^2 - (x - 3)(2x + 5)$$

on écrira :

$$B = x^2 - 4x + 4 - (2x^2 + 5x - 6x - 15) = x^2 - 4x + 4 - 2x^2 - 5x + 6x + 15$$

Réduire, c'est, après avoir développé une expression, effectuer toutes les additions possibles. Pour l'expression développée de B ci-dessus, on écrira :

$$B = -x^2 - 3x + 19$$

En général, les énoncés portent la mention « développer et réduire », il est conseillé dans tous les cas de réduire. On peut effectuer des réductions partielles au cours du calcul, *dans la mesure où on respecte les règles de priorité*. Par exemple, on pourra écrire :

$$\begin{aligned} B &= x^2 - 4x + 4 - (2x^2 + 5x - 6x - 15) \\ &= x^2 - 4x + 4 - (2x^2 - x - 15) \\ &= x^2 - 4x + 4 - 2x^2 + x + 15 \\ &= -x^2 - 3x + 19 \end{aligned}$$

1.2 Factorisation

C'est l'opération inverse du développement : on transforme une *somme* en *produit*. A la différence du développement, où il suffit d'appliquer des règles de calcul,la factorisation nécessite un petit travail de réflexion. Dans un premier temps, il faut regarder s'il existe un *facteur commun*. Par exemple, dans l'expression $(x+2)(x-5)-4(x+2)$, $(x+2)$ est multiplié par $(x-5)$ et par -4 (attention au signe !) Que faire alors ? On écrit le facteur commun d'abord, puis on ouvre une grande parenthèse, ou même un crochet, où l'on enfourne les éléments qui étaient multipliés par le facteur commun. Concrètement, cela donne :

$$(x+2)(x-5)-4(x+2) = (x+2)[(x-5) \ -4]$$

Il n'y a plus ensuite qu'à simplifier l'intérieur du crochet, en faisant *très* attention aux problèmes de signes qui peuvent se poser quand on retire les éventuelles parenthèses. Finalement, on obtient une expression factorisée : $(x+2)(x-9)$

Malheureusement, les choses ne sont pas toujours aussi simples !

Il arrive que le facteur commun soit caché, parce qu'il est multiplié par une constante. Dans ce cas, un peu d'habitude et d'attention vous permettront sans peine de le déloger.

Par exemple, voyez-vous le facteur commun $(x+2)$ qui se cache dans l'expression : $(x+2)(x-5)-4x-8$? Eh oui, il s'agit de la même factorisation que ci-dessus !

Le plus souvent, cependant, le facteur commun se cache bien mieux, derrière une identité remarquable (que vous avez peut-être l'habitude d'appeler *produit* remarquable, ou *égalité* remarquable). Rappelons rapidement ces égalités :

- $a^2+2ab+b^2=(a+b)^2$
- $a^2-2ab+b^2=(a-b)^2$
- $a^2-b^2=(a-b)(a+b)$

Remarquez que dans ces égalités, le membre de gauche est une somme, et le membre de droite un produit (ne perdez pas de vue qu'un carré est un produit). Ce sont donc, écrites sous cette forme, des factorisations. Essayons de factoriser, par exemple :

$$B = x^2-16+(x-3)(x-4)$$

Il n'y a pas de facteur commun évident. En revanche, la première partie de l'expression fait intervenir l'identité remarquable

$$x^2-16=(x+4)(x-4)$$

On peut donc terminer la factorisation :

$$\begin{aligned} B &= (x+4)(x-4)+(x-3)(x-4) = (x-4)[(x+4)+(x-3)] \\ &= (x-4)(x+4+x-3) = (x-4)(2x+1) \end{aligned}$$

Maintenant, un dernier conseil si les méthodes décrites dans ce paragraphe n'ont pas abouti : *essayez encore une fois !* Et si vraiment ça ne marche pas, alors *développez* l'expression, dans l'espoir de faire apparaître quelque chose d'intéressant. Mais sachez que cette méthode (développer pour factoriser) ne s'applique, au niveau de la seconde, qu'à des cas *très* rares, dont voici un exemple :

$$C = 2x^2 - 6x + 29 + 2(x+2)(x-5)$$

Comme vous pouvez le constater, il n'y a pas de facteur commun évident, et $2x^2 - 6x + 29$ n'est pas le développement d'un produit remarquable. On va donc allègrement développer :

$$\begin{aligned} C &= 2x^2 - 6x + 29 + 2(x^2 - 5x + 2x - 10) \\ &= 2x^2 - 6x + 29 + 2x^2 - 10x + 4x - 20 \\ &= 4x^2 - 12x + 9 \end{aligned}$$

Ouf ! $4x^2 - 12x + 9$ ne pose (presque) pas de problème, puisqu'il s'agit du développement (remarquable) de $(2x-3)^2$.

Solution de l'exercice type 1

Aucun facteur commun ne saute aux yeux. La première partie de l'expression fait penser au produit remarquable 2, mais $18x^2$ et 8 ne sont pas des carrés parfaits. Faut-il se résoudre à tout développer, en attendant un miracle ? Si nos avertissements du paragraphe précédent ne vous ont pas convaincu(e), sachez que le développement de A donne : $12x^2 - 29x + 14$, ce qui n'est pas facilement factorisable. Une fois pour toute, rappelez-vous que, lorsqu'il faut factoriser, commencer par développer est une solution extrême, à utiliser avec circonspection.

Il vaut mieux examiner de plus près chacun des éléments de A. Souvent, ces éléments ne sont pas disposés au hasard, et l'ordre dans lequel ils sont écrits peut vous aider. Pourquoi a-t-on écrit séparément $18x^2 - 24x + 8$ et $-3x + 2$, et non pas directement $18x^2 - 27x + 10$? Tout simplement, pour vous faire voir plus facilement le facteur 2 qui se cache dans $18x^2 - 24x + 8$! Regardez bien : $18x^2 - 24x + 8 = 2(9x^2 - 12x + 4)$ Ceci est déjà plus sympathique, puisque $(9x^2 - 12x + 4)$ est le développement du produit remarquable $(3x - 2)^2$. Or, $(3x-2)$ apparaît plusieurs fois dans A, puisque $6x - 4 = 2(3x-2)$ et $-3x + 2 = -(3x-2)$. Nous tenons notre facteur commun !

Solution de l'exercice type 1 (suite)

Toutes ces réflexions, vous devez les mener sur votre brouillon. Cependant, une fois que vous avez trouvé un facteur commun, *ne rédigez pas la solution au brouillon*, vous perdriez votre temps ! Écrivez directement :

$$\begin{aligned} A &= 18x^2 - 24x + 8 - (x+1)(6x-4) - 3x + 2 \\ &= 2(9x^2 - 12x + 4) - (x+1)2(3x-2) - (3x-2) \\ &= 2(3x-2)^2 - (x+1)2(3x-2) - (3x-2) \\ &= (3x-2)[2(3x-2) - (x+1)2 - 1] \\ &= (3x-2)(6x-4-2x-2-1) \\ &= (3x-2)(4x-7) \end{aligned}$$

2 Savoir résoudre algébriquement une équation

Exercice type 2 — Lycée Chaptal, Paris

Résoudre dans $\mathbb{R}$ l'équation suivante :

$$2x^2 + 4x + 2 = (x+1)(x+3)$$

Voir corrigé page 126

2.1 Les valeurs interdites

Cette année, et c'est une nouveauté par rapport à la troisième, vous ne devrez pas seulement trouver les *solutions* de l'équation, mais vous devrez aussi déterminer les « valeurs interdites ». Avant de se poser la question : « Est-ce que $2x^2 + 4x + 2$ et $(x+1)(x+3)$ sont égaux ? », il convient de se demander : « Est-ce que $2x^2 + 4x + 2$ et $(x+1)(x+3)$ existent ? » Dans l'exercice type, on réalise à partir de x des sommes et des produits, il n'y a donc pas de problème. Aucune valeur n'est interdite.

2.2 Équations du premier degré

Vous avez appris en quatrième à résoudre ce type d'équations. Par exemple, pour

$$5x + 2 = 7x + 4$$

on passe le 4 du côté gauche et $5x$ du côté droit, pour obtenir $-2 = 2x$, donc $-1 = x$. L'ensemble des solutions ne contient que le réel -1. On note :

$$S = \{-1\}$$

2.3 Équations de degré deux ou plus

Il s'agit d'équations mettant en jeu des termes en x^2, x^3 ou plus. La technique est *toujours* la même. On fait passer tous les termes du même côté et on factorise l'expression obtenue. Ainsi, pour résoudre par exemple :

$$(x+2)(2x-3) = (2x-3)(5x+3)$$

on écrit :

$$(x+2)(2x-3) - (2x-3)(5x+3) = 0$$

soit, en factorisant :

$$(2x-3)(-4x-1) = 0$$

On utilise le fait qu'un produit est nul seulement quand l'un (au moins) des facteurs est nul, donc on a soit : $2x-3=0$ (donc $x=\frac{3}{2}$), soit : $-4x-1=0$ (donc $x=\frac{-1}{4}$). L'ensemble des solutions s'écrit donc :

$$S = \left\{\frac{-1}{4}; \frac{3}{2}\right\}$$

2.4 Équations avec des fractions

Nous examinons ici les équations où x apparaît dans les dénominateurs. Il y aura, en général, des valeurs interdites : celles qui annulent les dénominateurs. Par exemple, pour $\frac{2x+3}{x+5} = 1$, le domaine est :

$$D = \mathbb{R} - \{-5\}$$

Beaucoup des ces équations se résolvent simplement à l'aide d'un « produit en croix » :

$$\frac{2x+3}{x+5} = 1 \Leftrightarrow 2x+3 = x+5 \Leftrightarrow x = 2$$

d'où :

$$S = \{2\}$$

Pour d'autres, il faut d'abord réduire les fractions au même dénominateur. Par exemple, résolvons :

$$\frac{2}{x-2} - \frac{1}{x+2} = \frac{1}{x}$$

2, -2 et 0 sont donc interdits. Le dénominateur commun est extrêmement simple. Il s'agit en fait du produit des trois dénominateurs :

$$(x-2)(x+2)x$$

Réduisons les trois fractions :

$$\frac{2}{x-2} = \frac{2x(x+2)}{(x-2)x(x+2)}$$

On obtient finalement :

$$\frac{2x(x+2)}{(x-2)(x+2)x} - \frac{x(x-2)}{(x-2)(x+2)x} = \frac{(x-2)(x+2)}{(x-2)(x+2)x}$$

À cet endroit, on peut carrément supprimer les dénominateurs. Ceci correspond à multiplier les deux membres par $(x-2)(x+2)x$, réel qui n'est pas nul puisqu'on a pris la précaution d'enlever *a priori* les valeurs 2, -2 et 0. D'où :

$$2x(x+2) - x(x-2) = (x-2)(x+2)$$

Passons tout dans le membre de gauche :

$$2x(x+2) - x(x-2) - (x-2)(x+2) = 0$$

Il n'y a pas de facteur commun (non, non !) et pas de produit remarquable *à factoriser*, nous allons donc développer (une fois n'est pas coutume) :

$$2x^2 + 4x - x^2 + 2x - x^2 + 4 = 0$$

soit :

$$6x + 4 = 0, \text{ donc } x = \frac{-2}{3}$$

Conclusion : $S = \left\{\frac{-2}{3}\right\}$

Solution de l'exercice type 2

On passe tout dans le même membre et on factorise :

$$\begin{aligned}
2x^2 + 4x + 2 &= (x+1)(x+3) \\
2x^2 + 4x + 2 - (x+1)(x+3) &= 0 \\
2(x^2 + 2x + 1) - (x+1)(x+3) &= 0 \\
2(x+1)^2 - (x+1)(x+3) &= 0 \\
(x+1)[2(x+1) - (x+3)] &= 0 \\
(x+1)(2x + 2 - x - 3) &= 0 \\
(x+1)(x-1) &= 0
\end{aligned}$$

Donc : $S = \{-1, +1\}$

3 Savoir résoudre algébriquement une inéquation

Exercice type 3 — Lycée Camille Guérin, Poitiers

Résoudre l'inéquation :

$$\frac{(x-4)(3x+6)}{x+5} < 0$$

Voir corrigé page 129

3.1 Premier degré

Pour les inéquations simples du type : $2x - 3 \geq 5x + 6$, on procède comme pour résoudre une équation, à ceci près que lorsqu'on multiplie ou divise les deux membres par un nombre *négatif*, l'inéquation change de sens. On écrit par exemple (après avoir remarqué que le domaine de l'inéquation est simplement $\mathbb{R}$) :

$$\begin{aligned} 2x - 3 &\geq 5x + 6 \\ 2x - 5x &\geq 6 + 3 \\ -3x &\geq 9 \\ x &\leq -3 \end{aligned}$$

En troisième, on vous demandait une représentation graphique des solutions (ici, on a hachuré la partie qui ne convient pas) :

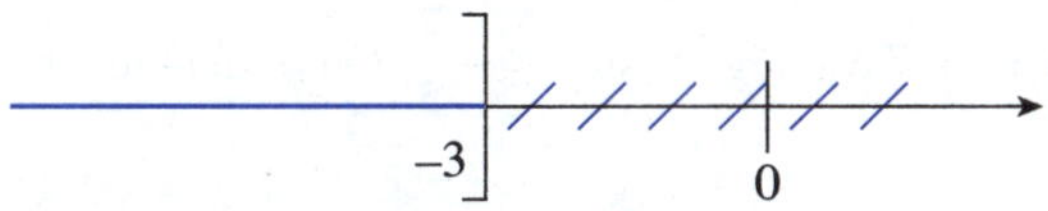

On vous demande désormais d'indiquer directement l'ensemble des solutions :

$$S =]-\infty, -3]$$

3.2 Second degré ou plus

Même méthode que pour les équations : on passe tout dans le même membre et on factorise. Par exemple, pour résoudre :

$$(x-5)(7x+3) \leq (x-5)(2x-4)$$

on donne le domaine, $\mathbb{R}$ (c'est-à-dire que l'on recherche *toutes* les solutions réelles, pas seulement, par exemple, positives ou entières), et on écrit :

$$
\begin{aligned}
(x-5)(7x+3)-(x-5)(2x-4) &\leq 0 \\
(x-5)[(7x+3)-(2x-4)] &\leq 0 \\
(x-5)(7x+3-2x+4) &\leq 0 \\
(x-5)(5x+7) &\leq 0
\end{aligned}
$$

Attention ! Résistez à la tentation de « simplifier » par $(x-5)$, pour écrire directement : $7x+3 \leq 2x-4$. En effet, vous ne savez rien sur x, et $x-5$ est peut-être négatif, peut-être nul. Ceci signifie que vous devez peut-être changer le sens de l'inéquation en simplifiant par $x-5$. Plutôt que de se lancer dans de grandes discussions du style : « Quand $x > 5\ldots$ », « Quand $x < 5\ldots$ », il vaut donc mieux passer tout dans le même membre et factoriser.

On est donc ramené à étudier le signe d'un produit. Vous savez que le signe d'un produit dépend du signe des facteurs. Le signe de $x-5$ dépend de la position de x par rapport à 5, celui de $5x+7$ dépend de la position de x par rapport à $-\frac{7}{5}$.

La méthode la plus simple pour faire apparaître le signe de $(x-5)(5x+7)$ est de construire un tableau de signes.

Dans la première ligne, on place *dans l'ordre croissant* les valeurs de x qui annulent les facteurs. Dans la première colonne, on place les facteurs. On remplit le tableau en plaçant, en face de chaque facteur, son signe. Par exemple, dans la colonne correspondant à $x \leq -\frac{7}{5}$ et la ligne du facteur $5x+7$, on écrit un signe $-$ signifiant que $5x+7$ est négatif si $x \leq -\frac{7}{5}$. On obtient le tableau :

x	$-\infty$		$\frac{-7}{5}$		5		$+\infty$
$x-5$		$-$	|	$-$	0	$+$	
$5x+7$		$-$	0	$+$	|	$+$	
$(x-5)(5x+7)$		$+$	0	$-$	0	$+$	

Il n'est pas toujours facile, surtout au début, de remplir correctement le tableau. C'est en réalité très simple. Pour le premier facteur (ici $x-5$), il suffit de se souvenir que $x-5 \geq 0$ quand $x \geq 5$. Pour le signe du produit, vous appliquez la règle des signes vue en quatrième.

Voilà. Nous avons notre tableau de signes. Ne perdons pas de vue ce que nous voulions faire, c'est-à-dire repérer quand le produit $(x-5)(5x+7)$ est négatif ou nul ! Observons le tableau. Dans la ligne de $(x-5)(5x+7)$, regardons à quelle colonne correspond le signe moins et les zéros. On obtient directement la réponse :

$$S = \left[-\frac{7}{5}; 5\right]$$

3.3 Inéquations avec des fractions

Il s'agit de résoudre une inéquation comme :

$$\frac{2x+3}{x+5} \geq 1$$

Occupons-nous d'abord du domaine, ou ensemble de définition. À cause du dénominateur, la valeur -5 est interdite, donc l'équation est définie sur $D = \mathbb{R} - \{-5\}$.

Cette fois, pas question de faire des produits en croix, puisqu'on ne connaît pas le signe de $x + 5$. Il faut donc tout réduire au même dénominateur :

$$\frac{2x+3}{x+5} \geq \frac{x+5}{x+5}$$

$$\frac{(2x+3)-(x+5)}{x+5} \geq 0$$

$$\frac{x-2}{x+5} \geq 0$$

Vous savez que les signes d'un produit ou d'un quotient obéissent à la même règle, il faut donc établir un tableau de signes :

x	$-\infty$		-5		2		$+\infty$
$x-2$		$-$		$-$	0	$+$	
$x+5$		$-$	0	$+$		$+$	
$\frac{x-2}{x+5}$		$+$		$-$	0	$+$	

Remarquez que la fraction $\frac{x-2}{x+5}$ n'est pas définie pour $x = -5$, donc on n'écrit pas à l'endroit correspondant un zéro, mais une double barre, qui indique que la fraction *n'existe pas* pour cette valeur de x. Pour cet exemple, l'ensemble des solutions est :

$$S =]-\infty; -5[\cup [2; +\infty[$$

Solution de l'exercice type 3

Les facteurs s'annulent en 4, -5, et -2. Le domaine de définition est :

$$D = \mathbb{R} - \{-5\}$$

On obtient le tableau de signes suivant :

x	$-\infty$		-5		-2		4		$+\infty$
$x-4$		$-$		$-$	|	$-$	0	$+$	
$3x+6$		$-$		$-$	0	$+$		$+$	
$x+5$		$-$	0	$+$	|	$+$		$+$	
$\dfrac{(x-4)(3x+6)}{x+5}$		$-$		$+$	0	$-$	0	$+$	

Conclusion :

$$S =]-\infty; -5[\cup]-2; 4[$$

4 Comment résoudre graphiquement une équation ou une inéquation ?

Exercice type 4

Lycée Jean XXIII, Reims

On a tracé ci-dessous la courbe représentative de la fonction f définie sur $\mathbb{R}$ par :

$$f(x) = x^2 - 5x + 4$$

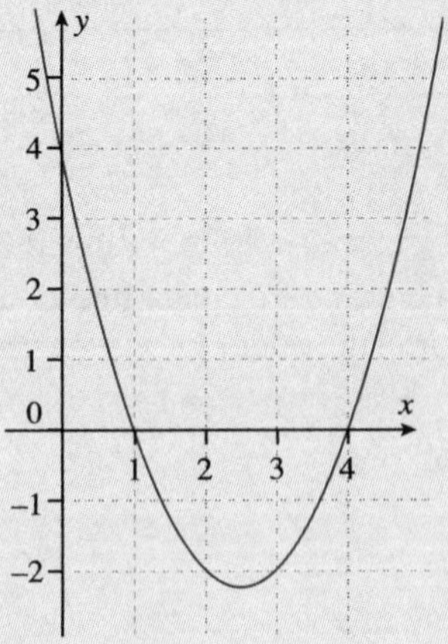

...

Exercice type 4

1 Résoudre graphiquement l'inéquation : $f(x) \geq 0$.

2 Placer sur la même figure la droite d'équation $y = -3x + 4$

3 En déduire graphiquement les solutions de l'équation $f(x) = -3x + 4$.

4 Résoudre graphiquement l'inéquation : $f(x) < -3x + 4$.

Voir corrigé page 131

Solution de l'exercice type 4

1 On constate sur la figure que la courbe représentative de f coupe la droite des abscisses pour $x = 1$ et $x = 4$. Entre ces deux points, la courbe est en-dessous de l'axe des abscisses. Les ordonnées des points de la courbe sont donc négatives. En revanche, à droite de 4 (donc pour $x \in [4; +\infty[$) comme à gauche de 1 (donc pour $x \in]-\infty; 1]$), la courbe de f est au-dessus de l'axe des abscisses, et on a alors : $f(x) \geq 0$. On conclut :

$$S =]-\infty; 1] \cup [4; +\infty[$$

2 La droite d'équation $y = -3x+4$ est également la courbe représentative de la fonction g définie par :

$$g(x) = -3x + 4$$

On calcule facilement deux points, par exemple $g(0) = 4$, $g(1) = 1$ (ou encore $g(2) = -2$) ce qui permet de tracer la droite sur la figure :

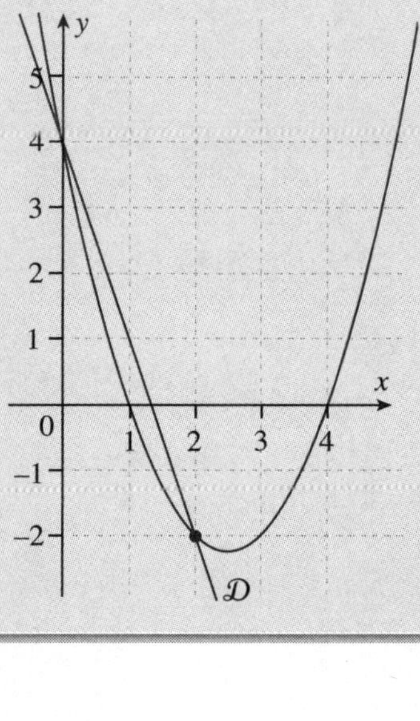

Solution de l'exercice type 4 (suite)

3 On doit chercher pour quels x on a $f(x) = g(x)$. Ces valeurs correspondent aux points communs (ou *points d'intersection*) des courbes représentatives de f et g. On lit sur le graphique deux points communs, de coordonnées $(0, 4)$ et $(2, -2)$. Ce sont les valeurs de x qui nous intéressent :

- le point $(0, 4)$ est sur les deux courbes, donc $f(0) = g(0) = 4$;
- de même, le point $(2, -2)$ étant sur les deux courbes : $f(2) = g(2)$.

Les solutions de l'équation sont donc 0 et 2 :

$$S = \{0\,;\ 2\}$$

4 Pour une même abscisse x, dire que $f(x) < g(x)$ signifie que le point de coordonnées $(x, f(x))$, qui se trouve sur la courbe de f, est en-dessous du point de coordonnées $(x, g(x))$ qui se trouve sur celle de g.

On cherche sur la figure les abscisses pour lesquelles la courbe de f est au-dessous de la droite. On voit que c'est le cas pour $x \in]0, 2[$ (il faut exclure les points 0 et 2 car l'inégalité demandée est stricte).

On conclut :

$$S =]0; 2[$$

QCM

1 Factorisation

5 min. corrigé p. 144

Vrai ou faux ?

a x peut être mis en facteur dans $3x^2 + 2x + 5$.
b $(x + 2)^2 = x^2 + 2x + 4$
c $(x - 2)^2 = x^2 - 4x + 4$
d $(2x - 3)(2x + 3) = 2x^2 - 9$

QCM

2 Ensemble des solutions

5 min. corrigé p. 144

Dans quels cas l'ensemble des solutions est-il correct ?

a $3x - 7 = 0$ $\quad S = \left\{\frac{7}{3}\right\}$
b $3x - 7 = 0$ $\quad S = \{2{,}33\}$
c $(x - 5)(2x + 1) = 0$ $\quad S = \{-5; -\frac{1}{2}\}$
d $x^2 - 8 = 0$ $\quad S = \{2\sqrt{2}; -2\sqrt{2}\}$

QCM

3 Inéquations

6 min. corrigé p. 144

Dans quels cas les inéquations proposées ont-elles les mêmes solutions dans $\mathbb{R}$?

a $x(x - 3) < x(2x + 1)$ et $(x - 3) < (2x + 1)$
b $3 - x < 5$ et $x > 2$
c $x < 2$ et $\frac{1}{x} > \frac{1}{2}$
d $(x^2 + 2)(x - 1) > 0$ et $2(x - 1) > 0$
e $(x - 3)^2 \geq (2x + 1)^2$ et $x - 3 \geq 2x + 1$
f $\frac{x}{x - 2} \leq \frac{2x + 1}{x + 3}$ et $x(x + 3) \leq (x - 2)(2x + 1)$

QCM

4 Étude graphique

4 min. corrigé p. 144

On a représenté page suivante la fonction f et la fonction affine $g : x \mapsto \frac{1}{2}x + 1$.

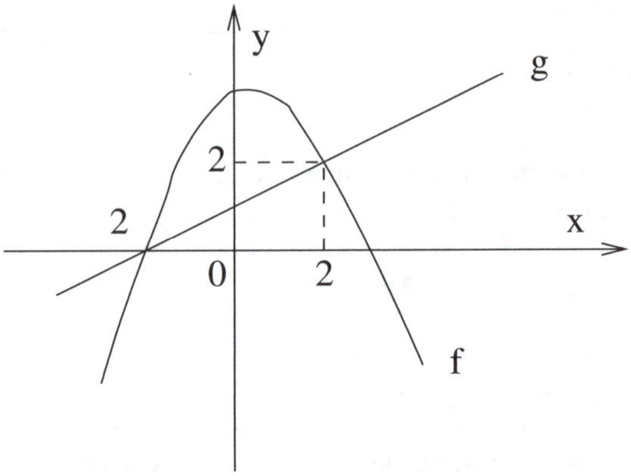

a L'ensemble des solutions de $f(x) = g(x)$ est $[-2; 2]$.

b L'ensemble des solutions de $f(x) = g(x)$ est $\{-2; 2\}$.

c L'ensemble des solutions de $f(x) < g(x)$ est $]-2; 2[$.

d L'ensemble des solutions de $f(x) \geq g(x)$ est $[-2; 2]$.

5 Développement et factorisation

★ 15 min. corrigé p. 145

Lycée Hoche, Versailles

1 Développer $(3x + \sqrt{2})^3$

2 Calculer astucieusement $X = 875683^2 - (875684 \times 875682)$

3 Factoriser le mieux possible :

$$E = (2x - 3)^2 + (3 - 2x)(x - 1) - 6 + 4x$$

$$F = (a + 2)^2 - 4(5a - 3)^2$$

$$G = a^4 - 1$$

6 Inéquations

★ 20 min. corrigé p. 145

Lycée Colbert, Paris

La courbe $(\mathcal{C})$ est la représentation graphique de la fonction f, définie pour tout $x \neq -1$ par :

$$f(x) = \frac{-3}{x + 1}$$

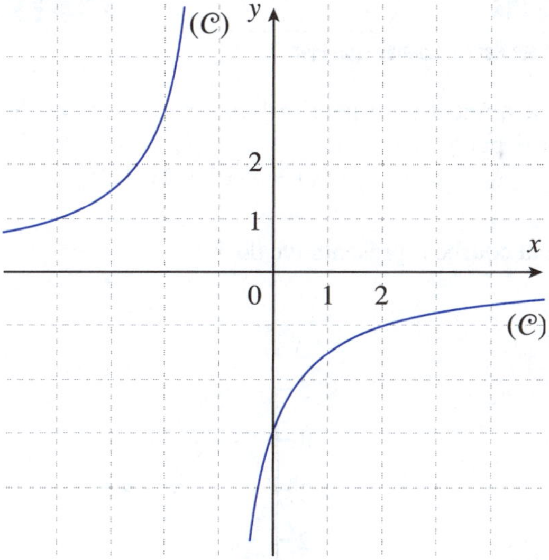

1 Déterminer par le calcul l'ensemble des solutions de :

$$\frac{-3}{x+1} \geq 3$$

Indiquer comment le graphique permet de retrouver ces résultats.

2 En utilisant le graphique, donner l'ensemble des réels x vérifiant :

$$-1 < \frac{-3}{x+1} < 1$$

3 Sur le même dessin, représenter la droite d'équation $y = 1 - x$. En déduire graphiquement l'ensemble des solutions de $\frac{-3}{x+1} \geq 1 - x$. Retrouver ce résultat par le calcul.

7 Inéquations

★ 15 min. corrigé p. 147

Lycée Montesquieu, Le Mans

Résoudre dans $\mathbb{R}$ les inéquations suivantes :

1 $(x+6)(x-3) - 2x + 6 \geq 0$

2 $\dfrac{x+3}{1-x} \geq 2$

3 $25x^2 + 4 \geq 0$

4 $25x^2 - 4 \geq 0$

COURS EXERCICES CORRIGÉS

8 Inéquations

★ 15 min. corrigé p. 148

Lycée Auguste Renoir, Cagnes-sur-Mer

Le plan est muni d'un repère orthonormal (O, I, J). Soit f une fonction définie sur $\mathbb{R}$ par :

$$f(x) = -x^2 + 2x + 3$$

On donne la courbe représentative de f :

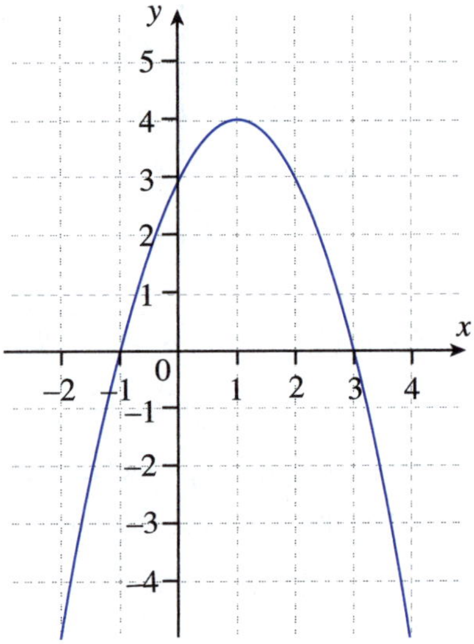

1 Vérifier que $f(x) = 4 - (x-1)^2$ puis factoriser $f(x)$.

2 En déduire la résolution de l'inéquation $f(x) > 0$.

3 Résoudre graphiquement $f(x) > 0$ et vérifier le résultat précédent.

9 Inéquations

★ 15 min. corrigé p. 149

Lycée Descartes, Antony

Résoudre dans $\mathbb{R}$ les inéquations suivantes :

1 $x^3 - x^2 \geq 4x - 4$

2 $\dfrac{x+2}{x^2-1} < 0$

3 $x^2 \geq 16x$

10 Inéquations

★ 10 min. corrigé p. 150

Lycée Carnot, Dijon

Résoudre l'inéquation :

$$(2x + 5)^2 \leq (3x + 2)^2$$

11 Inéquations

★ 15 min. corrigé p. 151

Lycée Saint-Jean, Limoges

Résoudre les inéquations suivantes dans $\mathbb{R}$:

1 $(2x + 1)^2 - x^2 \geq 0$

2 $(3x + 2)^2 - 2(3x + 2)(x + 1) + (x + 1)^2 \leq 0$

12 Inéquations

★ 30 min. corrigé p. 151

Lycée Camille Claudel, Troyes

1 **(a)** Soit f la fonction définie sur $]0, 1]$ par :

$$f(x) = \frac{1}{x}$$

Compléter le tableau de valeurs (donner les résultats à 0,01 près) :

x	0,1	0,2	0,3	0,4	0,5	0,6	0,7	0,8	0,9	1
$f(x)$										

(b) Tracer $\mathcal{C}_f$, la courbe représentative de f, sur le graphique ci-dessous.

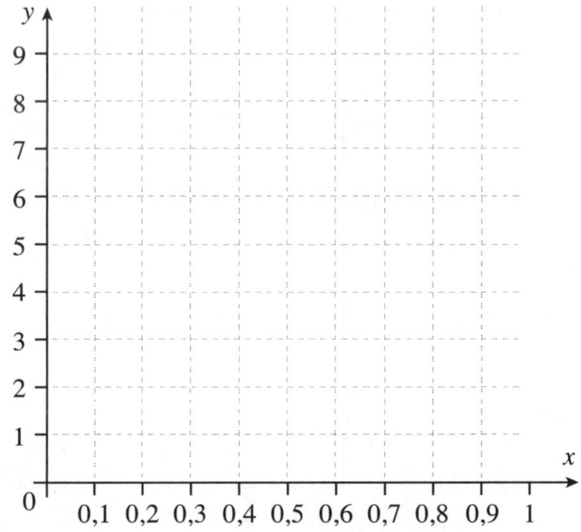

(c) Soit g la fonction définie sur [0, 1] par :

$$g(x) = -\frac{8}{\sqrt{2}}x + 4 + \sqrt{2}$$

Comment s'appelle cette fonction ? Quel est son sens de variation ?

(d) Compléter le tableau de valeurs :

x	0	0,25	0,5
$g(x)$			

et tracer la courbe représentative de g dans le même repère que $\mathcal{C}_f$.

(e) Résoudre graphiquement l'inéquation $g(x) > f(x)$ sur]0, 1].

2 **(a)** Montrer que $g(x) > f(x)$ équivaut sur]0, 1] à l'inéquation :

$$\frac{8x^2 - 2x(2\sqrt{2} + 1) + \sqrt{2}}{x\sqrt{2}} < 0$$

(b) Développer l'expression $P(x) = -8(x - \frac{1}{4})(\frac{\sqrt{2}}{2} - x)$.

(c) En déduire les valeurs exactes des solutions de $g(x) > f(x)$.

13 Équations

★ 20 min. corrigé p. 154

Lycée Paul Lapie, Courbevoie

Soit f la fonction qui à tout nombre réel x fait correspondre $f(x)$ tel que $f(x) = (x - 3)^2$.

On donne sa courbe représentative :

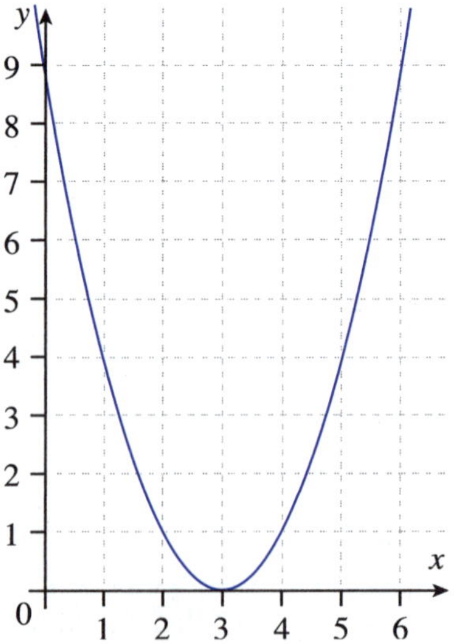

1 Lire sur le graphique les solutions des équations :

(a) $(x-3)^2 = 4$

(b) $(x-3)^2 = 2$

(c) $(x-3)^2 = -1$

2 Résoudre les mêmes équations en détaillant les calculs, nommer S l'ensemble des solutions.

14 Inéquations

★★ 20 min. corrigé p. 155

Lycée Jacques Monod, Clamart

Résoudre dans $\mathbb{R}$:

1 $(x+1)(3-2x) < 0$ puis $(x+1)(2-x) > x^2 - 1$

2 $\dfrac{2x-7}{1-5x} < 3$

15 Équations

★★ 15 min. corrigé p. 157

Lycée Foch, Rodez

Soit l'expression $f(x) = 15x^2 + 11x - 12$.

1 Vérifier que $f(x) = (3x+4)(5x-3)$.

2 En choisissant la plus appropriée des deux formes de $f(x)$, résoudre chacune des équations suivantes où x est l'inconnue réelle :

(a) $f(x) = 0$

(b) $f(x) = 15x^2$

(c) $f(x) = -12$

(d) $f(x) = 5x - 3$

(e) $f(x) = 14x^2 + 11x + 4$

16 Factorisation

★★ 25 min. corrigé p. 158

Lycée Chateaubriand, Rennes

Factoriser chacune des expressions suivantes :

1 $f(x) = 3(x-2)(x^2+1) - (6x^2-5)(x-2)$

2 $f(x) = 16a^4 - 9$

3 $f(x) = x^2 - 2x + 1 - 7(x-1) + (x+2)(1-x)$

4 $f(x) = (6x-3)^2 - (2x-1)$

17 Équations

★ ★ 20 min. corrigé p. 159

Lycée Victor Duruy, Paris

Deux chauffeurs de taxi pratiquent des tarifs différents :

- Tarif A : 5 € de prise en charge et 0,40 € par kilomètre parcouru.
- Tarif B : pas de frais de prise en charge mais 0,60 € du kilomètre.

1 **(a)** Un client veut parcourir 8 km. Quel taxi doit-il prendre pour payer le moins cher ?

(b) Même question pour un client désirant parcourir 30 km.

2 Exprimer $A(x)$, prix payé au taxi A et $B(x)$, prix payé au taxi B, en fonction du nombre x de kilomètres parcourus.

3 **(a)** Dans un repère orthonormal, représenter graphiquement les fonctions :
$x \mapsto A(x)$ et $x \mapsto B(x)$ pour $0 \leq x \leq 40$. On note $\mathcal{D}_A$ et $\mathcal{D}_B$ leurs représentations respectives.

(b) Déterminer les coordonnées de leur point d'intersection, et interpréter par une phrase.

4 En utilisant le graphique, répondre aux questions suivantes :

(a) Pour quelles longueurs de trajets vaut-il mieux prendre le taxi A ?

(b) Un client a 12 € en poche. Quel taxi doit-il prendre pour aller le plus loin possible ? Quelle distance pourra-t-il ainsi parcourir ?

18 Équations

★ ★ 15 min. corrigé p. 160

Lycée Blaise Pascal, Orsay

Résoudre dans $\mathbb{R}$:

1 $\dfrac{5x+3}{4} - \dfrac{x-9}{3} = \dfrac{x}{2} + 5$

2 $(4x^2 - 3x - 18)^2 - (4x^2 + 3x)^2 = 0$

3 $\dfrac{x-4}{x-5} + \dfrac{x-6}{x-4} = 2 - \dfrac{2}{x-4}$

19 Inéquations

★ ★ 15 min. corrigé p. 161

Lycée Stanislas, Paris

Résoudre dans $\mathbb{R}$:

1 $x^2 + 5x + 9 < (x-1)x + 12$

2 $2 < \dfrac{x-3}{x-5} < 3$

20 Inéquations

★★ 20 min. corrigé p. 163

Lycée Évariste Galois, Sartrouville

Résoudre les inéquations suivantes :

1 $\dfrac{3x+1}{4} > \dfrac{5x+1}{6}$

2 $(x-4)^2 \leq -1$

3 $2(x-1) - 3(x+1) > 4(x-2)$

4 $x(-2x-3)^4 \geq 0$

5 $\dfrac{x-1}{4} - 5 \leq \dfrac{2x-3}{2} + \dfrac{3}{4}$

21 Inéquations

★★ 15 min. corrigé p. 164

Lycée La Fontaine, Paris

Résoudre dans $\mathbb{R}$, puis dans $\mathbb{N}$ les équations :

1 $\dfrac{x+1}{x-1} - \dfrac{x-1}{x+1} \leq 0$

2 $(x-2)(x+4) \leq 0$

22 Inéquations

★★ 20 min. corrigé p. 164

Lycée Murat, Issoire

On considère la fonction f définie sur $\mathbb{R}$ par :

$$f(x) = (x+\sqrt{3})^2 - 5$$

1 Développer $f(x)$.

2 Factoriser $f(x)$.

3 Donner les valeurs exactes de $f(\sqrt{2})$, $f(0)$, $f(\sqrt{5}-\sqrt{3})$, $f(-\sqrt{3})$.

4 Résoudre algébriquement l'équation $f(x) = 0$.

5 Résoudre algébriquement l'inéquation $f(x) \geq 0$.

6 Résoudre algébriquement l'inéquation $f(x) \leq -5$.

7 Résoudre algébriquement l'inéquation $f(x) \leq -6$.

23 Équations

★ ★ 30 min. corrigé p. 166

Lycée Lambert, Mulhouse

Résoudre algébriquement :

1. $7(2x+4)-5(4x-3)=\dfrac{2}{5}-\dfrac{3x-5}{2}$
2. $(3x-2)(2x-5)+2(x-5)(7-3x)=0$
3. $(5x+3)(4x-2)=2(x-9)$
4. $\left(3x-\dfrac{1}{2}\right)^2=9(4x-1)^2$
5. $(2-x)(5x+3)+(x-2)(3-x)-(2-x)=0$

24 Inéquations

★ ★ 30 min. corrigé p. 168

Lycée Jean-Baptiste Say, Paris

Résoudre les inéquations :

1. $(3x+1)(2-4x)\leq 0$ dans $\mathbb{R}$.
2. $\left(\dfrac{1}{2}x-7\right)^2<(3x+1)^2$ dans $\mathbb{R}$.
3. $\dfrac{-2(x-1)}{(7-x)}\geq 0$ dans $\mathbb{R}-\{7\}$.
4. $\dfrac{x^2}{1-2x}<-1$ dans $\mathbb{R}-\left\{\dfrac{1}{2}\right\}$.
5. $\dfrac{x}{x(5-x)^2}\leq\dfrac{3x^2}{x(5-x)^2}$ dans $\mathbb{R}-\{0\,;5\}$.

25 Inéquations

★ ★ ★ 30 min. corrigé p. 171

Lycée Victor Hugo, Poitiers

Soit f la fonction définie pour tout $x\neq 2$ par $f(x)=\dfrac{3x+1}{x-2}$.

1. Étudier la fonction. Construire sa courbe représentative (C) dans un repère orthogonal $(O,\vec{\imath},\vec{\jmath})$ après avoir déterminé sa nature.
2. Construire dans le même repère, la courbe représentative $(\mathcal{C}_g)$ de la fonction g définie par $g(x)=x^2+x-6$.
3. Résoudre graphiquement :

$$\frac{3x+1}{x-2}\leq x^2+x-6$$

puis retrouver les résultats par le calcul.

26 Inéquations

★★★ 15 min. corrigé p. 173

Lycée Hélène Boucher, Paris

1 Montrer que pour tout $x \neq -1$,

$$\frac{1}{1+x} = 1 - x + \frac{x^2}{1+x}$$

2 Montrer que pour tout $x \geq -\frac{1}{2}$,

$$0 \leq \frac{1}{1+x} \leq 2$$

3 En déduire que, pour $x \geq -\frac{1}{2}$,

$$0 \leq \frac{x^2}{1+x} \leq 2x^2$$

puis que :

$$1 - x \leq \frac{1}{1+x} \leq 1 - x + 2x^2$$

27 Inéquations

★★★ 15 min. corrigé p. 174

Lycée Lacordaire, Marseille

On donne l'expression $A(x) = x^3 + 3x^2 - 4$.

1 Factoriser $A(x)$ en commençant par écrire que :

$$A(x) = x^3 - x^2 + 4x^2 - 4$$

2 En déduire la résolution dans $\mathbb{R}$ de l'inéquation :

$$\frac{(x-1)^2 - 2x + 2}{x^3 + 3x^2 - 4} \geq 0$$

QCM 1 Factorisation

énoncé p. 133

[a] NON, à cause du 5.

[b] NON, attention au double produit : $(x+2)^2 = x^2 + 4x + 4$.

[c] OUI.

[d] NON. On a $(2x)^2 = 4x^2$, donc $(2x-3)(2x+3) = 4x^2 - 9$.

QCM 2 Ensemble des solutions

énoncé p. 133

[a] OUI.

[b] NON. On doit donner la solution exacte. 2,33 est une approximation de la solution à 0,01 près.

[c] NON. Le principe est : « un produit de facteurs est nul si et seulement si l'un au moins des facteurs est nul ». Les solutions sont donc 5 et $-\frac{1}{2}$.

[d] OUI. Les solutions sont $\sqrt{8}$ et $-\sqrt{8}$. On remarque : $\sqrt{8} = 2\sqrt{2}$.

QCM 3 Inéquations

énoncé p. 133

[a] NON. Si x est négatif, il faut changer le sens de l'inégalité...

[b] NON. En ajoutant $x - 5$ aux deux membres, on obtient $x > -2$ et non $x > 2$.

[c] NON. Par exemple, $-3 < 2$ mais $\frac{1}{-3} < \frac{1}{2}$. Les inégalités changent de sens en passant à l'inverse *si les deux membres ont le même signe !*

[d] OUI. Quelles que soient les valeurs de x, $(x^2+2) > 0$ et $2 > 0$, donc les deux inéquations ont les même solutions que $x - 1 > 0$.

[e] NON. En prenant la racine carrée des deux membres d'une inégalité, on obtient une inégalité équivalente et de même sens. Cependant, la racine carrée de $(x-3)^2$ doit être positive. Il s'agit donc de $|x-3|$, et non de $x - 3$ en général. Par exemple, pour $x = 0$, on a bien $(x-3)^2 \geq (2x+1)^2$ (car $9 \geq 1$) mais $x - 3 = -3$ et $2x + 1 = 1$, donc $x - 3 < 2x + 1$.

[f] NON, car on ne connaît pas les signes de $x-2$ et de $x+3$. On constate par exemple que 0 est solution de la première inéquation mais pas de la seconde.

QCM 4 Étude graphique

énoncé p. 133

[a] FAUX. Les deux courbes se coupent en deux points exactement, d'abscisses -2 et 2. $[-2; 2]$ est un intervalle, qui contient *tous* les réels entre -2 et 2.

COURS EXERCICES CORRIGÉS

b OUI.

c NON. Au contraire, sur cet intervalle, la courbe de g est strictement au-dessous de celle de f, on aura donc $f(x) > g(x)$.

d OUI. L'inégalité est large, il faut donc inclure -2 et $+2$.

5 Développement et factorisation

énoncé p. 134

Lycée Hoche, Versailles

1 On développe :

$$\begin{aligned}(3x+\sqrt{2})^3 &= (3x+\sqrt{2})^2 \times (3x+\sqrt{2})\\ &= (9x^2+6x\sqrt{2}+2)\times(3x+\sqrt{2})\\ &= 27x^3+9x^2\sqrt{2}+18x^2\sqrt{2}+12x+6x+2\sqrt{2}\\ &= 27x^3+27x^2\sqrt{2}+18x+2\sqrt{2}\end{aligned}$$

2 Posons $N = 875683$. On doit calculer $X = N^2 - (N+1)(N-1)$, ce qui donne facilement :

$$X = N^2 - (N^2 - 1) = 1$$

3 Le facteur commun $(2x-3)$ apparaît dans E :

$$\begin{aligned}E &= (2x-3)^2 + (3-2x)(x-1) - 6 + 4x\\ &= (2x-3)^2 - (2x-3)(x-1) + 2(2x-3)\\ &= (2x-3)[(2x-3)-(x-1)+2]\\ &= (2x-3)(2x-3-x+1+2)\\ &= (2x-3)x\end{aligned}$$

F est la différence de deux carrés :

$$\begin{aligned}F &= (a+2)^2 - 4(5a-3)^2\\ &= (a+2)^2 - [2(5a-3)]^2\\ &= [(a+2)-2(5a-3)][(a+2)+2(5a-3)]\\ &= (-9a+8)(11a-4)\end{aligned}$$

G est également la différence de deux carrés :

$$G = a^4 - 1 = (a^2-1)(a^2+1) = (a-1)(a+1)(a^2+1)$$

6 Inéquations

énoncé p. 134

Lycée Colbert, Paris

1 On réduit au même dénominateur :

$$\frac{-3}{1+x} \geq 3 \Leftrightarrow \frac{-3}{1+x} \geq \frac{3(1+x)}{1+x}$$
$$\Leftrightarrow \frac{-3-3(1+x)}{1+x} \geq 0$$
$$\Leftrightarrow \frac{-3(1+1+x)}{1+x} \geq 0$$
$$\Leftrightarrow \frac{-3(2+x)}{1+x} \geq 0$$

On dresse un tableau de signes :

x	$+\infty$		-2		-1		$+\infty$
$2+x$		$-$	0	$+$	|	$+$	
$-3(2+x)$		$+$	0	$-$	|	$-$	
$x+1$		$-$	|	$-$	0	$+$	
$\frac{-3(2+x)}{x+1}$		$-$	0	$+$	||	$-$	

D'après le tableau, l'ensemble des solutions est donc :

$$S = [-2, -1[$$

On retrouve graphiquement ce résultat en plaçant sur la figure la droite d'équation $y = 3$. Les solutions sont les abscisses des points de $(\mathcal{C})$ qui sont situés au-dessus de cette droite (voir figure à la fin du corrigé). Il s'agit effectivement des points d'abscisses comprises entre -2 et -1 (on exclut -1 car f n'est pas définie en -1).

2 Sur la figure, on représente les droites horizontales $y = 1$ et $y = -1$. On cherche les abscisses des points de $(\mathcal{C})$ qui sont dans la bande délimitée par ces deux droites. On lit l'ensemble des solutions sur la figure :

$$S =]-\infty; -4[\cup]2; +\infty[$$

3 On cherche les abscisses des points de la courbe qui sont au-dessus de la droite d'équation $y = 1 - x$. On lit sur le dessin l'ensemble des solutions :

$$S = [-2; -1] \cup [2; +\infty[$$

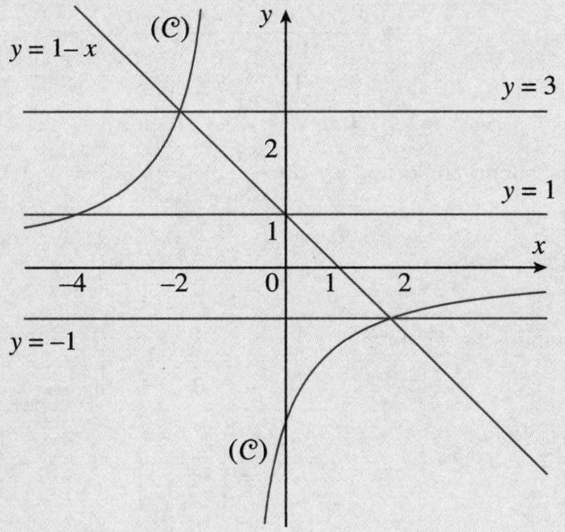

7 Inéquations

énoncé *p. 135*

Lycée Montesquieu, Le Mans

1 On commence par factoriser l'expression :

$$\begin{aligned}(x+6)(x-3)-2x+6 \geq 0 &\Leftrightarrow (x+6)(x-3)-2(x-3) \geq 0\\ &\Leftrightarrow (x-3)[(x+6)-2] \geq 0\\ &\Leftrightarrow (x-3)(x+4) \geq 0\end{aligned}$$

On utilise un tableau de signes :

x	$-\infty$		-4		3		$+\infty$
$x+4$		$-$	0	$+$	|	$+$	
$x-3$		$-$	|	$-$	0	$+$	
$(x-3)(x+4)$	|	$+$	0	$-$	0	$+$	

On conclut :

$$S =]-\infty; -4] \cup [3; +\infty[$$

2 On remarque qu'il faudra exclure la valeur 1 (à cause du dénominateur). Surtout pas de produits en croix, il faut réduire au même dénominateur puis rassembler l'expression dans le même membre :

$$\begin{aligned}\frac{x+3}{1-x} \geq 2 &\Leftrightarrow \frac{x+3}{1-x} \geq \frac{2(1-x)}{(1-x)}\\ &\Leftrightarrow \frac{x+3}{1-x} - \frac{2(1-x)}{(1-x)} \geq 0\\ &\Leftrightarrow \frac{(x+3)-2(1-x)}{1-x} \geq 0\end{aligned}$$

suite page suivante

$$\Leftrightarrow \frac{x+3-2+2x}{1-x} \geq 0$$

$$\Leftrightarrow \frac{3x+1}{1-x} \geq 0$$

Les valeurs importantes sont $\frac{-1}{3}$ et 1, on utilise un tableau de signes :

x	$-\infty$		$\frac{-1}{3}$		1		$+\infty$
$3x+1$		$-$	0	$+$	|	$+$	
$1-x$		$+$	|	$+$	0	$-$	
$\frac{3x+1}{1-x}$		$-$	0	$+$	||	$-$	

On obtient :

$$S = \left[\frac{-1}{3}, 1\right[$$

3 Ici, pas de calcul à faire : quel que soit le réel x, son carré x^2 est positif, donc $25x^2 + 4 \geq 0$. L'ensemble des solutions est donc $\mathbb{R}$.

4 On reconnaît un produit remarquable :

$$25x^2 - 4 = (5x-2)(5x+2)$$

Cette expression s'annule en $\frac{2}{5}$ et $\frac{-2}{5}$, d'où le tableau de signes :

x	$-\infty$		$\frac{-2}{5}$		$\frac{2}{5}$		$+\infty$
$5x-2$		$-$	|	$-$	0	$+$	
$5x+2$		$-$	0	$+$	|	$+$	
$25x^2-4$		$+$	0	$-$	0	$+$	

D'où :

$$S = \left]-\infty; -\frac{2}{5}\right] \cup [\frac{2}{5}; +\infty[$$

8 Inéquations

énoncé p. 136

Lycée Auguste Renoir, Cagnes-sur-Mer

1 Il suffit de développer :

$$4-(x-1)^2 = 4-(x^2-2x+1) = 4-x^2+2x-1 = -x^2+2x+3$$

On reconnaît dans $f(x) = 4-(x-1)^2$ la différence de deux carrés, ce qui permet de factoriser :

$$f(x) = (2-(x-1))(2+(x-1)$$
$$= (3-x)(1+x)$$

On peut dresser un tableau de signe :

x	$-\infty$		-1		3		$+\infty$
$x+1$		$-$	0	$+$	$\vert$	$+$	
$3-x$		$+$	$\vert$	$+$	0	$-$	
$(3-x)(x+1)$		$-$	0	$+$	0	$-$	

On conclut :

$$S =]-1, 3[$$

2 Pour résoudre graphiquement l'inéquation, on fait apparaître sur la figure les points d'ordonnée strictement positive. Leurs abscisses sont les solutions de l'inéquation.

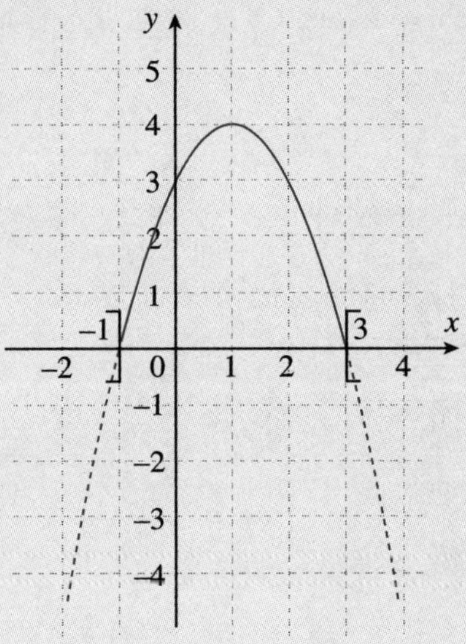

On retrouve bien l'intervalle $]-1, 3[$.

9 Inéquations

énoncé p. 136

Lycée Descartes, Antony

1 Les deux membres étant constitués de sommes et de produits, pas de problème de définition : le domaine est $\mathbb{R}$. Il y a un x^3, il faut être prudent. Vue la façon dont sont disposés les deux membres de l'inéquation, il faut penser à factoriser chacun d'entre eux :

$$x^2(x-1) \geq 4(x-1)$$

On passe tout dans le même membre, et on obtient :

$$x^2(x-1) - 4(x-1) \geq 0$$
$$(x-1)(x^2-4) \geq 0$$
$$(x-1)(x-2)(x+2) \geq 0$$

On dresse un tableau de signes :

x	$-\infty$		-2		1		2		$+\infty$
$x-1$		$-$	|	$-$	0	$+$	|	$+$	
$x-2$		$-$	|	$-$	|	$-$	0	$+$	
$x+2$		$-$	0	$+$	|	$+$	|	$+$	
produit		$-$	0	$+$	0	$-$	0	$+$	

On en déduit :

$$S = [-2; 1] \cup [2; +\infty[$$

2 Il faut ôter de l'ensemble de définition les valeurs qui annulent le dénominateur. Factorisons celui-ci : $x^2 - 1 = (x-1)(x+1)$. L'inéquation est donc définie sur $\mathbb{R} - \{-1; 1\}$. Il ne reste qu'à étudier le signe de $\dfrac{x+2}{(x-1)(x+1)}$:

x	$-\infty$		-2		-1		1		$+\infty$
$x-1$		$-$	|	$-$	|	$-$	0	$+$	
$x+1$		$-$	|	$-$	0	$+$	|	$+$	
$x+2$		$-$	0	$+$	|	$+$	|	$+$	
$\dfrac{x+2}{(x-1)(x+1)}$		$-$	0	$+$	||	$-$	||	$+$	

On en déduit :

$$S =]-\infty; -2[\cup]-1; 1[$$

3 On passe $16x$ à gauche et on factorise :

$$x^2 - 16x \geq 0 \Leftrightarrow x(x-16) \geq 0$$

En s'aidant au besoin d'un tableau de signes, on obtient :

$$S =]-\infty; 0] \cup [16; +\infty[$$

10 Inéquations

énoncé p. 137

Lycée Carnot, Dijon

Pour résoudre cette inéquation, on passe tout dans le même membre et on factorise :

$$(2x+5)^2 - (3x+2)^2 \leq 0$$
$$\Big((2x+5)+(3x+2)\Big)\Big((2x+5)-(3x+2)\Big) \leq 0$$
$$(5x+7)(-x+3) \leq 0$$

Dressons un tableau de signes :

x	$-\infty$ $\quad -\frac{7}{5} \quad$ 3 $\quad +\infty$
$5x+7$	$-$ $\;0\;$ $+$ $\;|\;$ $+$
$-x+3$	$+$ $\;|\;$ $+$ $\;0\;$ $-$
$(5x+7)(-x+3)$	$-$ $\;0\;$ $+$ $\;0\;$ $-$

On en déduit :

$$S = \left]-\infty; -\frac{7}{5}\right] \cup [3; +\infty[$$

11 Inéquations

énoncé p. 137

Lycée Saint-Jean, Limoges

1

$$(2x+1)^2 - x^2 \geq 0$$
$$\big((2x+1)+x\big)\big((2x+1)-x\big) \geq 0$$
$$(3x+1)(x+1) \geq 0$$

Utilisez éventuellement un tableau de signes pour trouver :

$$S =]-\infty, -1] \cup [-\frac{1}{3}, +\infty[$$

2 Piège ! ! ! Il s'agit en fait du développement du produit remarquable :

$$[(3x+2) - (x+1)]^2$$

C'est un carré, il n'est donc négatif (au sens large) que lorsqu'il vaut zéro. D'où :

$$(3x+2) - (x+1) = 0 \Leftrightarrow 2x+1 = 0 \Leftrightarrow x = -\frac{1}{2}$$

Conclusion : $S = \left\{-\frac{1}{2}\right\}$.

12 Inéquations

énoncé p. 137

Lycée Camille Claudel, Troyes

1 **(a)**

x	0,1	0,2	0,3	0,4	0,5	0,6	0,7	0,8	0,9	1
$f(x)$	10	5	3,33	2,5	2	1,67	1,43	1,25	1,11	1

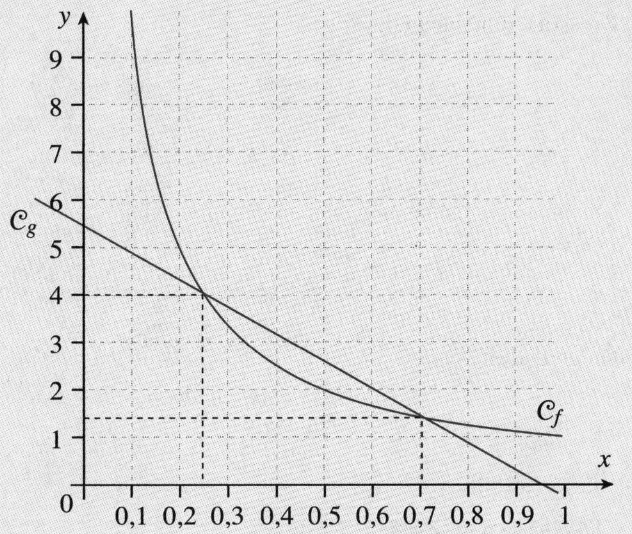

(b)

(c) Ne vous laissez pas éblouir par tous ces radicaux. g est une simple fonction... affine, de la forme $g(x) = ax + b$.

Ici $a = -\frac{8}{\sqrt{2}}$ et $b = 4 + \sqrt{2}$. Comme le coefficient directeur a est strictement négatif, la fonction g est strictement décroissante. Sa courbe représentative $\mathcal{C}_g$ est une droite (c'est pour cela que l'on vous demande de calculer seulement trois points ; en fait, deux suffiraient).

(d)

x	0	0,25	0,5
$g(x)$	$4 + \sqrt{2} \simeq 5{,}41$	4	$4 - \sqrt{2} \simeq 2{,}59$

(e) Les courbes $\mathcal{C}_f$ et $\mathcal{C}_g$ se coupent en deux points. Le premier a visiblement pour ordonnée 4. Son abscisse se trouve dans le tableau de valeurs de g : elle vaut 0,25. (On peut se contenter de lire cette abscisse sur le graphique).

Le deuxième point d'intersection a pour abscisse 0,7 (l'ordonnée n'a pas d'importance). Si vous avez fait un dessin très précis, vous pouvez vous rendre compte que l'abscisse de ce point d'intersection est très légèrement plus grande que 0,7. Mais ne trichez pas (le calcul exact est fait à la fin de l'exercice) !

La lecture graphique donne 0,25 et 0,7 comme abscisses pour les points d'intersection.

La courbe $\mathcal{C}_f$ passe en-dessous de la droite $\mathcal{C}_g$ *entre* ces deux points. On obtient pour ensemble des solutions de $g(x) > f(x)$:

$$S =]0{,}25\,;\;0{,}7[$$

2 **(a)** On calcule :

$$\begin{aligned} g(x) > f(x) &\Leftrightarrow -\frac{8}{\sqrt{2}}x + 4 + \sqrt{2} > \frac{1}{x} \\ &\Leftrightarrow \frac{-8x + 4\sqrt{2} + 2}{\sqrt{2}} - \frac{1}{x} > 0 \\ &\Leftrightarrow \frac{-8x^2 + 4x\sqrt{2} + 2x}{x\sqrt{2}} - \frac{\sqrt{2}}{x\sqrt{2}} > 0 \\ &\Leftrightarrow \frac{-8x^2 + 4x\sqrt{2} + 2x - \sqrt{2}}{x\sqrt{2}} > 0 \\ &\Leftrightarrow \frac{-8x^2 + 2x(2\sqrt{2} + 1) - \sqrt{2}}{x\sqrt{2}} > 0 \\ &\Leftrightarrow \frac{8x^2 - 2x(2\sqrt{2} + 1) + \sqrt{2}}{x\sqrt{2}} < 0 \end{aligned}$$

(b) On développe :

$$\begin{aligned} P(x) &= -8(x - \frac{1}{4})(\frac{\sqrt{2}}{2} - x) \\ &= (-8x + 2)(\frac{\sqrt{2}}{2} - x) \\ &= 8x^2 - 8x\frac{\sqrt{2}}{2} + \sqrt{2} - 2x \\ &= 8x^2 - 4x\sqrt{2} - 2x + \sqrt{2} \end{aligned}$$

On reconnaît dans :

$$P(x) = 8x^2 - 2x(2\sqrt{2} + 1) + \sqrt{2}$$

le numérateur de :

$$\frac{8x^2 - 2x(2\sqrt{2} + 1) + \sqrt{2}}{x\sqrt{2}}$$

(c) L'inéquation $g(x) > f(x)$ devient donc :

$$\frac{-8(x - \frac{1}{4})(\frac{\sqrt{2}}{2} - x)}{x\sqrt{2}} < 0$$

Ne perdons pas de vue que cette inéquation est à résoudre sur]0, 1]. On a donc $x\sqrt{2} > 0$, et on peut simplifier l'inéquation en :

$$-8(x - \frac{1}{4})(\frac{\sqrt{2}}{2} - x) < 0$$

L'expression s'annule pour $x = \frac{1}{4}$ et $x = \frac{\sqrt{2}}{2}$.
Il s'agit des abscisses des points d'intersection de $\mathcal{C}_f$ et $\mathcal{C}_g$:
$\frac{1}{4} = 0{,}25$ et $\frac{\sqrt{2}}{2} \simeq 0{,}71$.

CORRIGÉS

On dresse un tableau de signes :

x	0 $\qquad$ $\frac{1}{4}$ $\qquad$ $\frac{\sqrt{2}}{2}$ $\qquad$ 1
$-8(x-\frac{1}{4})$	$+$ $\quad 0 \quad$ $-$ $\quad\vert\quad$ $-$
$\frac{\sqrt{2}}{2}-x$	$\vert$ $\quad +$ $\quad\quad$ $+$ $\quad 0 \quad$ $-$
$P(x)$	$+$ $\quad 0 \quad$ $-$ $\quad 0 \quad$ $+$

D'après le tableau :

$$S = \left]\frac{1}{4}, \frac{\sqrt{2}}{2}\right[$$

13 Équations

énoncé p. 138

Lycée Paul Lapie, Courbevoie

1 On détermine sur la figure les points d'ordonnées 4, 2 ou -1.

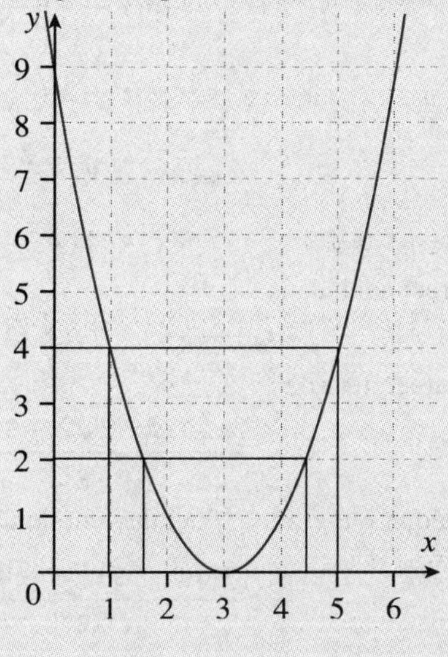

(a) Il y a deux points d'ordonnée 4, d'abscisses : 1 et 5.

(b) Il y a deux points d'ordonnée 2. L'un a une abcisse comprise entre 1 et 2, l'autre a une abscisse comprise entre 4 et 5.

(c) Aucun point de la courbe n'a une ordonnée négative.

2 **(a)**

$$\begin{aligned}(x-3)^2 = 4 &\Leftrightarrow (x-3)^2 - 4 = 0\\ &\Leftrightarrow (x-3)^2 - 2^2 = 0\\ &\Leftrightarrow (x-3-2)(x-3+2) = 0\\ &\Leftrightarrow (x-5)(x-1) = 0\end{aligned}$$

On a donc deux solutions :

$$S = \{1; 5\}$$

(b) De la même façon :

$$\begin{aligned}(x-3)^2 = 2 &\Leftrightarrow (x-3)^2 - 2 = 0\\ &\Leftrightarrow (x-3)^2 - \sqrt{2}^2 = 0\\ &\Leftrightarrow (x-3-\sqrt{2})(x-3+\sqrt{2}) = 0\end{aligned}$$

D'où :

$$S = \{3-\sqrt{2}, 3+\sqrt{2}\}$$

(c) Un carré étant toujours positif ou nul, l'équation :

$$(x-3)^2 = -1$$

n'a pas de solution et $S = \emptyset$.

14 Inéquations

énoncé p. 139

Lycée Jacques Monod, Clamart

1 Pour vérifier le signe d'un produit, on peut utiliser un tableau de signes :

x	$+\infty$		-1		$\frac{3}{2}$		$+\infty$
$x+1$		$-$	0	$+$	|	$+$	
$3-2x$		$+$	|	$+$	0	$-$	
$(x+1)(3-2x)$		$-$	0	$+$	0	$-$	

On lit dans le tableau l'ensemble des solutions de $(x+1)(3-2x) < 0$:

$$S =]-\infty, -1[\cup \left]\frac{3}{2}, +\infty\right[$$

Résolution de $(x+1)(2x-1) > x^2 - 1$.

Rappelez-vous le grand principe : ne jamais développer, à moins de ne pas pouvoir faire autrement.

Ici, le produit remarquable $x^2 - 1 = (x - 1)(x + 1)$ vous tend les bras, et il n'y a plus qu'à factoriser par $(x + 1)$:

$$\begin{aligned}(x + 1)(2 - x) > (x - 1)(x + 1)\\ \Leftrightarrow (x + 1)(2 - x) - (x - 1)(x + 1) > 0\\ \Leftrightarrow (x + 1)(3 - 2x) > 0\end{aligned}$$

Ça devrait vous rappeler quelque chose... D'après le tableau de signes ci-dessus, l'ensemble des solutions est :

$$S' = \left]-1, \frac{3}{2}\right[$$

2 On résout, non sur $\mathbb{R}$, mais sur $\mathbb{R}\setminus\left\{\frac{1}{5}\right\}$ à cause du dénominateur. Si vous avez envie d'effectuer des « produits en croix », résistez à vos pulsions : vous ne connaissez pas le signe du dénominateur, et donc on ne sait pas ce qui arrivera au sens de l'inégalité après multiplication (en fait, on peut faire une discussion, mais c'est assez lourd). La meilleure méthode est une réduction au même dénominateur :

$$\begin{aligned}\frac{2x-7}{1-5x} < 3 &\Leftrightarrow \frac{2x-7}{1-5x} < \frac{3-15x}{1-5x}\\ &\Leftrightarrow \frac{2x-7}{1-5x} - \frac{3-15x}{1-5x} < 0\\ &\Leftrightarrow \frac{(2x-7)-(3-15x)}{1-5x} < 0\\ &\Leftrightarrow \frac{17x-10}{1-5x} < 0\end{aligned}$$

On dresse un tableau de signes. Pour connaître l'ordre des valeurs importantes : $\frac{10}{17}$ et $\frac{1}{5}$, vous pouvez vous référer à votre machine, ou (mieux !), utiliser les produits en croix (ici, vous connaissez les signes) :

$$5 \times 10 > 17 \text{ donc } \frac{10}{17} > \frac{1}{5}$$

Voici le tableau de signes :

x	$+\infty$		$\frac{1}{5}$		$\frac{10}{17}$		$+\infty$
$17x - 10$		$-$	|	$-$	0	$+$	
$1 - 5x$		$+$	0	$-$	|	$-$	
$\frac{17x-10}{1-5x}$		$-$	||	$+$	0	$-$	

L'ensemble des solutions est donc :

$$S = \left]-\infty, \frac{1}{5}\right[\cup \left]\frac{10}{17}, +\infty\right[$$

15 Équations

énoncé p. 139

Lycée Foch, Rodez

1 Il suffit de développer l'expression :

$$(3x+4)(5x-3) = 15x^2 - 9x + 20x - 12 = 15x^2 + 11x - 12 = f(x)$$

2 **(a)** $f(x) = 0 \Leftrightarrow (3x+4)(5x-3) = 0$. Un produit de facteurs est nul si et seulement si l'un des facteurs est nul, donc $3x+4=0$ ou $5x-3=0$. On obtient les deux solutions :

$$S = \left\{\frac{-4}{3}, \frac{3}{5}\right\}$$

(b) $f(x) = 15x^2 \Leftrightarrow 15x^2 + 11x - 12 = 15x^2 \Leftrightarrow 11x - 12 = 0$. D'où une seule solution :

$$S = \left\{\frac{12}{11}\right\}$$

(c)

$$\begin{aligned} f(x) = -12 \Leftrightarrow 15x^2 + 11x - 12 = -12 &\Leftrightarrow 15x^2 + 11x = 0 \\ &\Leftrightarrow x(15x+11) = 0 \end{aligned}$$

Un produit est nul si et seulement si l'un des facteurs est nul, d'où $x = 0$ ou $15x + 11 = 0$. Il vient :

$$S = \left\{0, \frac{-11}{15}\right\}$$

(d) On reconnaît la présence de $5x - 3$ des deux côtés du signe égale, il faut donc factoriser par $5x - 3$:

$$\begin{aligned} f(x) = 5x - 3 &\Leftrightarrow (3x+4)(5x-3) = 5x - 3 \\ &\Leftrightarrow (3x+4)(5x-3) - (5x-3) = 0 \\ &\Leftrightarrow (5x-3)[(3x+4) - 1] = 0 \\ &\Leftrightarrow (5x-3)(3x+3) = 0 \\ &\Leftrightarrow 3(5x-3)(x+1) = 0 \end{aligned}$$

Là encore, on utilise le résultat sur les produits nuls, ce qui donne $5x - 3 = 0$ ou $x + 1 = 0$. Il vient :

$$S = \left\{-1, \frac{3}{5}\right\}$$

(e)

$$\begin{aligned} f(x) = 14x^2 + 11x + 4 &\Leftrightarrow 15x^2 + 11x - 12 = 14x^2 + 11x + 4 \\ &\Leftrightarrow x^2 - 16 = 0 \\ &\Leftrightarrow (x-4)(x+4) = 0 \text{ (produit remarquable)} \end{aligned}$$

L'ensemble des solutions est donc :

$$S = \{-4, +4\}$$

16 Factorisation

énoncé p. 139

Lycée Chateaubriand, Rennes

1

$$\begin{aligned}f(x) &= 3(x-2)(x^2+1)-(6x^2-5)(x-2)\\ &= (x-2)[3(x^2+1)-(6x^2-5)]\\ &= (x-2)[3x^2+3-6x^2+5]\\ &= (x-2)[-3x^2+8]\\ &= (x-2)(\sqrt{8}-x\sqrt{3})(\sqrt{8}+x\sqrt{3})\end{aligned}$$

2

$$16a^4-9=(4a^2-3)(4a^2+3)=(2a-\sqrt{3})(2a+\sqrt{3})(4a^2+3)$$

3 On utilise le produit remarquable : $x^2-2x+1=(x-1)^2$. Il vient :

$$\begin{aligned}f(x) &= x^2-2x+1-7(x-1)+(x+2)(1-x)\\ &= (x-1)^2-7(x-1)+(x+2)(1-x)\\ &= (x-1)[(x-1)-7-(x+2)]\\ &= (x-1)[x-1-7-x-2]\\ &= -10(x-1)\end{aligned}$$

Remarque

Bizarrement, on obtient le même résultat en développant :

$f(x)=x^2-2x+1-7x+7+x+2-x^2-2x=-10x+10=-10(x-1)$

Mais c'est exceptionnel ! Ça marche seulement parce que les coefficients des x^2 se compensent. Le simple développement échoue, par exemple, si on modifie un peu la formule, par exemple :

$$x^2-2x+1-7(x-1)+(3x+2)(1-x)=-2x^2-8x+10=??$$

Alors que la factorisation par $(x-1)$ donne :

$$x^2-2x+1-7(x-1)-(3x+2)(x-1)=-2(x-1)(5+x)$$

4 Pour ne pas tomber dans le piège, il faut se souvenir de $(ab)^2=a^2b^2$. Comme $6x-3=3(2x-1)$, on aura $(6x-3)^2=9(2x-1)^2$ (et non pas $3(2x-1)^2$!). Les calculs donnent :

$$\begin{aligned}f(x) &= (6x-3)^2-(2x-1)\\ &= 9(2x-1)^2-(2x-1)\\ &= (2x-1)[9(2x-1)-1]\\ &= (2x-1)(18x-9-1)\\ &= (2x-1)(18x-10)\\ &= 2(2x-1)(9x-5)\end{aligned}$$

17 Équations

énoncé p. 140

Lycée Victor Duruy, Paris

1 **(a)** Avec le tarif A, 8 km coûtent :

$$5 + 8 \times 0{,}40 = 5 + 3{,}20 = 8{,}20\ €$$

Avec le tarif B, le même trajet revient à : $8 \times 0{,}60 = 4{,}80$ €. Il vaut donc mieux utiliser le taxi B.

(b) Pour 30 km, le tarif A coûte :

$$5 + 30 \times 0{,}40 = 5 + 12 = 17\ €$$

alors que le tarif B revient à : $30 \times 0{,}60 = 18$ €. Il vaut donc mieux prendre le taxi A.

2 Dans le cas général, pour x kilomètres, le tarif A revient à :

$$A(x) = 5 + 0{,}40x$$

et le tarif B :

$$B(x) = 0{,}60x$$

3 **(a)** Il s'agit de deux fonctions affines (la seconde est même linéaire), donc $\mathcal{D}_A$ et $\mathcal{D}_B$ sont deux droites. D'après nos calculs, $\mathcal{D}_A$ passe par le point de coordonnées (30, 17) et, par exemple (0, 5) ; $\mathcal{D}_B$ passe par le point de coordonnées (30, 18) et (0, 0). On obtient la représentation :

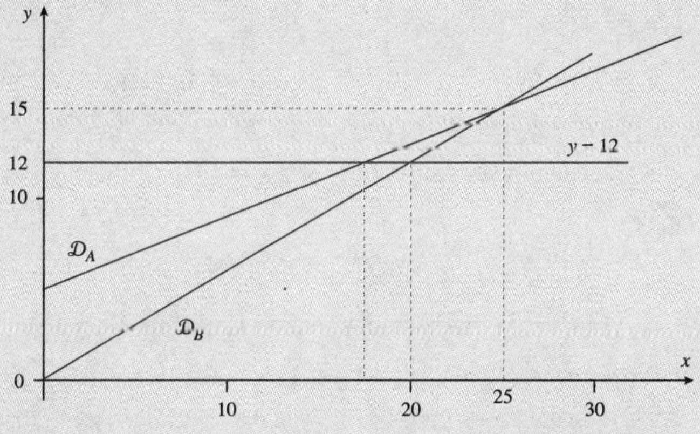

(b) Les coordonnées de l'intersection sont données par le système :

$$\begin{cases} y = 5 + 0{,}40.x \\ y = 0{,}60.x \end{cases} \Leftrightarrow \begin{cases} 0{,}60.x = 5 + 0{,}40.x \\ y = 0{,}60.x \end{cases}$$

$$\Leftrightarrow \begin{cases} 0{,}20x = 5 \\ y = 0{,}60.x \end{cases}$$

$$\Leftrightarrow \begin{cases} x = \dfrac{5}{0{,}20} = 25 \\ y = 0{,}60 \times 25 = 15 \end{cases}$$

Pour 25 km, les deux tarifs sont équivalents (on paiera 15 € dans les deux cas).

4 **(a)** À droite du point d'intersection (c'est-à-dire pour des trajets de plus de 25 km), la droite $\mathcal{D}_A$ est en-dessous de la droite $\mathcal{D}_B$, le taxi A est donc moins cher.

(b) On utilise la droite horizontale, d'équation $y = 12$ pour lire sur le graphique, pour chaque tarif, les distances correspondant à 12 €. La droite horizontale coupe $\mathcal{D}_A$ à gauche du point où elle coupe $\mathcal{D}_B$. On parcourt donc plus de kilomètres avec le tarif B. D'après le graphique, le tarif B permet de parcourir 20 kilomètres. C'est moins de 25 : on est bien dans le domaine où le tarif B est moins cher (plus de kilomètres pour le même prix).

18 Équations

énoncé p. 140

Lycée Blaise Pascal, Orsay

1

$$\begin{aligned}\frac{5x+3}{4} - \frac{x-9}{3} &= \frac{x}{2} + 5\\ \frac{15x+9}{12} - \frac{4x-36}{12} &= \frac{6x}{12} + \frac{60}{12}\\ 15x + 9 - 4x + 36 &= 6x + 60\\ 5x &= 15\\ x &= 3\end{aligned}$$

L'ensemble des solutions est : $S = \{3\}$.

2

$$\begin{aligned}(4x^2 - 3x - 18)^2 - (4x^2 + 3x)^2 &= 0\\ \Big((4x^2 - 3x - 18) + (4x^2 + 3x)\Big)\Big((4x^2 - 3x - 18) - (4x^2 + 3x)\Big) &= 0\\ (4x^2 - 3x - 18 + 4x^2 + 3x)(4x^2 - 3x - 18 - 4x^2 - 3x) &= 0\\ (8x^2 - 18)(-6x - 18) &= 0\\ 2(4x^2 - 9)(-6)(x + 3) &= 0\\ (-12)(2x - 3)(2x + 3)(x + 3) &= 0\end{aligned}$$

Un produit de facteurs est nul quand l'un des facteurs est nul. On obtient l'ensemble de solutions :

$$S = \left\{-3, -\frac{3}{2}, \frac{3}{2}\right\}$$

3 Il faut déjà remarquer que les valeurs 4 et 5, qui annulent les dénominateurs, ne sont pas autorisées...

$$\begin{aligned}\frac{x-4}{x-5}+\frac{x-6}{x-4}=2-\frac{2}{x-4} \Rightarrow \frac{x-4}{x-5} &= -\frac{x-6}{x-4}+2-\frac{2}{x-4}\\ &= -\frac{x-6}{x-4}+\frac{2x-8}{x-4}-\frac{2}{x-4}\\ &= \frac{-x+6+2x-8-2}{x-4}\\ &= \frac{x-4}{x-4}\\ &= 1\\ \Rightarrow x-4 &= x-5\\ \Rightarrow -4 &= -5\end{aligned}$$

Ceci ne peut visiblement pas être vrai, il n'y a pas de solution : $S = \emptyset$

19 Inéquations

énoncé p. 140

Lycée Stanislas, Paris

1

$$\begin{aligned}x^2+5x+9 &< (x-1)x+12\\ x^2+5x+9 &< x^2-x+12\\ 5x+x &< 12-9\\ 6x &< 3\\ x &< \frac{1}{2}\end{aligned}$$

L'ensemble des solutions est donc : $S =]-\infty; \frac{1}{2}[$

2 Il faut d'abord résoudre chaque partie de l'inéquation indépendamment, après avoir remarqué que la valeur 5 n'est pas autorisée.

$$\begin{aligned}2 < \frac{x-3}{x-5} &\Leftrightarrow \frac{2x-10}{x-5} < \frac{x-3}{x-5}\\ &\Leftrightarrow \frac{2x-10}{x-5} - \frac{x-3}{x-5} < 0\\ &\Leftrightarrow \frac{2x-10-x+3}{x-5} < 0\\ &\Leftrightarrow \frac{x-7}{x-5} < 0\end{aligned}$$

On construit un tableau de signes :

x	$-\infty$		5		7		$+\infty$
$x-7$		$-$	|	$-$	0	$+$	
$x-5$		$-$	0	$+$	|	$+$	
$\dfrac{x-7}{x-5}$		$+$	‖	$-$	0	$+$	

La première inégalité n'est donc vérifiée que si : $5 < x < 7$.

$$\begin{aligned}\frac{x-3}{x-5} < 3 &\Leftrightarrow \frac{x-3}{x-5} < \frac{3x-15}{x-5}\\ &\Leftrightarrow 0 < \frac{3x-15}{x-5} - \frac{x-3}{x-5}\\ &\Leftrightarrow 0 < \frac{3x-15-x+3}{x-5}\\ &\Leftrightarrow 0 < \frac{2x-12}{x-5}\\ &\Leftrightarrow 0 < \frac{x-6}{x-5}\end{aligned}$$

Là encore, on a le tableau de signes suivant :

x	$-\infty$		5		6		$+\infty$
$x-6$		$-$	|	$-$	0	$+$	
$x-5$		$-$	0	$+$	|	$+$	
$\dfrac{x-6}{x-5}$		$+$	‖	$-$	0	$+$	

La deuxième inégalité n'est vérifiée que si : $x < 5$ ou $x > 6$

Les deux inégalités ne sont donc vérifiées en même temps que si $x > 6$ et $x < 7$, donc l'ensemble des solutions est :

$$S =]6; 7[$$

20 Inéquations

énoncé p. 141

Lycée Évariste Galois, Sartrouville

1

$$\frac{3x+1}{4} > \frac{5x+1}{6} \Leftrightarrow \frac{3x+1}{2} > \frac{5x+1}{3}$$
$$\Leftrightarrow 9x+3 > 10x+2$$
(en effectuant les produits en croix)
$$\Leftrightarrow 1 > x$$

D'où $S =]-\infty, 1[$.

2 Un carré, positif, ne peut jamais être plus petit que -1, il n'y a donc pas de solution. $S = \emptyset$.

3 On développe :

$$2x - 2 - 3x - 3 > 4x - 8$$
$$2x - 3x - 4x > 2 + 3 - 8$$
$$-5x > -3$$
$$x < \frac{3}{5}$$

D'où $S = \left]-\infty, \frac{3}{5}\right[$

4 $(-2x-3)^4$ est toujours positif. S'il n'est pas nul, il faut que x soit positif pour que le produit $x(-2x-3)^4$ soit supérieur à 0. Si $(-2x-3)^4 = 0$, c'est que $-2x-3 = 0$, et donc $x = -\frac{3}{2}$. On obtient :

$$S = \left\{-\frac{3}{2}\right\} \cup [0, +\infty[$$

5 On réduit toutes les fractions au dénominateur 4 :

$$\frac{x-1}{4} - \frac{20}{4} \leq \frac{4x-6}{4} + \frac{3}{4}$$
$$x - 1 - 20 \leq 4x - 6 + 3$$
$$-21 + 6 - 3 \leq 4x - x$$
$$-18 \leq 3x$$
$$-6 \leq x$$

D'où : $S = [-6, +\infty[$.

21 Inéquations

énoncé p. 141

Lycée La Fontaine, Paris

1 Au vu des dénominateurs, l'ensemble de définition s'écrit : $D = \mathbb{R} - \{-1; 1\}$.

On résout :

$$\frac{x+1}{x-1} - \frac{x-1}{x+1} \leq 0 \Leftrightarrow \frac{(x+1)^2}{(x-1)(x+1)} - \frac{(x-1)^2}{(x-1)(x+1)} \leq 0$$

$$\Leftrightarrow \frac{(x+1)^2 - (x-1)^2}{(x-1)(x+1)} \leq 0$$

$$\Leftrightarrow \frac{[(x+1)-(x-1)][(x+1)+(x-1)]}{(x-1)(x+1)} \leq 0$$

$$\Leftrightarrow \frac{2.2x}{(x-1)(x+1)} \leq 0$$

$$\Leftrightarrow \frac{4x}{(x-1)(x+1)} \leq 0$$

Avec l'aide d'un tableau de signes :

x	$-\infty$		-1		0		1		$+\infty$
$4x$		$-$	|	$-$	0	$+$	|	$+$	
$x-1$		$-$	|	$-$	|	$-$	0	$+$	
$x+1$		$-$	0	$+$	|	$+$	|	$+$	
$\frac{4x}{(x-1)(x+1)}$		$-$	‖	$+$	0	$-$	‖	$+$	

On obtient pour cette première inéquation :

$$S_1 =]-\infty, -1[\cup[0, 1[$$

La seule solution dans $\mathbb{N}$ est 0. ($S'_1 = \{0\}$).

2 Pour la seconde inéquation un tableau de signes plus petit permet de trouver sans problème :

$$S_2 = [-4, 2]$$

Les seules solutions dans $\mathbb{N}$ sont 0, 1 et 2 :

$$S'_2 = \{0; 1; 2\}$$

22 Inéquations

énoncé p. 141

Lycée Murat, Issoire

1 $f(x) = x^2 + 2x\sqrt{3} + 3 - 5 = x^2 + 2x\sqrt{3} - 2$.

2 On reconnaît une expression du type $A^2 - B^2$:

$$f(x) = (x + \sqrt{3} + \sqrt{5})(x + \sqrt{3} - \sqrt{5})$$

3 On utilise la forme développée pour calculer :

- $f(\sqrt{2}) = 2 + 2\sqrt{6} - 2 = 2\sqrt{6}$.
- $f(0) = -2$.

La forme factorisée est plus adaptée pour calculer :

$$f(\sqrt{5} - \sqrt{3}) = (\sqrt{5} - \sqrt{3} + \sqrt{3} + \sqrt{5})(\sqrt{5} - \sqrt{3} + \sqrt{3} - \sqrt{5}) = 0$$

Enfin, la forme de l'énoncé permet de voir facilement :

$$f(-\sqrt{3}) = -5$$

4 On doit résoudre :

$$(x + \sqrt{3} + \sqrt{5})(x + \sqrt{3} - \sqrt{5}) = 0$$

Un produit s'annule lorsque l'un au moins des facteurs est nul, d'où deux solutions :

$$S = \{\sqrt{5} - \sqrt{3}; -\sqrt{5} - \sqrt{3}$$

5 On se sert de l'étude précédente pour dresser un tableau de signes. On note au passage que $-\sqrt{5} - \sqrt{3} < \sqrt{5} - \sqrt{3}$ (car $-\sqrt{5} < \sqrt{5}$).

x	$-\infty$		$-\sqrt{5} - \sqrt{3}$		$\sqrt{5} - \sqrt{3}$		$+\infty$
$x + \sqrt{3} + \sqrt{5}$		$-$	0	$+$	|	$+$	
$x + \sqrt{3} - \sqrt{5}$		$-$	|	$-$	0	$+$	
$f(x)$		$+$	0	$-$	0	$+$	

D'après le tableau :

$$S =]-\infty, -\sqrt{5} - \sqrt{3}] \cup [\sqrt{5} - \sqrt{3}, +\infty[$$

6 L'inéquation $(x + \sqrt{3})^2 - 5 \leq -5$ s'écrit :

$$(x + \sqrt{3})^2 \leq 0$$

Le carré d'un réel est toujours positif ou nul.
On ne peut avoir $(x + \sqrt{3})^2 \leq 0$ qu'à la seule condition : $(x + \sqrt{3})^2 = 0$.
D'où une solution unique :

$$S = \{-\sqrt{3}\}$$

7 S'il y a une solution x, on aurait $(x + \sqrt{3})^2 \leq -1$, ce qui est impossible (car un carré est toujours positif). D'où $S = \emptyset$.

23 Équations

énoncé p. 142

Lycée Lambert, Mulhouse

Insistons encore :

Méthode

Toute équation du premier degré se ramène à la forme $ax + b = 0$
Pour une équation du second degré, on rassemble tous les termes dans le même membre de l'équation et *on factorise*, pour se retrouver dans le cas d'un produit nul de facteurs du premier degré.

1 Si vous ne voyez pas de facteur commun, c'est normal, regardez mieux : il n'y a pas de x^2, il s'agit d'une simple équation du premier degré.
Il suffit donc de développer :

$$\begin{aligned}
7(2x+4) - 5(4x-3) = \frac{2}{5} - \frac{3x-5}{2} &\Leftrightarrow 14x + 28 - 20x + 15 = \frac{4}{10} - \frac{15x-25}{10} \\
&\Leftrightarrow -6x + 43 = \frac{29-15x}{10} \\
&\Leftrightarrow -60x + 430 = 29 - 15x \\
&\Leftrightarrow -45x = -401 \\
&\Leftrightarrow x = \frac{401}{45}
\end{aligned}$$

D'où l'ensemble des solutions :

$$S = \left\{\frac{401}{45}\right\}$$

2 Là non plus, pas de facteur commun évident, et pas de produit remarquable. Il faut se résoudre (la mort dans l'âme)... à développer :

$$\begin{aligned}
(3x-2)(2x-5) + 2(x-5)(7-3x) = 0 &\Leftrightarrow 6x^2 - 15x - 4x + 10 + (2x-10)(7-3x) = 0 \\
&\Leftrightarrow 6x^2 - 19x + 10 + 14x - 6x^2 - 70 + 30x \\
&\Leftrightarrow 25x - 60 = 0
\end{aligned}$$

On comprend mieux pourquoi il fallait développer. L'équation est en fait du premier degré (un peu camouflé, il est vrai). L'unique solution est :

$$\frac{60}{25} = \frac{12}{5}$$

D'où :

$$S = \left\{\frac{12}{5}\right\}$$

3 Décidément, pas de chance, toujours pas de facteur commun à l'horizon. Développons, pour voir :

$$(5x+3)(4x-2) = 2(x-9) \Leftrightarrow 20x^2 - 10x + 12x - 6 = 2x - 18$$
$$\Leftrightarrow 20x^2 + 12 = 0$$

Comme un carré est toujours positif, l'expression $20x^2 + 12$ ne vaut jamais zéro, il n'y a donc pas de solution :

$$S = \emptyset$$

Sur le graphique ci-contre, nous voyons les courbes représentatives des fonctions $x \mapsto (5x+3)(4x-2)$ (parabole) et $x \mapsto 2(x-9)$ (droite). On constate en effet que ces deux courbes n'ont pas de point d'intersection.

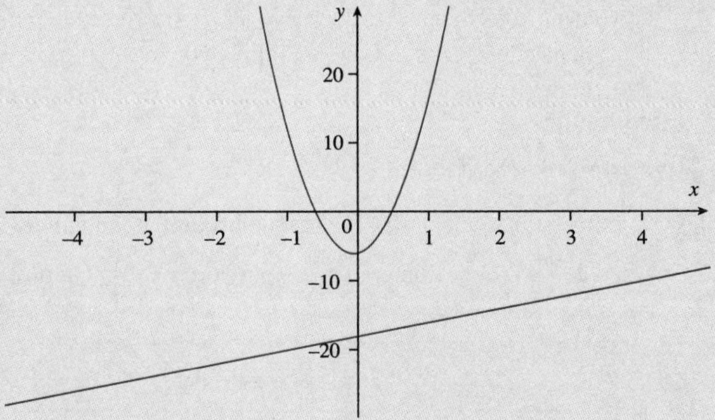

4 On rassemble tous les termes du même côté du signe = :

$$9(4x-1)^2 - (3x - \frac{1}{2})^2 = 0$$

Il faut reconnaître que $9(4x-1)^2$ est un carré. Comme $9 = 3^2$, on a :

$$9(4x-1)^2 = [3(4x-1)]^2 = (12x-3)^2$$

L'équation se ramène donc à :

$$(12x-3)^2 - (3x - \frac{1}{2})^2 = 0$$

Il s'agit de la différence de deux carrés, que l'on factorise :

$$(12x - 3 + 3x - \frac{1}{2})(12x - 3 - 3x + \frac{1}{2}) = 0$$

Ou encore :

$$(15x - \frac{7}{2})(9x - \frac{5}{2}) = 0$$

Ce produit est nul si et seulement si $15x - \frac{7}{2} = 0$ ou $9x - \frac{5}{2} = 0$. La première équation donne la solution $\frac{7}{30}$, la seconde $\frac{5}{18}$.

D'où les solutions :

$$S = \left\{\frac{7}{30}, \frac{5}{18}\right\}$$

5 Enfin une équation avec un beau facteur commun $(2 - x)$!

$$\begin{aligned}(2-x)(5x+3)+ & \\ (x-2)(3-x)-(2-x)=0 &\Leftrightarrow (2-x)[(5x+3)-(3-x)-1]=0\\ &\Leftrightarrow (2-x)(5x+3-3+x-1)=0\\ &\Leftrightarrow (2-x)(6x-1)=0\end{aligned}$$

On s'est une nouvelle fois ramené au cas d'un produit nul, les deux solutions sont 2 et $\frac{1}{6}$:

$$S = \left\{\frac{1}{6}; 2\right\}$$

24 Inéquations

énoncé p. 142

Lycée Jean-Baptiste Say, Paris

1 L'expression $(3x+1)(2-4x)$ est un produit, qui s'annule si $3x+1=0$ ou si $2-4x=0$, donc pour $x = -\frac{1}{3}$ ou $x = \frac{1}{2}$. On dresse un tableau de signes :

x	$-\infty$		$-\frac{1}{3}$		$\frac{1}{2}$		$+\infty$
$3x+1$		$-$	0	$+$	|	$+$	
$2-4x$		$+$	|	$+$	0	$-$	
$(3x+1)(2-4x)$		$-$	0	$+$	0	$-$	

D'après le tableau de signe, $(3x+1)(2-4x) \leq 0$ pour $x \leq -\frac{1}{3}$ et $x \geq 2$, d'où l'ensemble des solutions :

$$S =]-\infty, -\frac{1}{3}] \cup [2, +\infty[$$

2 On utilise la méthode habituelle : on rassemble tous les termes dans le même membre, et on résout :

$$0 < (3x+1)^2 - (\frac{1}{2}x - 7)^2$$

Le membre de droite est la différence de deux carrés, on factorise :

$$0 < [(3x+1) + (\frac{1}{2}x - 7)][(3x+1) - (\frac{1}{2}x - 7)]$$

On obtient :

$$0 < (\frac{7}{2}x - 6)(\frac{5}{2}x + 8)$$

Le produit s'annule si $\frac{7}{2}x - 6 = 0$ ou si $\frac{5}{2}x + 8 = 0$, donc pour $x = \frac{12}{7}$ ou $x = -\frac{16}{5}$. On dresse un tableau de signes :

x	$-\infty$ $\quad -\frac{16}{5} \quad \frac{12}{7} \quad$ $+\infty$
$\frac{7}{2}x - 6$	$-$ $\quad - \quad 0 \quad +$
$\frac{5}{2}x + 8$	$-$ $\quad 0 \quad + \quad +$
$(\frac{7}{2}x - 6)(\frac{5}{2}x + 8)$	$+ \quad 0 \quad - \quad 0 \quad +$

D'après le tableau de signe, $(\frac{7}{2}x - 6)(\frac{5}{2}x + 8) > 0$ pour $x < -\frac{16}{5}$ ou $x > \frac{12}{7}$, d'où l'ensemble des solutions :

$$S = \left]-\infty, -\frac{16}{5}\right[\cup \left]\frac{12}{7}, +\infty\right[$$

3 Du point de vue du signe, un quotient se comporte comme un produit. Il faut en plus tenir compte de l'ensemble de définition. Le numérateur s'annule en 1, le dénominateur en 7, dressons un tableau de signes :

x	$-\infty \quad 1 \quad 7 \quad +\infty$
$-2(x-1)$	$+ \quad 0 \quad - \quad -$
$7 - x$	$+ \quad + \quad 0 \quad -$
$\frac{-2(x-1)}{(7-x)}$	$+ \quad 0 \quad - \quad \Vert \quad +$

(Attention à la présence du -2 pour le signe du numérateur !) On conclut :

$$S =]-\infty, 1] \cup]7, +\infty[$$

4 Quant on résout une inéquation ou x apparaît au dénominateur, le grand principe est de tout rassembler dans le même membre et de mettre les différents termes au même dénominateur, et de ne pas faire de produits « en croix ». On a ici :

$$\begin{aligned}\frac{x^2}{1-2x} < -1 &\Leftrightarrow \frac{x^2}{1-2x} + 1 < 0 \\ &\Leftrightarrow \frac{x^2 + 1 - 2x}{1-2x} < 0 \\ &\Leftrightarrow \frac{(x-1)^2}{1-2x} < 0\end{aligned}$$

On a le choix entre deux méthode. La meilleure est probablement le tableau de signes. Ce n'est peut-être pas la façon la plus « frime », mais c'est certainement la plus sûre :

x	$-\infty$		$\frac{1}{2}$		1		$+\infty$
$(x-1)^2$		$+$		$+$	0	$+$	
$1-2x$		$+$	0	$-$		$-$	
$\dfrac{(x-1)^2}{1-2x}$		$+$	$\Vert$	$-$	0	$-$	

D'où l'ensemble des solutions :

$$S =]\frac{1}{2}, 1[\cup]1, +\infty[$$

Autre méthode : le numérateur est un carré, toujours positif, donc la fraction est négative lorsque $1 - 2x$ est négatif, donc pour $x \geq \frac{1}{2}$. On doit enlever les valeurs $\frac{1}{2}$ (où la fraction n'est pas définie), et 1 (où la fraction s'annule), d'où l'ensemble :

$$S =]\frac{1}{2}, +\infty[-\{1\}$$

(c'est le même ensemble que celui que nous avions trouvé).

5 Même si des x apparaissent au dénominateur, on a tout de même le droit de simplifier les fractions avant de commencer d'autres calculs, d'où l'inéquation :

$$\frac{1}{(5-x)^2} \leq \frac{3x}{(5-x)^2}$$

Ne pas oublier que, même si la valeur 0 ne semble plus intervenir, nous continuons à résoudre l'équation dans $\mathbb{R} - \{0; 5\}$. La valeur 0 ne doit pas apparaître dans l'ensemble des solutions.

Ici, le dénominateur est strictement positif, quelle que soit la valeur de x. On peut donc simplifier et résoudre :

$$1 \leq 3x$$

La « simplification » revient à multiplier les deux membres par $(5-x)^2$. Comme $(5-x)^2 > 0$, le sens de l'inégalité ne change pas. Noter que $x = 5$ est exclu de l'ensemble de définition, (c'est ce qui permet d'affirmer $(5-x)^2 > 0$ et pas seulement $(5-x)^2 \geq 0$).

On obtient donc $x \geq \frac{1}{3}$. Pensez à retirer la valeur 5 (0 ne convient de toutes façons pas) ; l'ensemble des solutions est donc :

$$S = [\frac{1}{3}, +\infty[-\{5\} = [\frac{1}{3}, 5[\cup]5, +\infty[$$

25 Inéquations

énoncé p. 142

Lycée Victor Hugo, Poitiers

1 Pour étudier une fonction, on commence par donner son ensemble de définition. Au vu du dénominateur, on écrit :

$$D_f = \mathbb{R}\setminus\{2\}$$

Pour trouver la nature de la courbe représentative, nous allons commencer par faire apparaître le terme $(x-2)$ au numérateur.

$$f(x) = \frac{3x+1}{x-2} = \frac{3x-6+7}{x-2} = \frac{3(x-2)+7}{x-2}$$

En simplifiant, on obtient :

$$f(x) = 3 + \frac{7}{x-2}$$

Par rapport à la courbe de la fonction $x \mapsto \dfrac{7}{x-2}$, celle de f a été « remontée » de $+3$, c'est-à-dire, exprimé en termes mathématiques, qu'elle a subi une translation de vecteur $3\vec{j}$. Vous savez que pour passer de la courbe de $x \mapsto \dfrac{7}{x}$ à la courbe $x \mapsto \dfrac{7}{x-2}$, on utilise la translation de vecteur $2\vec{\imath}$. Conclusion : la courbe de f s'obtient à partir de celle de $x \mapsto \dfrac{7}{x}$ par la translation de vecteur $2\vec{\imath} + 3\vec{j}$. Or, $x \mapsto \dfrac{7}{x}$ est une fonction de référence. On en déduit le tableau de variation de f ci-dessous. La courbe obtenue est une hyperbole.

x	$-\infty$		2		$+\infty$
$f(x)$		↘	‖	↘	

Avant de tracer la courbe, on peut calculer quelques valeurs :

x	0	0,5	1	1,5	2,5	3	3,5	4
$f(x)$	-0,5	$-5/3$	-4	-11	17	10	$23/3$	6, 5

Traçons maintenant la courbe représentative :

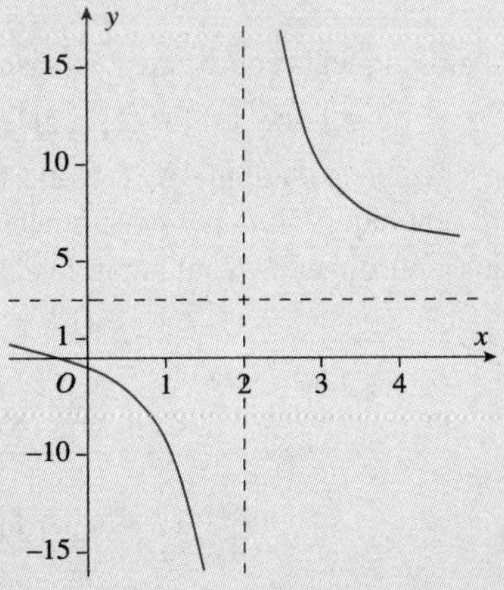

2 La courbe de la fonction $x \mapsto x^2 + x - 6$ est une parabole. Pour trouver son sommet, il faut commencer la factorisation de l'expression :

$$g(x) = x^2 + x - 6 = \left(x + \frac{1}{2}\right)^2 - \frac{1}{4} - 6$$

Ceci fait apparaître que $g(x)$ est minimum quand le carré $\left(x + \frac{1}{2}\right)^2$ est le plus petit possible, c'est-à-dire nul, donc quand $x = -\frac{1}{2}$. Le sommet de la parabole a donc comme coordonnées : $\left(-\frac{1}{2}, -\frac{25}{4}\right)$. On calcule quelques valeurs avant de tracer la courbe :

x	-1	0	1	2	3	4
$g(x)$	-6	-6	-4	0	6	14

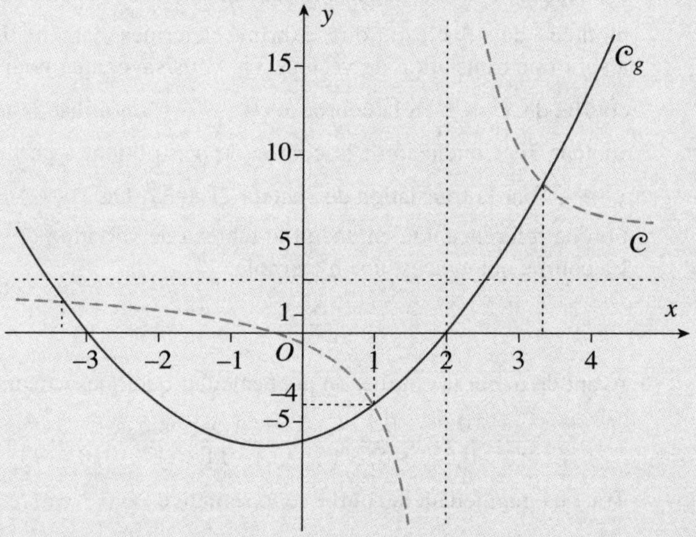

3 D'après le graphique, la courbe de g est « au-dessus » de celle de f pour

$$x \in]-\infty, -3{,}3] \cup [1; 2[\cup [3{,}3; +\infty[$$

(Attention ! f n'est par définie en 2. Notez bien que l'on vous demande une lecture graphique, alors pas de surenchère de précision !)

On peut aussi retrouver ce résultat par le calcul :

$$\frac{3x+1}{x-2} \leq x^2 + x - 6 \Leftrightarrow \frac{3x+1}{x-2} \leq \frac{(x^2+x-6)(x-2)}{x-2}$$

$$\Leftrightarrow 0 \leq \frac{x^3 + x^2 - 6x - 2x^2 - 2x + 12}{x-2} - \frac{3x+1}{x-2}$$

$$\Leftrightarrow 0 \leq \frac{x^3 - x^2 - 11x + 11}{x-2}$$

$$\Leftrightarrow 0 \leq \frac{x^2(x-1) - 11(x-1)}{x-2}$$

$$\Leftrightarrow 0 \leq \frac{(x^2-11)(x-1)}{x-2}$$

$$\Leftrightarrow 0 \leq \frac{(x-\sqrt{11})(x+\sqrt{11})(x-1)}{x-2}$$

Pour résoudre cette inéquation, il ne reste plus qu'à dresser un tableau de signes :

x	$-\infty$		$-\sqrt{11}$		1		2		$\sqrt{11}$		$+\infty$
$x-\sqrt{11}$		$-$	|	$-$	|	$-$	|	$-$	0	$+$	
$x+\sqrt{11}$		$-$	0	$+$	|	$+$	|	$+$	|	$+$	
$x-1$		$-$	|	$-$	0	$+$	|	$+$	|	$+$	
$x-2$		$-$	|	$-$	|	$-$	0	$+$	|	$+$	
fraction		$+$	0	$-$	0	$+$	‖	$-$	0	$+$	

L'ensemble des solutions est confirmé :

$$S = \left]-\infty; -\sqrt{11}\right] \cup [1; 2[\cup \left[\sqrt{11}; +\infty\right[$$

26 Inéquations

énoncé p. 143

Lycée Hélène Boucher, Paris

1 Il suffit de simplifier le deuxième membre :

$$1 - x + \frac{x^2}{1+x} = \frac{(1-x)(1+x)}{1+x} + \frac{x^2}{1+x}$$
$$= \frac{1-x^2}{1+x} + \frac{x^2}{1+x}$$
$$= \frac{1}{1+x}$$

2 Si $x \geq -\frac{1}{2}$, il est clair que $x+1>0$, donc $\frac{1}{1+x} \geq 0$. De plus on a :

$$x \geq -\frac{1}{2}$$
$$\Leftrightarrow x + 1 \geq \frac{1}{2}$$
$$\Leftrightarrow \frac{1}{x+1} \leq 2 \text{ puisque } x+1>0.$$

On a pu passer aux inverses dans l'inégalité car les deux membres étaient strictement positifs ! D'où le résultat :

$$0 \leq \frac{1}{1+x} \leq 2$$

3 L'encadrement précédent peut être multiplié par x^2, réel positif. L'ordre n'est pas modifié :

$$0 \leq \frac{x^2}{1+x} \leq 2x^2$$

On en déduit :

$$1 - x \leq 1 - x + \frac{x^2}{1+x} \leq 1 - x + 2x^2 \qquad \text{(en ajoutant } 1 - x\text{)}$$

or, d'après la première question :

$$1 - x + \frac{x^2}{1+x} = \frac{1}{1+x}$$

donc :

$$1 - x \leq \frac{1}{1+x} \leq 1 - x + 2x^2$$

27 Inéquations

énoncé p. 143

Lycée Lacordaire, Marseille

1

$$\begin{aligned} A(x) &= x^3 - x^2 + 4x^2 - 4 \\ &= x^2(x-1) + 4(x^2-1) \\ &= x^2(x-1) + 4(x+1)(x-1) \\ &= (x-1)[x^2 + 4(x+1)] \\ &= (x-1)(x^2+4x+4) \\ &= (x-1)(x+2)^2 \end{aligned}$$

2 Factorisons le numérateur :

$$\begin{aligned} (x-1)^2 - 2x + 2 &= (x-1)^2 - 2(x-1) \\ &= (x-1)(x-1-2) \\ &= (x-1)(x-3) \end{aligned}$$

L'inéquation devient donc :

$$\frac{(x-1)(x-3)}{(x-1)(x+2)^2} \geq 0$$

L'inéquation est définie seulement sur $\mathbb{R} - \{-2; 1\}$ (à cause du dénominateur). Maintenant que nous avons éliminé 1, nous pouvons simplifier la fraction :

$$\frac{x-3}{(x+2)^2} \geq 0$$

Le dénominateur étant toujours strictement positif pour tout x de $\mathbb{R} - \{-2; 1\}$, on se ramène à $x - 3 \geq 0$, donc $x \geq 3$. Un coup d'œil suffit à vérifier que les valeurs interdites ne posent pas de problème :

$$S = [3, +\infty[$$

Chapitre
4

Géométrie dans l'espace

Plan du chapitre

1. Introduction
2. Comment « dessiner » dans l'espace ?
3. Savoir maîtriser le vocabulaire

1 Introduction

Exercice type — Lycée La Fontaine, Paris

Soit $ABCDEFGH$ le cube suivant, de côté a :

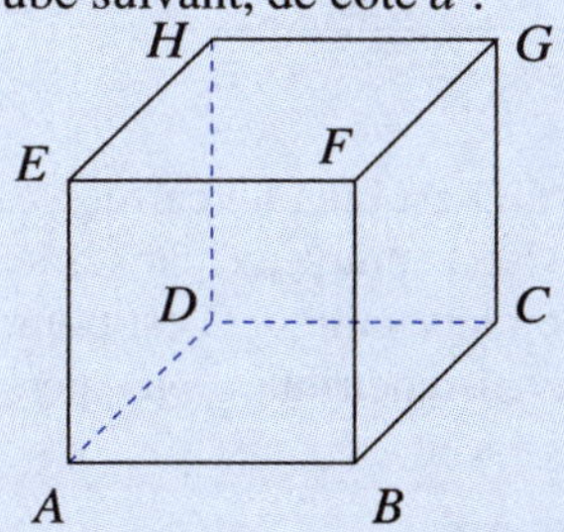

1. Citez toutes les arêtes perpendiculaires à (AB), puis toutes les arêtes orthogonales à (EF).
2. On appelle I le milieu de $[AB]$ et K le milieu de $[AE]$. Montrez que (KI) et (HC) sont parallèles.
3. Dessiner l'intersection du cube et du plan (IHC).
4. Déterminer le volume de la pyramide $ABCDE$.

Voir corrigé page 181

2 Comment « dessiner » dans l'espace ?

La première difficulté de la géométrie dans l'espace, c'est de représenter sur une feuille ou tableau, donc sur une surface plane, une configuration en trois dimensions. C'est le problème du dessin en « perspective ».

2.1 La perspective des peintres

Les peintres utilisent une méthode de perspective très efficace car elle donne des résultats extrêmement réalistes.

Elle consiste à se donner tout d'abord une ligne d'horizon. Toutes les droites qui ont dans la réalité la même direction, concourent sur le dessin en un point de cette ligne d'horizon. Dans les plans parallèles au plan de la feuille, les proportions sont donc respectées. Par exemple, ci-dessous, un cube est représenté dans cette perspective.

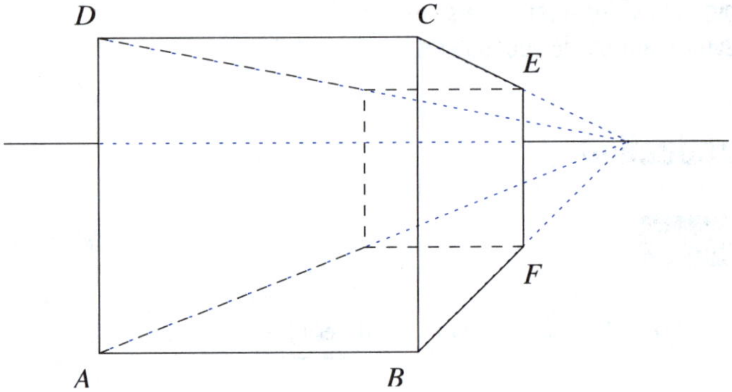

Comme vous le voyez, $ABCD$ est bien un carré. Néanmoins, la face $BCEF$ est représentée par un trapèze. C'est ennuyeux, car sur le dessin, les diagonales $[CF]$ et $[BE]$ ne se coupent pas en leur milieu. C'est pourquoi on préfère souvent une méthode dite de « perspective isométrique » ou « perspective cavalière ».

2.2 La perspective cavalière

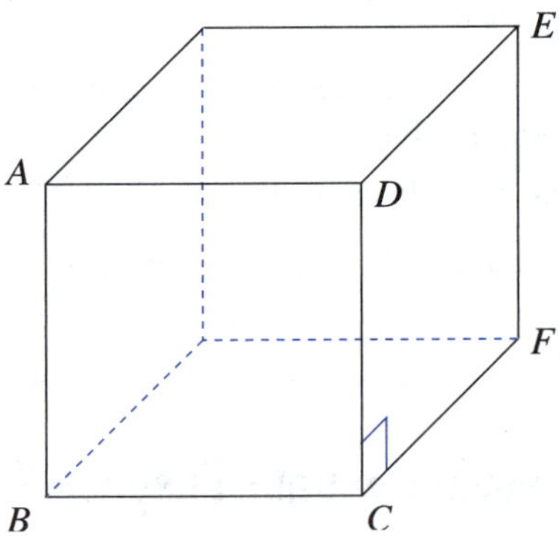

Cette fois, toutes les droites parallèles dans la réalité le sont aussi sur le dessin. Les perpendiculaires au plan de la feuille sont représentées avec un angle de 45°. Sur ces perpendiculaires, les vraies longueurs sont divisées par $\sqrt{2}$.
L'avantage de cette méthode est qu'elle respecte les milieux (la face $DCFE$, carrée, est représentée par un losange). Néanmoins, on peut avoir besoin, pour certains exercices, de représenter les angles et les longueurs *en vraie grandeur*. Il faut alors recourir à un patron.

2.3 Le patron

Vous avez déjà représenté ou fabriqué, en classe de troisième, les patrons de divers objets dans l'espace. Si on appelle I le milieu de $[EF]$ dans le cube ci-dessus, on peut représenter le triangle ABI en vraie grandeur grâce au patron :

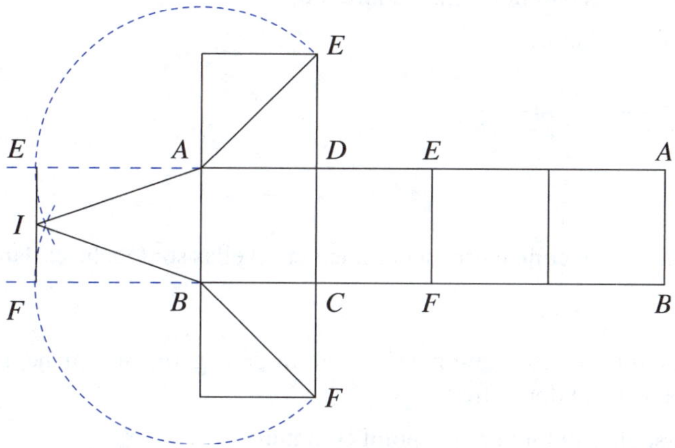

Nous sommes ici face à un paradoxe, puisque plus nous voulons que notre dessin soit conforme à la réalité, aux « vraies » mesures, moins il est « réaliste » dans son apparence. Ceci est dû à la difficulté qu'il y a à représenter l'espace dans le plan d'une feuille, et c'est ce qui fait que tant de gens ont du mal à « voir » dans l'espace. Si c'est votre cas, il y a une solution : acquérir de l'expérience (en étudiant, par exemple, les exercices proposés ici !) et bien connaître toutes les définitions et propriétés du cours. C'est de cette manière que les mathématiciens peuvent raisonner sur des espaces à 4, 5, voire une infinité de dimensions ! Plus il est difficile de représenter les situations étudiées, et plus votre maîtrise du cours doit être précise...

3 Savoir maîtriser le vocabulaire

Dans l'espace des situations nouvelles apparaissent. La plus remarquable est que l'on peut y trouver des droites qui ne sont ni sécantes, ni parallèles. Il est donc nécessaire de revoir son vocabulaire et de préciser ce que l'on entend par « parallèle », « sécantes », etc... De plus, on découvre de nouveaux objets, les plans, dont on étudie les propriétés.

3.1 Définition des droites et des plans dans l'espace

Comment déterminer une droite de l'espace ?
– En donnant deux points distincts sur cette droite.

Comment déterminer un plan de l'espace ?
– En donnant, au choix :

- soit 3 points non alignés (c'est-à-dire, qu'ils ne sont pas sur une même droite) ;
- soit une droite et un point (qui n'est pas sur la droite) ;
- soit deux droites parallèles (non confondues) ;
- deux droites sécantes.

3.2 Les droites coplanaires

Définition 1

Deux droites sont coplanaires si et seulement si elles sont incluses dans le même plan.

Dans ce cas, tout se passe comme si on faisait de la géométrie plane. Les droites coplanaires peuvent donc être :

- *sécantes* si elles ont un unique point commun.
- *parallèles* si elles sont confondues ou n'ont aucun point commun.
- *perpendiculaires* si elles forment un angle droit.

À savoir

Deux droites parallèles ou deux droites sécantes sont *toujours* coplanaires.

Attention

Dans l'espace, deux droites perpendiculaires à une même troisième ne sont pas nécessairement parallèles. Par exemple, dans le cube de l'exercice type, (AB) et (CG) sont toutes deux perpendiculaires à (BC) mais ne sont pas parallèles.

3.3 Cas général

Dans l'espace, il est facile de trouver des droites qui ne sont pas dans le même plan. Dans ce cas, comme elles ne sont pas coplanaires, elles ne sont ni sécantes, ni parallèles.

Exemple

Considérons le cube $ABCDEFGH$ de l'exercice type. Les droites (AB) et (CG) ne sont ni sécantes, ni parallèles. De même pour les droites (AB) et (EC).

On peut utiliser la définition équivalente suivante :

Définition 2

Deux droites sont orthogonales ssi une parallèle à l'une est perpendiculaire à l'autre.

Remarques

- Des droites orthogonales de l'espace ne sont pas nécessairement sécantes.
- Des droites qui sont à la fois orthogonales et sécantes sont perpendiculaires.

Exemple

Dans le cube de l'exercice type, les droites (AB) et (CG) sont orthogonales car (AB) et (BF) sont perpendiculaires et $(CG) \parallel (BF)$.

3.4 Les droites et les plans

Une droite peut être :

- *incluse* dans un plan, si tous ses points appartiennent au plan ;
- *parallèle* à un plan, s'ils n'ont aucun point commun (ou si la droite est incluse dans le plan) . Par un point, il passe une infinité de droites parallèles à un plan donné.
- *sécante* à un plan, s'ils ne sont pas parallèles. Ils ont alors un unique point commun.
- *orthogonale* (ou *perpendiculaire*) à un plan, si elle est orthogonale à toutes les droites incluses dans le plan. Remarquez qu'elle est nécessairement sécante au plan dans ce cas. Par un point, il passe une seule droite orthogonale à un plan donné, ce qui permet de définir la projection orthogonale sur ce plan (voir figure).

La figure représente un plan P, une droite D_1 incluse dans P, une droite D_2 parallèle à P, et D_3, orthogonale à P en H. H est le projeté orthogonal du point M sur P.

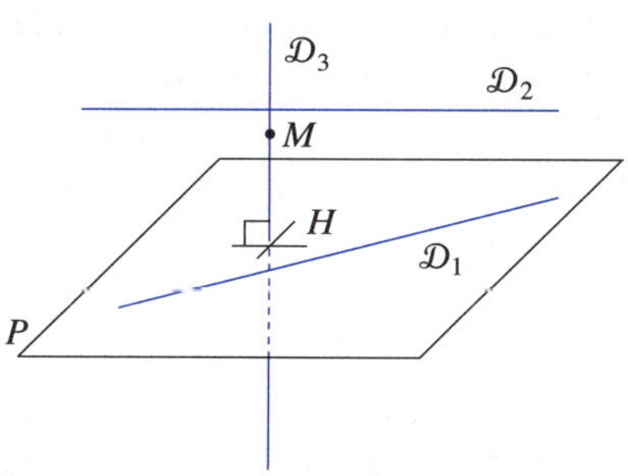

COURS EXERCICES CORRIGÉS

Par un point, il passe un seul plan orthogonal à une droite donnée. Étant donné un segment $[AB]$, on définit le *plan médiateur* de $[AB]$ comme étant le plan orthogonal à (AB) qui passe par le milieu de $[AB]$. Le plan médiateur est l'ensemble des points de l'espace équidistants de A et de B (remarquez l'analogie avec la médiatrice, en géométrie plane).

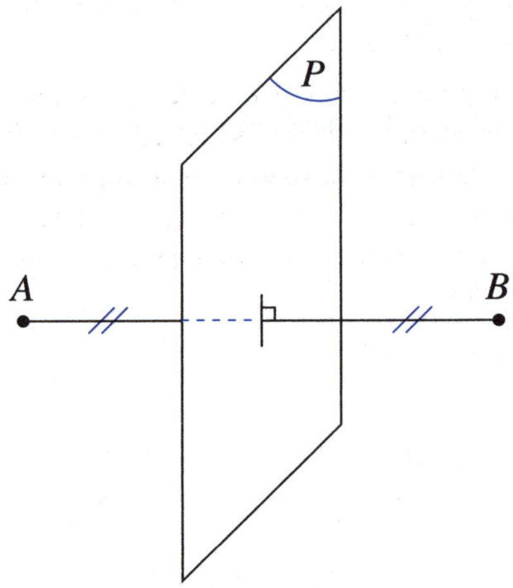

3.5 Les plans entre eux

Deux plans peuvent être :

- *confondus ou égaux*
- *parallèles* s'ils sont confondus ou s'ils n'ont aucun point commun (*figure*). Par un point, il passe un unique plan parallèle à un plan donné.

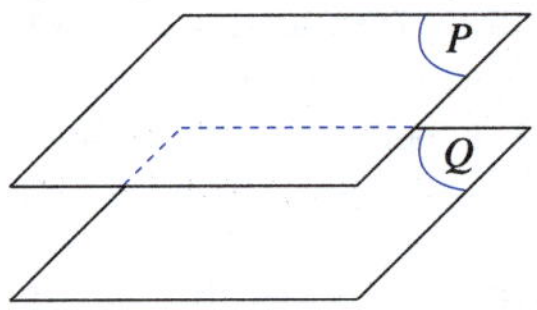

- *sécants* s'ils ne sont pas parallèles. Leur intersection est alors une droite.
- *perpendiculaires* si l'un des plans contient une droite orthogonale à l'autre plan. Méfiez-vous, car des droites incluses dans des plans perpendiculaires ne sont pas nécessairement perpendiculaires, ni même orthogonales. Elles peuvent même être parallèles !

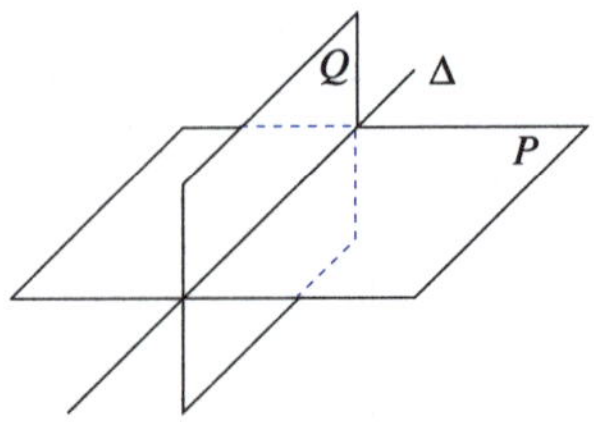

Solution de l'exercice type

1 Il faut trouver toutes les arêtes qui forment avec (AB) un angle droit. On obtient : (AE), (AD), (BC) et (BF), c'est-à-dire toutes les arêtes sécantes à (AB). Les arêtes *orthogonales* à (EF) ne sont pas nécessairement sécantes à (EF). On obtient : (EA), (EH), (FG), (FB), mais aussi (AD), (DH), (CG) et (BC).

2 Il faut savoir appliquer, quand il le faut, les théorèmes de géométrie plane dans certains plans de la figure. Ici, les points A, B, E, F, I et K sont coplanaires (ils sont tous dans le plan (EAB)). On applique le théorème de quatrième qui dit que, dans un triangle, la droite passant par les milieux de deux côtés est parallèle au troisième côté. D'où : (IK) et (EB) sont parallèles.

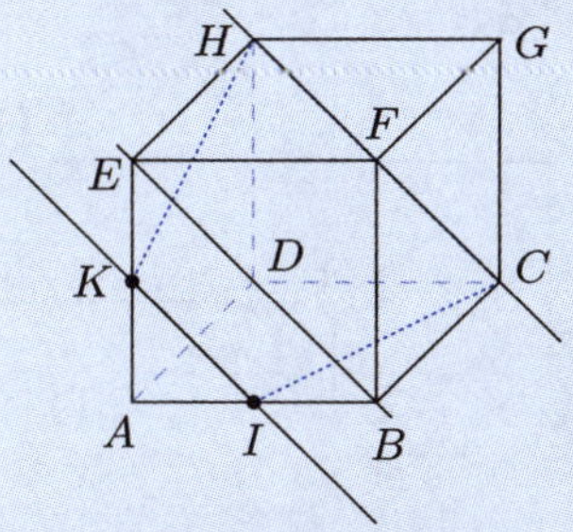

$ABFE$ et $DCGH$ sont des carrés de même côté, donc $CH = EB$; par ailleurs, $EH = FG = BC$. Comme $EH = BC$ et $CH = EB$, alors $EHCB$ est un parallélogramme (c'est même un rectangle, mais nous n'en avons pas besoin), et (EB) et (HC) sont parallèles.
Conclusion : $(IK) \parallel (HC)$.

3 On déduit de la question précédente que (IK) et (HC) sont coplanaires, donc que $K \in (IHC)$, ce qui permet de tracer l'intersection de ce plan et du cube.

COURS
EXERCICES
CORRIGÉS

QCM 1 Propriétés d'incidence

5 min. corrigé p. 189

Quelles sont les propositions correctes ?

- a Un point et une droite sont toujours coplanaires.
- b Deux droites qui ne se rencontrent pas sont parallèles.
- c Deux plans qui ne se rencontrent pas sont parallèles.
- d Une droite qui n'est pas parallèle à un plan le coupe en un point et un seul.
- e Par deux droites parallèles non confondues, il passe un plan et un seul.

QCM 2 Volume

10 min. corrigé p. 189

$ABCDEFGH$ est un pavé droit de volume $\mathcal{V}$ (voir figure). On donne :
$AB = a$, $BC = b$ et $AE = c$.

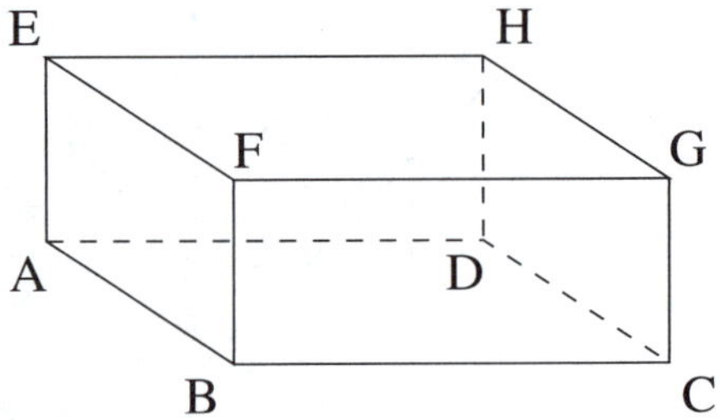

Quelles sont les propositions correctes ?

- a $\mathcal{V} = a^3$.
- b Le volume de la pyramide $ABCDE$ est $\frac{\mathcal{V}}{3}$.
- c Le volume de la pyramide $ABDE$ est $\frac{\mathcal{V}}{2}$.
- d Le volume du prisme droit de bases ABF et DCG est $\frac{\mathcal{V}}{3}$

QCM 3 Droites parallèles et perpendiculaires

10 min. corrigé p. 189

Dans le pavé droit ci-dessus :

- a (AD) et (FG) sont parallèles.
- b (BF) et (GH) sont parallèles.
- c (AB) et (DH) sont perpendiculaires.
- d (AB) et (DH) sont orthogonales.
- e (AG) et (BH) sont sécantes.

4 Configurations dans l'espace

★ 15 min. corrigé p. 190

Lycée Louis le Grand, Paris

$ABCDEFGH$ est un parallélépipède rectangle.

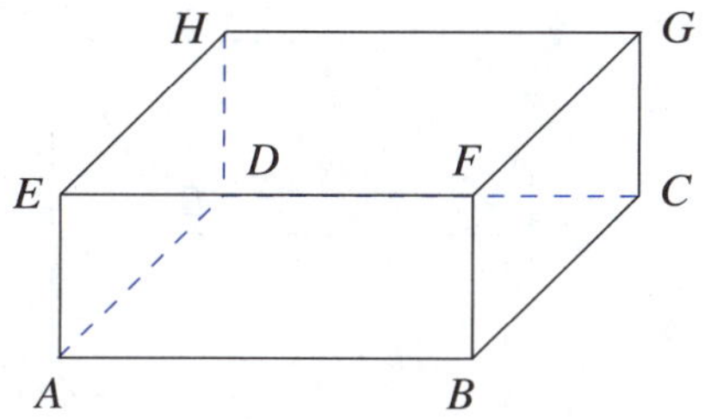

1 Quelle propriété possède-t-il lorsque les droites (AH) et (FC) sont orthogonales ?

2 On suppose : $(AH) \perp (FC)$ et $(EB) \perp (DG)$. Quelle est la nature du parallélépipède ? Justifier.

5 Volumes

★ 10 min. corrigé p. 190

Lycée Le Corbusier, Poissy

Les mesures en cm^3 et cm^2 du volume et de l'aire d'une boule sont égales. Quel est le diamètre de cette sphère ?

6 Plans et droites

★ 15 min. corrigé p. 190

Lycée Notre-Dame-la-Riche, Tours

Vrai ou faux ?

1 Si $D \perp \Delta$ et $D' \perp \Delta$, alors $D \parallel D'$.

2 Si $D \perp P$ et $D' \parallel D$, alors $D' \perp P$.

3 Si $D \subset P$, $D' \subset P'$ et $P \parallel P'$ alors $D \parallel D'$.

4 La boule de rayon 3 a même volume que le cylindre de rayon 3 et de hauteur 4.

5 Si $D \parallel P$ et $\Delta \perp D$ alors $\Delta \perp P$

Justifier par des exemples dans le cube.

COURS EXERCICES CORRIGÉS

7 Droites de l'espace

★ 10 min. corrigé p. 191

Lycée Rodin, Paris

Soit le cube $ABCDEFGH$ (page suivante).

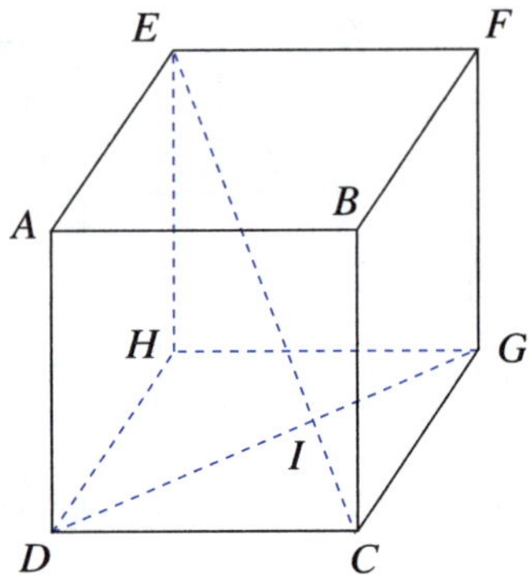

Les droites (EC) et (DG) sont-elles sécantes au point I ?

8 Patron

★★ 30 min. corrigé p. 192

Lycée Sainte-Marie, Cholet

A, B, C, D, E, F, G, H sommets d'un parallélépipède rectangle. $AB = 8$, $AD = 5$, et $AE = 4$.

1 Réaliser un patron du pavé.

2 Calculer les longueurs des diagonales des faces $ABCD$, $ABFE$, $ADHE$, et comparer aux valeurs mesurées sur le patron.

3 On définit le point I de $[FE]$ par $FI = 2$. Dans le plan (ABF), la droite passant par I et parallèle à (EB) coupe (FB) en J ; dans le plan (FBC), la droite passant par J et parallèle à (BG) coupe (FG) en K.

- **(a)** Placer les points I, J, K.
- **(b)** Calculer les longueurs FJ et FK.
- **(c)** Comparer les directions de $[IK]$ et $[EG]$
- **(d)** Dessiner chacun des triangles EBG et IJK en vraie grandeur, et comparer les rapports $\frac{IJ}{EB}$, $\frac{JK}{BG}$, et $\frac{KI}{EG}$
- **(e)** Soient V_1 le volume de la pyramide $FEBG$ et V_2 celui de $FIKJ$. Calculer V_1, V_2, $\frac{V_2}{V_1}$.

  Vérifier : $\frac{V_2}{V_1} = \left(\frac{IJ}{EB}\right)^3$

9 Configuration dans l'espace

★★ 15 min. corrigé p. 194

Lycée Michelet, Vanves

On considère un tétraèdre $ABCD$ (faire une figure en représentant les points suivant la disposition ci-contre). I est un point de l'arête $[AB]$. Le plan passant par I et parallèle au plan (ACD) coupe (BC) en J et (BD) en K. Le plan passant par I et parallèle au plan (BCD) coupe (AC) en L et (AD) en M.

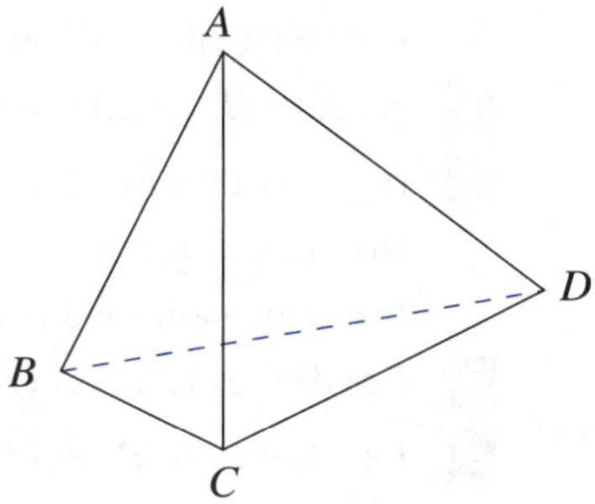

1 Faire la figure.

2 Quelle est la nature du quadrilatère $JKML$? Justifier.

10 Plans et droites

★★ 15 min. corrigé p. 195

Lycée Emmanuel Mounier, Grenoble

Soient P, Q, R trois plans sécants deux à deux et n'ayant aucun point commun à eux trois. On pose $D_1 = P \cap Q$, $D_2 = P \cap R$, $D_3 = R \cap Q$.

Que peut-on dire de D_1, D_2 et D_3 ? Justifier.

11 Plans et droites

★★ 15 min. corrigé p. 196

Lycée Paul Lapie, Courbevoie

Soit $ABCDEFGH$ le cube ci-dessous. Soit I un point du segment $[AB]$, L et K deux points du segment $[AD]$.

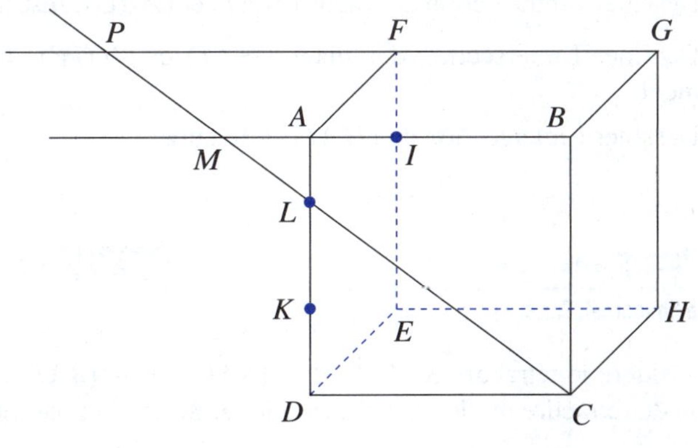

1 **(a)** I appartient-il au segment $[EF]$?

(b) I appartient-il plan (FGB) ?

(c) I appartient-il au plan (KDC) ?

2 K, E et H sont-ils alignés ?

3 **(a)** Les droites (CL) et (AB) sont-elles sécantes ?

(b) Les droites (CL) et (GF) sont-elles sécantes ?

(c) Que peut-on dire du point P ?

4 Les droites (BG) et (AD) sont-elles sécantes ?

5 Les droites (CB) et (EF) sont-elles coplanaires ?

12 Plans et droites

★★★ *25 min.* corrigé *p. 197*

Lycée Hoche, Versailles

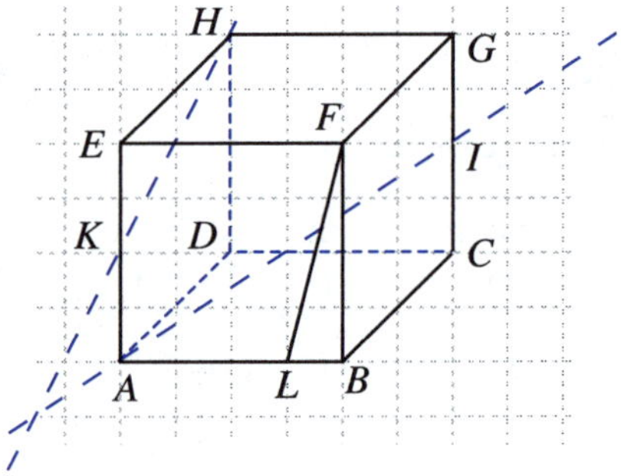

Reproduire la figure ci-dessus (un carreau mesure 1 cm de côté). I, K et L sont des points choisis sur les arêtes $[CG]$, $[AE]$ et $[AB]$ du cube.

1 Les droites (HK) et (IA) sont-elles sécantes ? Justifier.

2 Les droites (FL) et (HK) sont-elles parallèles ? Justifier.

3 Dessiner l'intersection des plans (HAI) et (ABC). Justifier brièvement.

4 Dessiner l'intersection des plans (HAI) et (HGF). Justifier brièvement.

5 Dessiner l'intersection de (HAI) et du cube.

13 Section plane

★★★ *10 min.* corrigé *p. 198*

Lycée Condorcet, Paris

On considère le tétraèdre $SABC$. $M \in [SA]$ et $N \in (SAB)$. Déterminer la section du tétraèdre par le plan P passant par M et N et parallèle à (BC).

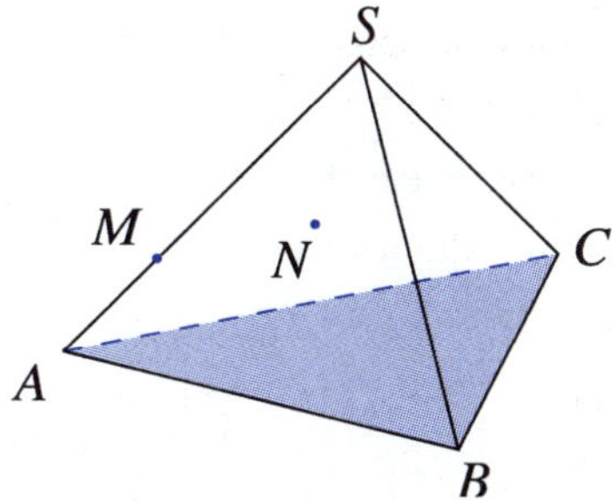

14 Configuration dans l'espace

★★★ 30 min. corrigé p. 198

Lycée Claude Monet, Paris

$ABCD$ est un tétraèdre régulier, d'arête a. I, K, L et M sont les milieux respectifs de $[BC]$, $[BD]$, $[AD]$ et $[AC]$.

1 Quelle est l'aire totale des faces du tétraèdre ?

2 Reproduire la figure ci-dessous.

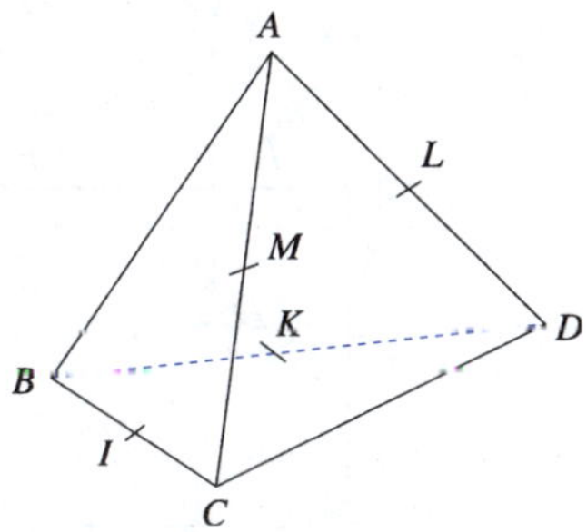

Déterminer l'intersection des plans (AID) et (BMD) et la représenter sur la figure.

3 **(a)** Quelle est la position relative des droites (IK) et (ML) ?

(b) Que peut-on en déduire pour les points I, K, L et M ?

4 **(a)** Prouver que la droite (BC) est perpendiculaire au plan (AID).

(b) Que peut-on en déduire pour les droites (BC) et (AD) ?

(c) Sans démonstration et à l'aide de (b), énoncer une propriété remarquable du tétraèdre régulier.

5 Quelle est la nature du quadrilatère $IKLM$? (Justifier avec soin).

15 Sections planes

★★★ 30 min. corrigé p. 200

Institution des chartreux, Lyon

Tracer la section de chacun des deux solides ci-dessous par le plan (PQR) :

1 Tétraèdre :

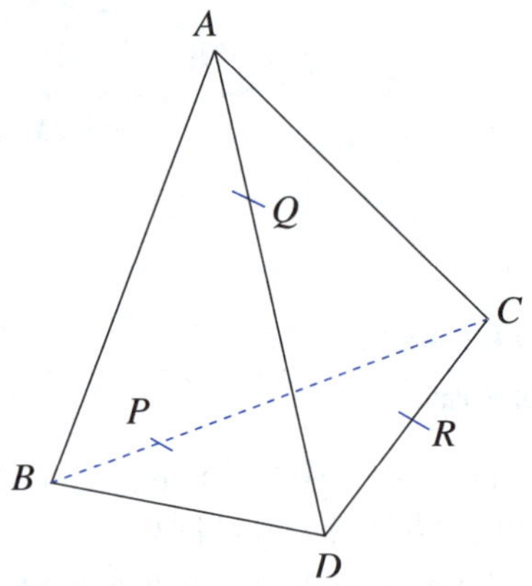

2 Cube :

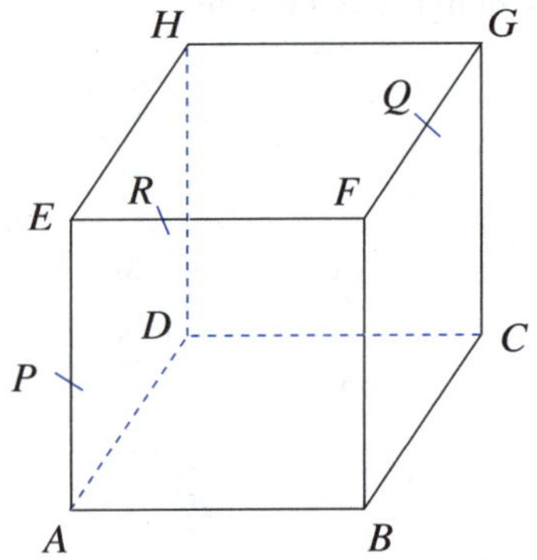

QCM 1 Propriétés d'incidence

énoncé p. 182

a OUI. Si le point appartient à la droite, n'importe quel plan contenant cette droite convient. Un point et une droite qui ne passe pas par ce point définissent un plan et un seul.

b FAUX. Cette propriété est vraie dans le plan, mais pas dans l'espace : il suffit de considérer deux droites qui sont incluses dans des plans parallèles, mais qui n'ont pas les mêmes vecteurs directeurs.

c VRAI.

d VRAI.

e VRAI.

QCM 2 Volume

énoncé p. 182

a FAUX. Le volume du parallélépipède est le produit de la hauteur, de la longueur et de la largeur, donc $\mathcal{V} = abc$.

b VRAI. On pouvait calculer le volume du parallélépipède précédent par la formule : Base × hauteur. Or la pyramide $ABCDE$ a la même base $ABCD$ et la même hauteur AE. La formule du volume d'une pyramide est :

$$\frac{\text{Base} \times \text{hauteur}}{3},$$

soit $\frac{\mathcal{V}}{3}$.

c FAUX. La pyramide $ABDE$ a la même hauteur AE que la précédente, mais sa base ABD a pour aire la moitié de celle de $ABCD$. Son volume est donc la moitié du précédent, donc $\frac{\mathcal{V}}{6}$.

d FAUX. Le volume d'un prisme est donné encore par la formule : Base × hauteur. On considère que le parallélépipède a pour hauteur BC et pour base $ABFE$. Le prisme a la même hauteur, et sa base ABF a pour aire la moitié de celle de $ABFE$. On en déduit que l'aire du prisme est $\frac{\mathcal{V}}{2}$

QCM 3 Droites parallèles et perpendiculaires

énoncé p. 182

a VRAI.

b FAUX. Attention, ces deux droites ne se coupent pas, mais elles ne sont pas coplanaires. (Ces deux droites sont orthogonales.)

c FAUX, car elles ne se coupent pas. Elles ne sont qu'orthogonales.

d VRAI.

e VRAI. $ABCD$ et $CDHG$ sont des parallélogrammes, donc $\overrightarrow{BA} = \overrightarrow{DC} = \overrightarrow{GH}$. On en déduit que $ABGH$ est un parallélogramme et donc les diagonales (AG) et (BH) sont sécantes (elles se coupent au milieu de $[AG]$ et de $[BH]$).

4 Configurations dans l'espace

énoncé p. 183

Lycée Louis le Grand, Paris

1 Les droites (FC) et (ED) sont parallèles, donc si (AH) et (FC) sont orthogonales, comme on sait par ailleurs que (ED) et (AH) sont coplanaires, alors (ED) et (AH) sont perpendiculaires.

La face $EADH$ est un rectangle dont les diagonales sont perpendiculaires, c'est donc un carré. On peut dire que $ABCDEFGH$ est un prisme droit à base carrée.

2 Pour les mêmes raisons que ci-dessus, on remarque que $EADH$ et $EABF$ sont des carrés. On en déduit respectivement que $EH = EA$ et que $EA = EF$. La face $EFGH$ est donc un rectangle dont deux côtés consécutifs ont même longueur, c'est donc un carré. Les faces parallèles respectivement aux trois faces carrées mentionnées sont nécessairement carrées, donc $ABCDEFGH$ est un cube.

5 Volumes

énoncé p. 183

Lycée Le Corbusier, Poissy

Notons R le rayon de la sphère. Le volume et l'aire ont la même valeur, donc

$$\frac{4}{3}\pi R^3 = 4\pi R^2$$

On peut diviser sans problème les deux membres par $4\pi R^2$ car $R \neq 0$, il vient :

$$\frac{R}{3} = 1$$

donc $R = 3$, et le diamètre de la sphère est de 6 cm.

6 Plans et droites

énoncé p. 183

Lycée Notre-Dame-la-Riche, Tours

Les contre-exemples sont pris sur le cube $ABCDEFGH$ de la figure.

1 C'est faux, car (BC) et (DH) sont tous deux perpendiculaires à (DC), mais ne sont pas parallèles.

2 C'est tout à fait vrai : D étant orthogonale à toutes les droites incluses dans P, sa parallèle D' est elle aussi orthogonale à toutes ces droites, donc $D' \perp P$.

3 C'est absolument faux. On peut trouver de nombreux exemples de droites incluses dans des plans parallèles, mais qui elles-mêmes ne sont pas parallèles. Par exemple, (AB) et (DH) (respectivement dans les plans parallèles (ABF) et (CDH)).

4 Oui, car la boule de rayon 3 a pour volume :

$$\frac{4}{3}\pi \times 3^3 = 4 \times 9\pi = 36\pi$$

et le cylindre de rayon 3 et de hauteur 4 :

$$\pi \times 3^2 \times 4 = 36\pi$$

5 Non : une droite est orthogonale à un plan si elle est orthogonale à *toutes* les droites de ce plan, pas seulement une seule. On peut trouver un contre-exemple avec $D = (FG)$, $P = (ABC)$, et $\Delta = (EF)$. (FG) est parallèle à (ABC), (EF) et (FG) sont orthogonales (elles sont même perpendiculaires), mais (EF) et (ABC) ne sont pas orthogonaux ((EF) est d'ailleurs parallèle à (ABC)).

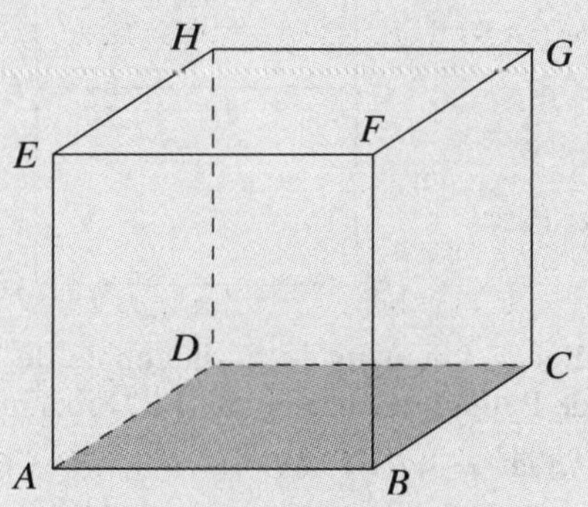

7 Droites de l'espace

Lycée Rodin, Paris

énoncé p. 184

La réponse est non. On a affaire à deux droites non parallèles, mais non sécantes. En effet, deux droites sécantes définissent un plan. Si (EC) et (DG) se coupaient, alors E, C, D et G seraient coplanaires. Or, il est clair que E n'appartient pas au plan (CGD)...

8 Patron

énoncé p. 184

Lycée Sainte-Marie, Cholet

1

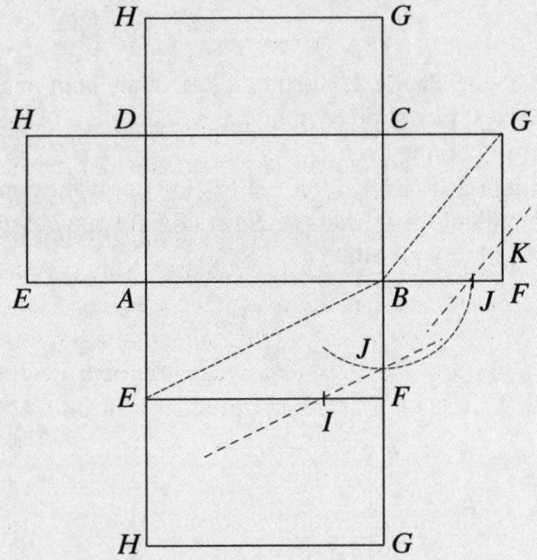

2 Pour calculer la longueur de la diagonale de $ABCD$, on applique le théorème de Pythagore au triangle ABD rectangle en A.

$$BD^2 = AB^2 + AD^2 = 8^2 + 5^2 = 64 + 25 = 89$$

Donc la diagonale de $ABCD$ mesure $\sqrt{89}$ (rappel : un rectangle est un parallélogramme dont les diagonales ont *même* longueur).

On procède de même pour $ABFE$, avec :

$$EB^2 = AE^2 + AB^2 = 4^2 + 8^2 = 16 + 64 = 80$$

d'où $EB = \sqrt{80} = 4\sqrt{5}$.

Enfin, pour $ADHE$:

$$ED^2 = AE^2 + AD^2 = 4^2 + 5^2 = 16 + 25 = 41$$

d'où $ED = \sqrt{41}$.

Si votre patron a été correctement réalisé, vous devez y mesurer approximativement $BD \approx 9{,}4$, $EB \approx 8{,}9$ et $ED \approx 6{,}4$.

3 **(a)** Voir la figure.

(b) Dans le triangle BEF, (IJ) est parallèle à la base (BE), $\dfrac{FI}{EF} = \dfrac{2}{8} = \dfrac{1}{4}$, donc (théorème de Thalès) $\dfrac{FJ}{FB} = \dfrac{1}{4}$. $FB = 4$, donc $FJ = 1$.

On applique a nouveau le théorème de Thalès (version troisième), cette fois dans le triangle BFG, où (JK) est parallèle à (BG).

Comme $\dfrac{FJ}{FB} = \dfrac{1}{4}$, on a : $\dfrac{FK}{FG} = \dfrac{1}{4}$. $FG = 5$ (voir le patron), donc $JK = \dfrac{5}{4} = 1,25$.

(c) Plaçons-nous dans le triangle EGF. I est sur $[EF]$, et K sur $[FG]$. En outre, nous savons que $\dfrac{FI}{EF} = \dfrac{FK}{FG} = \dfrac{1}{4}$, donc (réciproque du théorème de Thalès) (IK) et (EG) sont parallèles.

(d) Pour dessiner EBG en vraie grandeur, on s'est servi de la longueur EB déjà tracée sur le patron, sur la face $ABFE$. La « vraie » distance BG se trouve sur la face $BFGC$, et EG se trouve sur la face $EFGH$. Pour dessiner un triangle qui ait les bonnes longueurs, on trace un arc de cercle de centre B de rayon BG, puis un deuxième arc de centre E de rayon EG. Ces deux arcs se croisent en un point qui forme, avec les extrémités du segment $[EB]$ choisi au départ, une représentation en vraie grandeur de triangle EBG (le grand triangle en gras sur la figure suivante) :

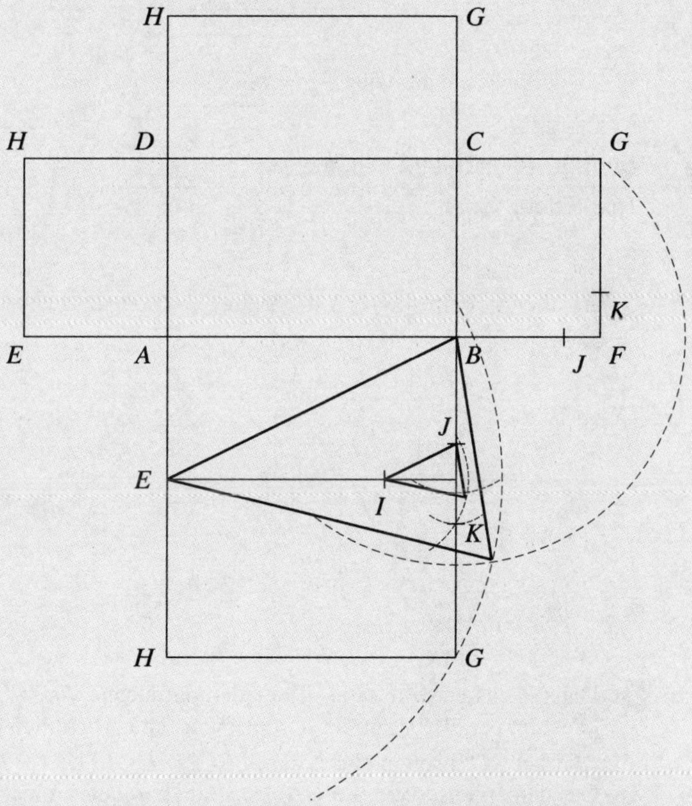

On utilise la même méthode pour tracer en vraie grandeur le triangle IJK. C'est le petit triangle en gras sur la figure.

En comparant le plus précisément possible, on obtient :

$$\frac{IJ}{EB} = \frac{JK}{BG} = \frac{KI}{EG} = \frac{1}{4}$$

(e) Pour passer de la pyramide $FEBG$ à la pyramide $FIKJ$, on a réduit les longueurs au quart. Le volume a donc été divisé par $4^3 = 64$. D'où $\frac{V_2}{V_1} = \left(\frac{IJ}{EB}\right)^3$.

On peut le vérifier en calculant indépendamment V_1 et V_2. V_1 est le volume de $FEBG$ de base FBE et de hauteur FG. On obtient :

$$V_1 = \frac{FBE \times FG}{3} = \frac{\frac{4 \times 8}{2} \times 5}{3} = \frac{80}{3}$$

V_2 est le volume de $FIKJ$, pyramide de base FIJ et de hauteur $FK = 1,25$. On obtient :

$$V_2 = \frac{\frac{1 \times 2}{2} \times 1{,}25}{3} = \frac{1{,}25}{3}$$

On vérifie bien que $\frac{V_2}{V_1} = \frac{1}{64}$.

9 Configuration dans l'espace

énoncé p. 185

Lycée Michelet, Vanves

1

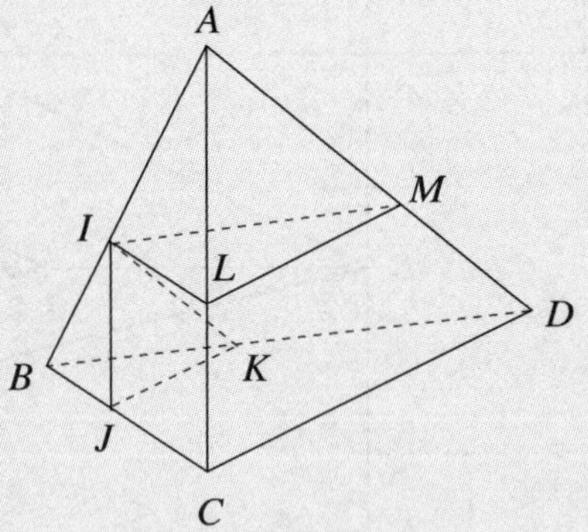

2 Dans le cas général, nous allons démontrer que $JKML$ est un trapèze. C'est un parallélogramme si nous avons choisi I milieu de $[AB]$.

(JK) et (CD) sont incluses dans (BCD). Or, $(JK) \subset (IJK)$ et $(CD) \subset (ACD)$. Ces deux plans, sécants à (BCD), étant parallèles, on a : $(JK) \parallel (CD)$.

De même, $(ILM) \parallel (BCD)$, (LM) et (CD) sont coplanaires, donc $(LM) \parallel (CD)$. Il vient : $(JK) \parallel (LM)$.

En utilisant le théorème de Thalès dans le triangle ABC, comme $(IJ) \parallel (AC)$, on a :

$$\frac{BI}{BA} = \frac{BJ}{BC}$$

On applique le même théorème dans BCD, où $(JK) \parallel (CD)$, il vient :

$$\frac{BJ}{BC} = \frac{JK}{CD}$$

De la même façon, en appliquant le théorème de Thalès dans ABC, considérant que $(IL) \parallel (BC)$, on obtient :

$$\frac{AI}{AB} = \frac{AL}{AC}$$

Enfin, puisque dans ACD, $(LM) \parallel (CD)$, il vient :

$$\frac{AL}{AC} = \frac{LM}{CD}$$

Résumons nous. Nous avons d'une part prouvé que

$$\frac{JK}{CD} = \frac{BJ}{BC} = \frac{BI}{BA}$$

et de l'autre que

$$\frac{LM}{CD} = \frac{AL}{AC} = \frac{AI}{BA}$$

Si $AI = BI$, donc si I est le milieu de $[AB]$, alors $JK = LM$, et comme $(JK) \parallel (LM)$, $JKML$ est un parallélogramme.

Sinon (cas général), $JKML$ a bien deux côtés parallèles, mais « malheureusement » pas de la même longueur, c'est donc un trapèze.

10 Plans et droites

énoncé p. 185

Lycée Emmanuel Mounier, Grenoble

Les trois droites D_1, D_2 et D_3 sont parallèles. Examinons le cas de D_1 et D_2. Si elles se coupent, leur point d'intersection appartient à la fois à D_1, donc à P et Q, et à D_2, donc à P et R. On a donc un point commun à P, Q et R, ce qui est exclu par l'énoncé. Bien sûr, dans l'espace, deux droites peuvent ne pas se couper, sans être non plus parallèles. Or, D_1 et D_2 sont toutes deux dans le plan P. On a donc :

$$D_1 \parallel D_2$$

De même, $D_2 \parallel D_3$, donc ces trois droites sont parallèles.

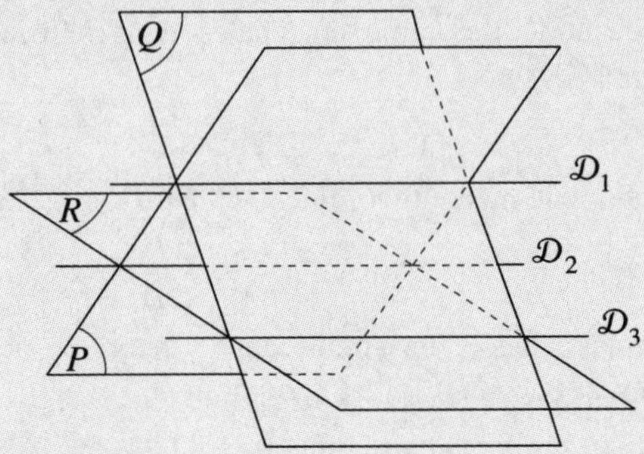

11 Plans et droites

énoncé p. 185

Lycée Paul Lapie, Courbevoie

1 **(a)** Le dessin peut induire en erreur. Mais l'énoncé précise bien que I est un point du segment $[AB]$ et donc il n'est pas sur $[EF]$, mais devant.

(b) I appartient à (FGB), car il est sur la face $ABGF$.

(c) Le plan (KDC) est celui de la face $ABCD$, il possède donc I.

2 Là encore, si on se contente d'appliquer un double-décimètre, on pourrait croire que les trois points sont alignés. Or la droite (EH) est (strictement) parallèle au plan de la face $ABCD$, donc elle n'a aucun point commun avec ce plan (et en particulier, elle ne passe pas par K).

3 **(a)** C, L, A et B sont 4 points de la face $ABCD$, ils sont donc coplanaires, donc les droites (AB) et (CL) sont coplanaires. On en déduit qu'elles sont soit sécantes, soit parallèles. Il est clair que l'on est dans le premier cas (elles sont sécantes).

(b) Le dessin est trompeur. Il est impossible que les droites (CL) et (GF) se coupent, car (CL) est une droite du plan (ABC) et (GF) est une droite du plan (FGH). Or ces deux plans sont parallèles (faces opposées dans un cube). N'allez pas en conclure que (CL) soit parallèle à (GF). Ces deux droites ne sont ni sécantes, ni parallèles.

(c) P n'est pas bien défini : est-ce un point de (CL) que l'on verrait devant (FG) ? Est-ce un point de (FG) qui serait caché par (CL) ?

4 (BG) et (AD) ne sont pas sécantes, car (BG) est une droite du plan (GBH) et AD est une droite du plan (ADE). Or ces deux plans sont strictement parallèles.

5 Considérons les carrés $ABCD$ et $EFAD$. On constate que (CB) et (EF) sont toutes deux parallèles à (AD). Elles sont donc parallèles, et donc coplanaires.

12 Plans et droites

énoncé p. 186

Lycée Hoche, Versailles

1 Les droites (IA) et (HK) ne sont pas sécantes, car (HK) est incluse dans le plan (ADE), alors que (IA) coupe ce plan en A. A n'appartenant pas à (HK), il n'y a pas de point commun aux deux droites.

2 (FL) est sécante au plan (FBC) en F. (FBC) et (ADE) étant parallèles, (FL) est donc sécante à (ADE). Or, (HK) est incluse dans (ADE). Donc (FL) ne peut être parallèle à (HK).

3 L'intersection de (HAI) et (ABC) est une droite passant par A, et par l'intersection de (HI) (incluse dans (HAI)) et (CD) (incluse dans (ABC)). On peut facilement déterminer l'intersection M de (HI) et (CD) car ces droites sont toutes deux incluses dans (CDH). On a représenté la droite (AM) sur la figure :

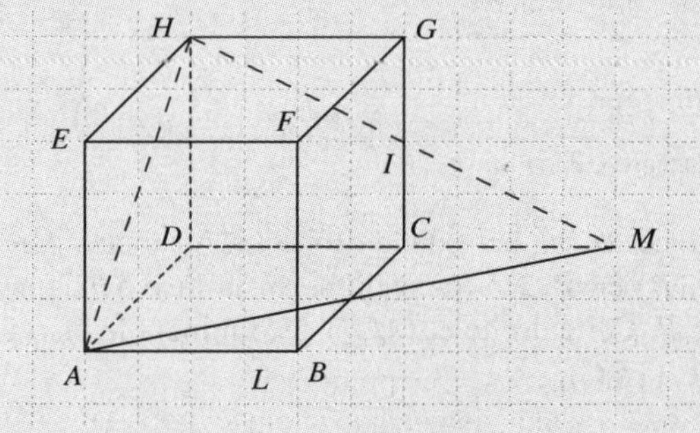

4 L'intersection de (HAI) et (HGF) est une droite qui contient H et N, intersection de (AI) ($\subset (HAI)$) et (EG) ($\subset (HFG)$). N est facile à déterminer, puisque (AI) et (EG) sont toutes deux dans le même plan (AEG). On a représenté la droite (HN) sur la figure :

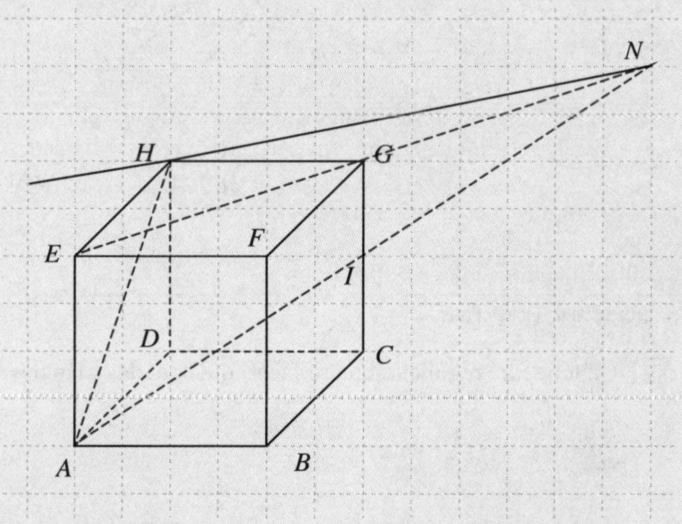

5 On s'appuie sur le résultat de la question c).

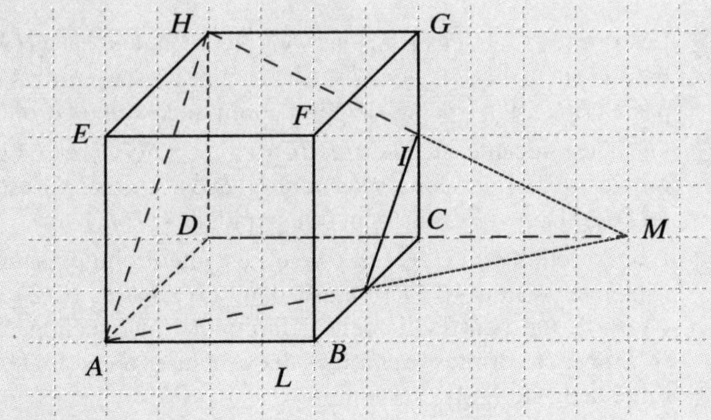

13 Section plane

énoncé p. 186

Lycée Condorcet, Paris

Il faut tracer le segment de la droite (MN) inclus dans la face SAB. (MN) coupe (SB) en P. On trace alors, sur la face SBC, la parallèle à (BC) passant par P. Cette droite et (MN) déterminent le plan passant par M en N et parallèle à (BC).

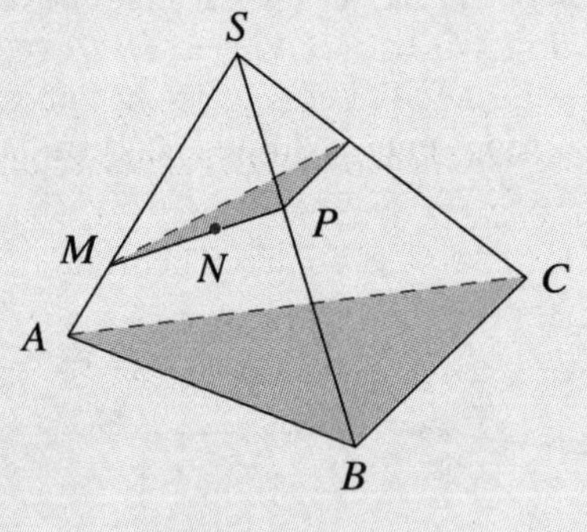

14 Configuration dans l'espace

énoncé p. 187

Lycée Claude Monet, Paris

1 Un tétraèdre régulier a quatre faces, qui sont des triangles équilatéraux.

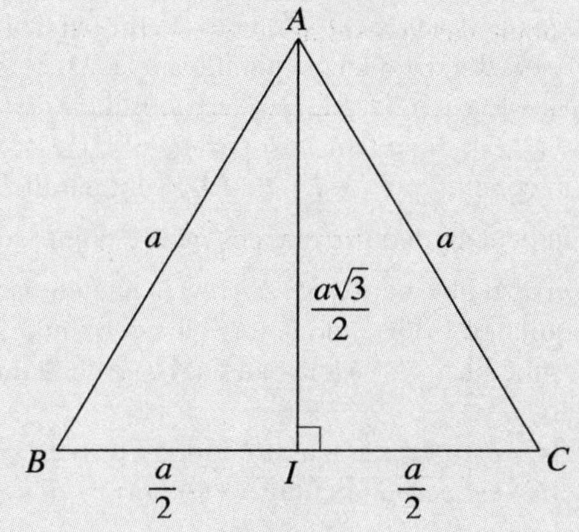

Dans le triangle ABC, par exemple, on calcule AI par le théorème de Pythagore. $BI = \frac{a}{2}$, $AB = a$, donc :

$$AI^2 = AB^2 - BI^2 = a^2 - \frac{a^2}{4} = \frac{3}{4}a^2$$

D'où $AI = \frac{a\sqrt{3}}{2}$. L'aire du triangle ABC est :

$$\frac{1}{2} \times AI \times BC = \frac{1}{2} \times \frac{a\sqrt{3}}{2} \times a = \frac{a^2\sqrt{3}}{4}$$

L'aire totale des 4 faces est donc :

$$\mathcal{A} = a^2\sqrt{3}$$

2 Deux plans se coupent selon une droite. (AID) contient la droite (AI) et le point D. (BMD) contient également le point D et la droite (BM). L'intersection de ces deux plans contient donc D et l'intersection J des droites (AI) et (BM). C'est donc la droite (JD).

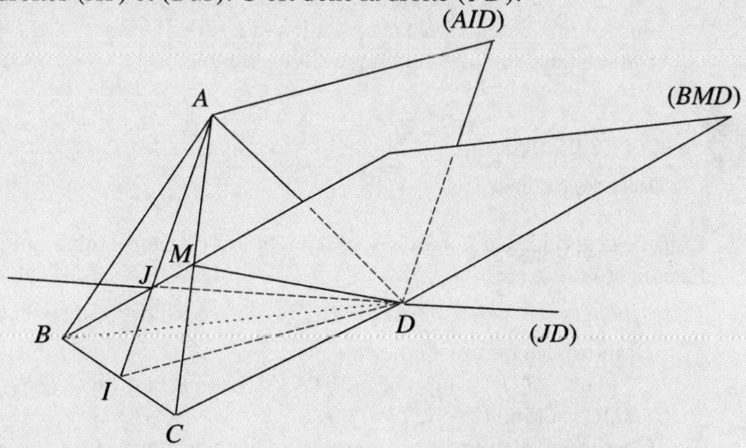

3 **(a)** Dans le triangle ACD, M est le milieu de $[AC]$, L est le milieu de $[AD]$, donc (ML) est parallèle à (CD).
Dans le triangle BCD, I est le milieu de $[BC]$ et K est le milieu de $[BD]$, donc (IK) est parallèle à (CD).
On conclut que (ML) et (IK) sont parallèles.

(b) On peut en déduire que ces quatre points sont coplanaires.

4 **(a)** On a vu plus haut que (AI) est la hauteur issue de A dans le triangle équilatéral ABC. donc (AI) est perpendiculaire à (BC).
De même, (ID) est la hauteur issue de D dans BCD, donc $(ID) \perp (BC)$.
(BC) est perpendiculaire à deux droites sécantes de (AID) donc (BC) est perpendiculaire à (AID).

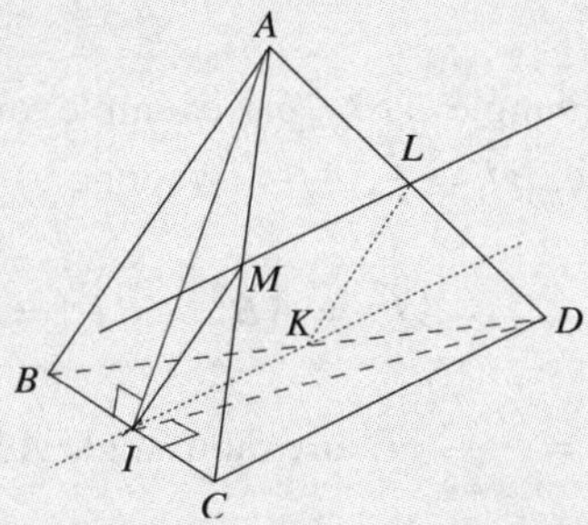

(b) La droite (AD) est une droite du plan (AID). Or (BC) est perpendiculaire à ce plan. Donc (BC) est orthogonale à la droite (AD). (Notez que ces deux droites ne sont pas sécantes !)

(c) Propriété : dans un tétraèdre régulier, les arêtes opposées sont orthogonales.

5 Nous avons déjà vu que (ML) et (IK) sont parallèles.
On peut également remarquer que (IM) est une droite des milieux dans ABC, donc (IM) est parallèle à (AB). (LK) est une droite des milieux dans ADB, donc (LK) est parallèle à (AB). Il vient : $(IM) \parallel (KL)$.
Finalement, $IKLM$ est un parallélogramme.

15 Sections planes

énoncé p. 188

Institution des chartreux, Lyon

Dans ces exercices, nous dirons « face » pour désigner le plan qui contient la face du solide.

1 D'abord, les parties faciles :
Le plan (PQR) coupe la face (ADC) selon la droite (QR), et la face (BDC) selon la droite (PR).
Cherchons maintenant l'intersection avec les deux autres faces.

La droite (PR) coupe la droite (BD) en un point S. Ce point est à la fois sur le plan (PQR) (car il est sur la droite (PR)) et sur le plan (ABD) (car il est sur la droite (BD)). Le point Q est également sur les plans (ABD) et (PQR) ; donc (QS) est la droite d'intersection des plans (ABD) et (PQR). Cette droite coupe (AB) en un point T. T est à la fois sur le plan (PQR) (car $T \in (QS)$), (ABD) et (ABC) (car $T \in (AB)$).

Donc (PT) est l'intersection de (PQR) et de la face (ABC), et (QT) est l'intersection de (PQR) et de la face (ABD).

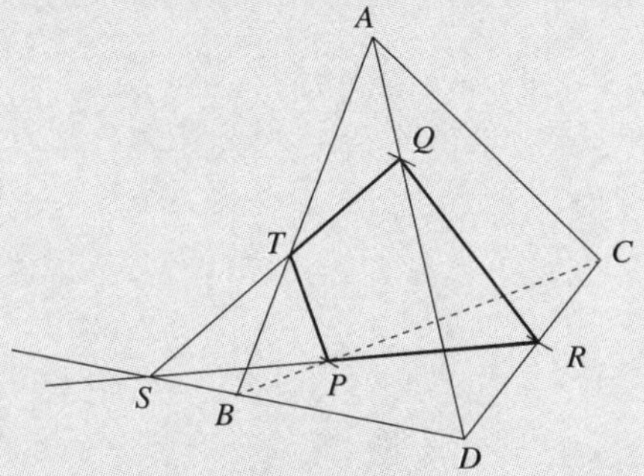

2 Le cube a six faces, il faut donc s'attendre à un hexagone. On a facilement les intersections de (PQR) avec les faces $EFGH$ et $ABFE$, puisqu'il s'agit respectivement de (QR) et (PR).

La droite (QR) coupe respectivement (EH) en S et (GH) en T.

S appartient au plan (PQR) (car $S \in (QR)$), donc (SP) est un droite de (PQR). Or S et P appartiennent également au plan de la face $ADHE$. Donc (SP) est l'intersection de (PQR) et de $ADHE$.

Notons X l'intersection de (SP) et de (DH). X est un point commun à $EDCG$ et à (PQR) ; C'est également le cas de T. Donc (XT) est l'intersection de $EDCG$ et de (PQR). (XT) et (XS) coupent respectivment (CD) et (AD) en deux points W et U qui déterminent l'intersection de (PQR) et de la face $ABCD$, d'où la section hexagonale $UWVQRP$:

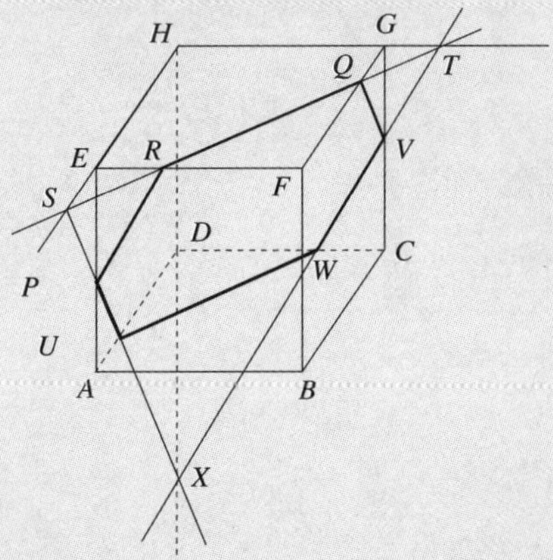

Chapitre
5

Coordonnées dans le plan

Plan du chapitre

1. Repérage
2. Coordonnées d'un vecteur
3. Configurations classiques du plan

1 Repérage

Exercice type 1 — Lycée Lavoisier, Paris

Dans le plan muni d'un repère orthonormé (O, I, J), on considère les points $A(-3; 0)$, $B(-6; -3)$ et $C\left(\dfrac{3}{2}; \dfrac{9}{2}\right)$.

1. Montrer que les points A, B et C sont alignés.
2. Déterminer les coordonnées du point D pour que $COBD$ soit un parallélogramme.
3. Déterminer les coordonnées du point M centre de ce parallélogramme.

Voir corrigé page 210

1.1 Une histoire de pirate…

Pour repérer son trésor, un pirate a écrit :
« À partir de l'arbre creux, faire 50 grand pas vers l'est, puis 31 petits pas vers le nord. »

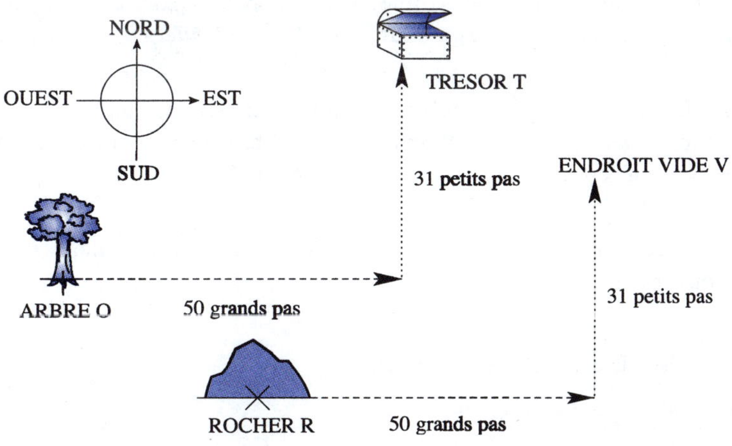

Dans cette phrase, les seuls renseignements chiffrés sont 50 et 31. Mais seuls, ils ne permettront pas de retrouver le trésor ! Nous avons besoin :

- d'un objet de référence : l'arbre creux. Si, à la place, on part du gros rocher, on ne trouvera pas le trésor.
- de la *direction* des pas (est-ouest et nord-sud), et de leur *sens* (est, et non ouest ; nord, et non sud) ;
- de la *longueur* des pas dans chaque direction (si on fait 50 petits pas vers l'est et 31 grands pas vers le nord, le trésor est perdu !)
- enfin, du nombre de pas dans chaque direction...

On peut indiquer facilement la direction et la longueur des pas à l'aide du point atteint lorsqu'on fait 1 pas, à partir du point de référence, dans la direction attendue.

Supposons maintenant que notre pirate soit un mathématicien, il dira :

- Soit O l'arbre creux (le point de référence) ;
- soit I le point où on arrive après avoir fait un (petit) pas vers l'est à partir de O ;
- soit J le point d'arrivée après un (grand) pas vers le nord à partir de O :
- dans le repère (O, I, J), les coordonnées du trésor sont (50, 31).

1.2 Coordonnées

1.2.1 - Repère du plan

Pour repérer les points du plan (c'est-à-dire, indiquer leur position), on choisit un point de référence, en général noté O.

On se donne ensuite deux droites orthogonales, appelées *axes*, qui se coupent en O. L'une sera *l'axe des abscisses*, l'autre *l'axe des ordonnées*.

Pour chaque axe, on choisit une orientation (ou « sens ») et une unité. Par exemple, sur la carte au trésor, l'axe des abscisses est orienté vers l'est et l'unité est 1 m ; l'axe des ordonnées est orienté vers le nord et son unité est 50 cm.

Notons I le point d'abscisse $+1$ sur l'axe des abscisses. Si je connais O et I, je sais retrouver :

- l'axe des abscisses : (OI) ;
- l'orientation de cet axe : de O vers I ;
- l'unité sur cet axe : la longueur OI.

De la même façon, notons J est le point d'ordonnée $+1$ sur l'axe des ordonnées. Si on me donne O et J, je peux sans problème retrouver :

- l'axe des ordonnées : (OJ) ;
- l'orientation de cet axe : de O vers J ;
- l'unité sur cet axe : la longueur OJ.

En donnant seulement les trois points (O, I, J), on donne tous les renseignements suivants : origine, axes, orientation des axes, unités.

1.3 Repères orthogonaux et orthonormés

Comme les axes sont orthogonaux, on dit que le repère est *orthogonal*. On représente l'axe des abscisses horizontalement et l'axe des ordonnées verticalement.
Si de plus on a pris la même unité sur les deux axes, on dit que le repère est *orthonormé*.
En mathématiques (sauf en statistiques), la quasi-totalité des repères que vous rencontrerez seront orthonormés. Dans ces repères, les calculs sont simplifiés ; on peut appliquer, par exemple, la formule donnant la longueur d'un segment (qui est fausse quand les unités sont différentes sur les deux axes).

Vous utiliserez des repères non orthonormés en statistiques, en géographie, en économie, en physique. Dans ces disciplines, on est amené à établir des graphiques reliant des données de natures différentes : par exemple, des années et des tonnes de charbon. Il n'y a en général pas de raison de vouloir représenter une tonne de charbon et une année par la même longueur sur le graphique...

1.4 Coordonnées des points

Dire que le point M a pour coordonnées cartésiennes le couple (x, y) dans le repère (O, I, J), signifie que pour aller de O à M, on fait x « pas » horizontaux et y « pas » verticaux, le sens et la longueur des pas étant indiqués par l'orientation et l'unité sur les deux axes.

Il faut bien sûr tenir compte du signe de x et y : faire -2 pas vers la gauche signifie en fait faire 2 pas vers la droite !
x est l'abscisse de M, et y est l'ordonnée de M. Le couple (x, y) ne dépend que de M et du repère.
Pour repérer un point M sur le plan, on a donc besoin de 2 nombres : on dit que le plan est de *dimension* 2.

Dans l'espace, on a besoin d'une troisième coordonnée : on est en « dimension 3 ». En physique, on doit souvent répondre simultanément à la question : « où ? », mais aussi : « quand ? ». Indiquer la position d'une particule dans l'espace n'est pas très utile, si on ne sait à quel instant elle occupe ou a occupé cette position. Le temps est donc ici une quatrième coordonnée (la « quatrième dimension » !).

1.5 Coordonnées du milieu d'un segment

Si M est le milieu de $[AB]$, avec $A(x_A, x_B)$ et $B(x_B, y_B)$,alors :

$$M\left(\frac{x_A + x_B}{2}, \frac{y_A + y_B}{2}\right)$$

1.6 Distance entre deux points

Dans un repère orthonormé, la longueur du segment $[AB]$ (ou distance entre les points A et B) est donnée par :

$$AB = \sqrt{(x_B - x_A)^2 + (y_B - y_A)^2}$$

2 Coordonnées d'un vecteur

2.1 Translation

Définition 1

La translation qui transforme A en B transforme également tout point M du plan en un point N tel que $[AN]$ et $[BM]$ aient même milieu.

Cette définition signifie que $(ABNM)$ est un parallélogramme.
En particulier, la translation qui transforme M en N transforme aussi A en B. Il s'agit donc de la *même* translation.

On voit donc que ce qui caractérise la translation, ce n'est ni le couple (A, B), ni (M, N), mais seulement les caractéristiques communes de ces couples : direction (les droites (AB) et (MN) sont parallèles, longueur ($AB = MN$) et orientation (ou sens, de A vers B ou de M vers N).

Ces trois caractéristiques définissent le vecteur $\overrightarrow{AB}$. On parlera de la *translation de vecteur* $\overrightarrow{AB}$ pour la translation qui transforme A en B. Les couples (A, B) et (M, N) ne sont que des *représentants* d'un même vecteur, qu'on peut noter $\overrightarrow{AB}$, $\overrightarrow{MN}$ ou simplement à l'aide d'une lettre surmontée d'une flèche ($\vec{u} = \overrightarrow{AB}$).

Par exemple, si on a un repère (O, I, J), on note couramment $\vec{\imath} = \overrightarrow{OI}$ et $\vec{\jmath} = \overrightarrow{OJ}$.

Si $A = B$, on dit que le vecteur est nul, on le note $\vec{0}$. La translation associée laisse tous les points du plan invariant (c'est *l'identité*).

2.2 Coordonnées d'un vecteur

Supposons $\overrightarrow{MN} = \overrightarrow{AB}$.
Dans un repère (O, I, J), en écrivant les coordonnées des milieux des deux segments, il vient :

$$\frac{x_A + x_N}{2} = \frac{x_B - x_M}{2} \text{ et } \frac{y_A + y_N}{2} = \frac{y_B + y_M}{2}$$

Après simplification, on obtient :

$$\begin{cases} x_N - x_M = x_B - x_A \\ y_N - y_M = y_B - y_A \end{cases}$$

On définit alors les coordonnées du vecteur $\overrightarrow{AB}$: $\begin{pmatrix} x_B - x_A \\ y_B - y_A \end{pmatrix}$.

La translation de vecteur $\overrightarrow{AB}$ transforme M en N. On ajoute aux coordonnées de M celles de $\overrightarrow{AB}$ pour obtenir celles de N.

Remarque

On indique les coordonnées d'un point en ligne : $M(2, 1)$; on indique celles d'un vecteur en colonne : $\vec{u}\begin{pmatrix} 1 \\ 2 \end{pmatrix}$ (sans mettre de signe = !)

2.3 Somme de vecteurs

Définition 2

Si on enchaîne la translation de vecteur $\vec{v}$ à la translation de vecteur $\vec{u}$, on obtient une translation, de vecteur $\vec{u} + \vec{v}$.

2.3.1 - Coordonnées d'une somme de vecteurs

Soient $\vec{u}_1 \begin{pmatrix} x_1 \\ y_1 \end{pmatrix}$ et $\vec{u}_2 \begin{pmatrix} x_2 \\ y_2 \end{pmatrix}$, alors $\vec{u} = \vec{u}_1 + \vec{u}_2$ a pour coordonnées :

$$\vec{u}\begin{pmatrix} x_1 + x_2 \\ y_1 + y_2 \end{pmatrix}$$

2.3.2 - La relation de Chasles

Si $A(x_A, y_A)$, $B(x_B, y_B)$, et $C(x_C, y_C)$ sont trois points du plan, il suffit de calculer les coordonnées des vecteurs $\overrightarrow{AB}$, $\overrightarrow{BC}$ et $\overrightarrow{AC}$ pour constater :

$$\overrightarrow{AB} + \overrightarrow{BC} = \overrightarrow{AC}$$

2.3.3 - La règle du parallélogramme

Pour construire la somme de deux vecteurs $\vec{u}$ et $\vec{v}$, on a deux méthodes :

- On applique la relation de Chasles en trouvant des points A, B, C, tels que $\vec{u} = \overrightarrow{AB}$ et $\vec{v} = \overrightarrow{BC}$. Ainsi, $\vec{u} + \vec{v} = \overrightarrow{AC}$.
- On choisit A, B et C tels que $\overrightarrow{AB} = \vec{u}$ et $\overrightarrow{AC} = \vec{v}$. On construit le parallélogramme $ABDC$. Dans ce parallélogramme, on constate $\overrightarrow{AC} = \overrightarrow{BD}$. Alors la relation de Chasles $\overrightarrow{AB} + \overrightarrow{BD} = \overrightarrow{AD}$ permet de justifier :

  $$\overrightarrow{AD} = \vec{u} + \vec{v}$$

  Cette relation s'appelle la *règle du parallélogramme*

2.4 Produit d'un vecteur par un réel

2.5 Coordonnées du produit d'un vecteur par un réel

Soient k un réel et $\vec{u}$ un vecteur de coordonnées $\begin{pmatrix} x \\ y \end{pmatrix}$ dans un repère (O, I, J). Alors :

$$k\vec{u} \begin{pmatrix} kx \\ ky \end{pmatrix}$$

En particulier, $(-1).\vec{u} = -\vec{u}$ est le vecteur *opposé* de $\vec{u}$.

2.6 Vecteurs colinéaires

Deux vecteurs sont colinéaires s'ils sont même direction (ils sont « parallèles »).

À retenir

(Critères pratiques) Soient $\vec{u}_1 \begin{pmatrix} x_1 \\ y_1 \end{pmatrix}$ et $\vec{u}_2 \begin{pmatrix} x_2 \\ y_2 \end{pmatrix}$.

- $\vec{u}_1$ et $\vec{u}_2$ sont colinéaires si et seulement si on peut trouver un coefficient de proportionnalité k tel que $\vec{u}_2 = k\vec{u}_1$, ce qui s'écrit :
$$\begin{cases} x_2 = kx_1 \\ y_2 = ky_1 \end{cases}$$
- Les deux vecteurs sont colinéaires si et seulement si
$$x_1y_2 - y_1x_2 = 0$$

Exemple

Si $\vec{u}_1 \begin{pmatrix} 3 \\ 6 \end{pmatrix}$ et $\vec{u}_2 \begin{pmatrix} 1 \\ 2 \end{pmatrix}$, dites directement que $\vec{u}_1 = 3\vec{u}_2$, ce qui montre que les deux vecteurs sont colinéaires.
On peut également remarquer : $3 \times 2 - 6 \times 1 = 0$, ce qui confirme le résultat.

2.7 Montrer que trois points sont alignés

Rappel : « A, B et C » sont alignés signifie qu'ils sont situés sur la même droite.

A, B et C sont alignés si et seulement si $\overrightarrow{AB}$ et $\overrightarrow{AC}$ sont colinéaires.

Exemple
$A(3, 3)$; $B(5, 4)$; $C(-1, 1)$. On a $\overrightarrow{AB} \begin{pmatrix} 2 \\ 1 \end{pmatrix}$ et $\overrightarrow{AC} \begin{pmatrix} -4 \\ -2 \end{pmatrix}$.
On constate $\overrightarrow{AB} = -2\overrightarrow{AC}$ donc A, B et C sont alignés.

Remarque
Il suffit de former deux vecteurs distincts contenant les trois points. On peut remplacer $\overrightarrow{AB}$ et $\overrightarrow{AC}$ par :
- $\overrightarrow{AC}$ et $\overrightarrow{BC}$;
- $\overrightarrow{AB}$ et $\overrightarrow{BC}$, etc.

2.8 Vecteurs directeurs d'une droite

Un vecteur *non nul* est un vecteur directeur de la droite D si et seulement si sa direction est celle de D. (Le vecteur est « parallèle » à la droite).

On dit que c'est un vecteur *directeur* car il indique sa *direction*.

Exemple

Dans le repère (O, I, J), $\vec{\imath}$ est un vecteur directeur de l'axe des abscisses, $\vec{\jmath}$ est un vecteur directeur de l'axe des ordonnées.

Propriétés 1

- $\overrightarrow{AB}$ est un vecteur directeur de (AB).
- Une droite admet une infinité de vecteurs directeurs, qui sont tous colinéaires.
- Si A est un point de la droite D, $\vec{u}$ un vecteur directeur de (AB) et B l'image de A par la translation de vecteur $\vec{u}$, alors B est un point de D.
- En revanche, $\overrightarrow{EF}$ peut être un vecteur directeur de D sans que ni E, ni F ne soit sur D

Solution de l'exercice type 1

1 A, B et C sont alignés si et seulement si les droites (AB) et (AC) sont confondues. Comme ces deux droites passent par A, il suffit de vérifier que les vecteurs $\overrightarrow{AB}$ et $\overrightarrow{AC}$ sont colinéaires. On calcule leurs coordonnées :

$$\overrightarrow{AB}\begin{pmatrix}-6+3\\-3-0\end{pmatrix} \text{ donc } \overrightarrow{AB}\begin{pmatrix}-3\\-3\end{pmatrix}$$

$$\overrightarrow{AC}\begin{pmatrix}\frac{3}{2}+3\\\frac{9}{2}-0\end{pmatrix} \text{ donc } \overrightarrow{AC}\begin{pmatrix}\frac{9}{2}\\\frac{9}{2}\end{pmatrix}$$

Les deux vecteurs sont bien colinéaires (on a $\overrightarrow{AC} = -\frac{3}{2}\overrightarrow{AB}$), donc les trois points sont alignés.

2 $COBD$ est un parallélogramme si et seulement si $\overrightarrow{OC} = \overrightarrow{BD}$. Comme O est l'origine du repère, les coordonnées du vecteur $\overrightarrow{OC}$ sont, par définition, celles de C :

$$\overrightarrow{OC}\begin{pmatrix}\frac{3}{2}\\\frac{9}{2}\end{pmatrix}$$

Notons provisoirement (x_D, y_D) les coordonnées de D. Le vecteur $\overrightarrow{BD}$ a pour coordonnées :

$$\overrightarrow{BD}\begin{pmatrix}x_D+6\\y_D+3\end{pmatrix}$$

Il suffit de résoudre l'équation :

$$\overrightarrow{BD} = \overrightarrow{OC} \Leftrightarrow \begin{cases} x_D + 6 = \frac{3}{2} \\ y_D + 3 = \frac{9}{2} \end{cases} \Leftrightarrow \begin{cases} x_D = -\frac{9}{2} \\ y_D = \frac{3}{2} \end{cases}$$

D'où : $D\left(-\frac{9}{2}, \frac{3}{2}\right)$.

3 Le centre du parallélogramme est le milieu commun des diagonales $[BC]$ et $[OD]$. Comme $O(0, 0)$, il est préférable d'utiliser le segment $[OD]$, il vient facilement :

$$M\left(-\frac{9}{4}, \frac{3}{4}\right)$$

COURS

EXERCICES

CORRIGÉS

3 Configurations classiques du plan

Exercice type 2 — Lycée Janson de Sailly, Paris

Soit $\mathcal{C}$ un cercle de diamètre $[AB]$, de centre O et C un point de $\mathcal{C}$ distinct de A ou B. Soit I le milieu de $[BC]$ et J celui de $[OA]$. La droite (CJ) coupe (OI) en K.

1. Montrer que (OI) et (BC) sont perpendiculaires.
2. Montrer que $COKA$ est un parallélogramme.
3. Montrer que O est le centre de gravité de BCK. Que dire de BCK ?

Voir corrigé page 216

3.1 Le parallélogramme

- $\overrightarrow{AB} = \overrightarrow{DC}$
- $[AC]$ et $[BC]$ ont même milieu.

3.2 Le triangle

- Les trois hauteurs sont concourantes. Le point d'intersection H s'appelle l'orthocentre du triangle.
- Les trois médiatrices des côtés sont concourantes. Le point d'intersection O est le centre du cercle circonscrit.
- Les trois médianes sont concourantes. Le point d'intersection G est le centre de gravité (situé aux deux-tiers de chaque médiane).
- Si I est le milieu de $[AB]$ et J celui de $[BC]$ alors (IJ) est parallèle à (AC)
- (Réciproque) Si I est le milieu de $[AB]$, alors la parallèle à (AC) qui passe par I coupe $[BC]$ en son milieu.

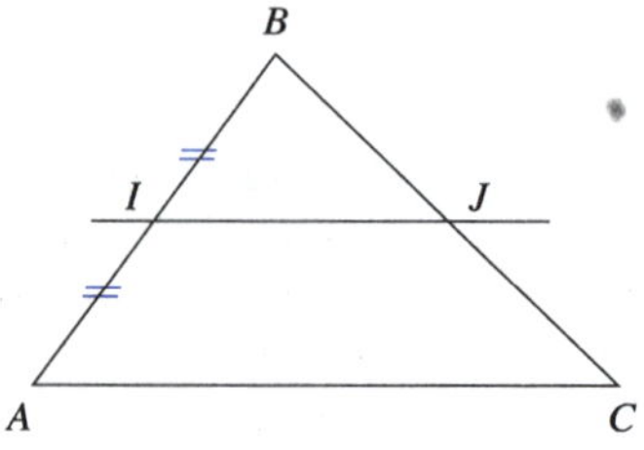

3.3 Le triangle rectangle

- Dans un triangle rectangle, l'hypoténuse est un diamètre du cercle circonscrit.
- (Réciproque) Si B appartient au cercle de diamètre $[AC]$, alors le triangle ABC est rectangle en B.

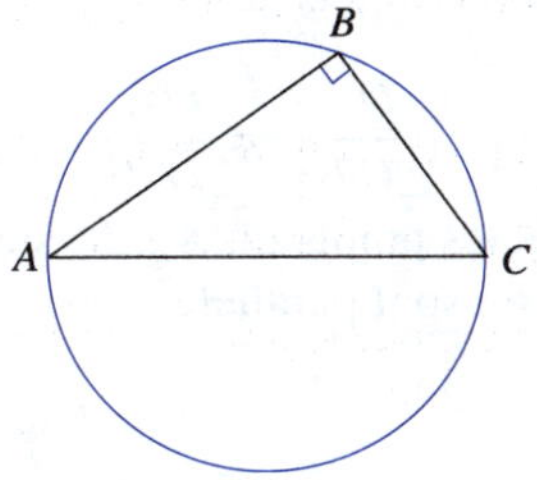

3.4 Le théorème de Thalès

Soient D_1 et D_2 deux droites sécantes en O. Soient deux droites parallèles qui coupent D_1 respectivement en A_1 et B_1, et D_2 respectivement en A_2 et B_2. On a deux configurations possibles :

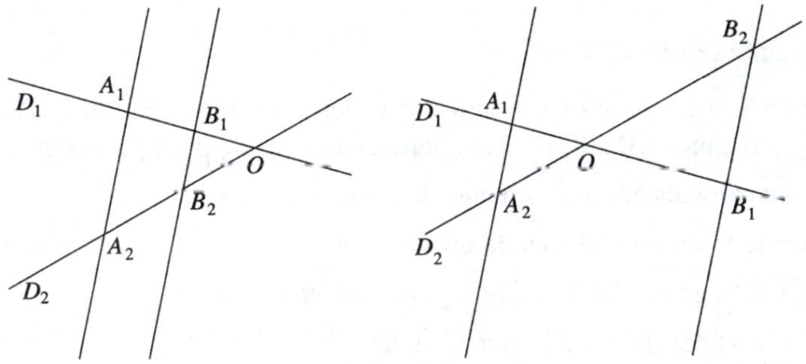

Alors :

$$\frac{OA_2}{OB_2} = \frac{OA_1}{OB_1} = \frac{A_1A_2}{B_1B_2}$$

À savoir

Ne cherchez pas à apprendre ces formules par cœur. Vous risquez la catastrophe si les noms des points ne sont pas les mêmes dans votre énoncé. Faites plutôt une figure, remarquez bien quelles sont les longueurs proportionnelles, quels sont les angles égaux, et n'oubliez pas de citer le nom de Thalès pour justifier ce que vous constatez sur le dessin.

3.5 La réciproque du théorème de Thalès

Théorème 1

Si D_1 et D_2 sont deux droites sécantes en O.
A_1 et B_1 deux points de D_1, distincts de O.
A_2 et B_2 deux points de D_2, distincts de O.
Si

$$\frac{OA_2}{OB_2} = \frac{OA_1}{OB_1}$$

et si les points O, A_1, B_1 et les points O, A_2, B_2 sont dans le même ordre, alors les droites (A_1A_2) et (B_1B_2) sont parallèles.

Remarque

On voit qu'on est alors dans une des deux configurations de Thalès, on peut en déduire :

$$\frac{OA_2}{OB_2} = \frac{OA_1}{OB_1} = \frac{A_1A_2}{B_1B_2}$$

3.6 Symétries

3.6.1 - Propriétés communes

Les symétries orthogonales (ou axiales) et les symétries centrales vérifient les propriétés suivantes (A', B', C' désignent les images de points A, B et C).

- Des points alignés ont pour images des points alignés.
- L'image de la droite (AB) est la droite $(A'B')$.
- L'image du segment $[AB]$ est le segment $[A'B']$.
- Conservation des distances : $AB = A'B'$.
- L'image du milieu de $[AB]$ est le milieu de $[A'B']$.
- L'image d'un cercle de centre A est le cercle de centre A', de même rayon (vient de la conservation des distances).
- Conservation du parallélisme : les images de deux droites parallèles sont deux droites parallèles.
- Conservation des angles (non orientés) : $\widehat{ABC} = \widehat{A'B'C'}$.
- Conservation de l'orthogonalité : les images de deux droites perpendiculaires sont deux droites perpendiculaires (vient de la conservation des angles).

À savoir

Un *point invariant* est un point qui est sa propre image (la transformation ne le change pas, ne le fait pas « varier »).
Si une droite a pour image elle-même, on dit qu'elle est *globalement* invariante.
Si de plus tous ses points sont invariants, on dit que la droite est *invariante point par point*.

3.7 Symétrie orthogonale d'axe Δ

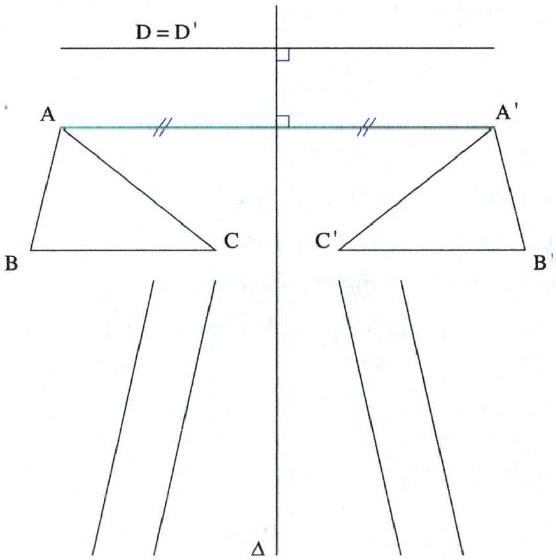

Propriétés 2

- Δ est la médiatrice de $[AA']$.
- Les angles orientés sont changés en leur opposés (les angles non orientés sont conservés).
- Les points de l'axe sont invariants.
- Les droites orthogonales à l'axe sont globalement invariantes.
- Si D' est l'image de la droite D, alors Δ est bissectrice de l'angle formé par les droites D et D'.

À savoir

Ne pas confondre la propriété : « les images de deux droites parallèles sont deux droites parallèles » (valable pour toutes les transformations que vous connaissez) et : « L'image d'une droite est une droite parallèle » (ce qui n'est vrai que pour les symétries centrales et les translations).
Dans le cas d'une symétrie d'axe Δ, par exemple, si D_1 et D_2 sont deux droites parallèles, que D_1' est l'image de D_1 et D_2' l'image de D_2, alors $D_1' \parallel D_2'$. Pourtant, comme on peut le voir sur la figure, il n'y a pas de raison que D_1 et D_1' soient parallèles.

3.8 Symétrie de centre O

Propriétés 3

- O est le milieu de $[AA']$.
- Les angles orientés sont conservés.
- L'image d'une droite est une droite parallèle.
- Le centre de symétrie est l'unique point invariant.
- Les droites qui passent par le centre de symétrie sont globalement invariantes.

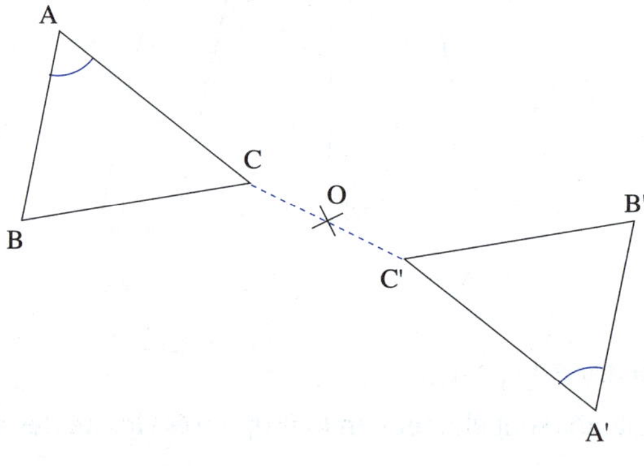

Solution de l'exercice type 2

1 Dans le triangle ABC, I est le milieu de $[BC]$ et O est le milieu de $[AB]$ donc (OI) est parallèle à (AC) (droite des milieux).
C appartient au cercle de diamètre $[AB]$ donc ABC est rectangle en C et $(AC) \perp (BC)$.

Solution de l'exercice type 2 (suite)

Conclusion : Comme $(AC) \perp (BC)$ et $(AC) \parallel (OI)$, on a :

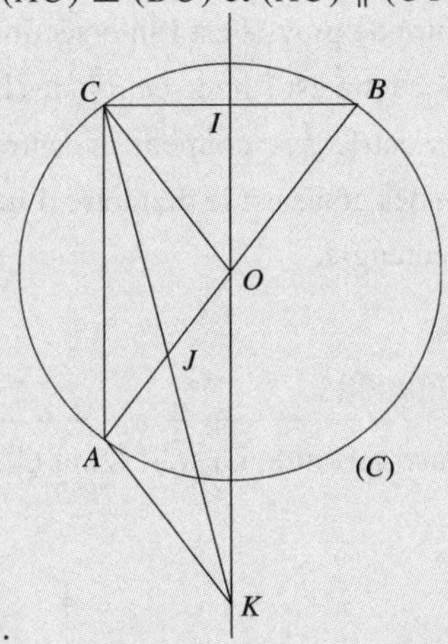

$(BC) \perp (OI)$.

2 Les droites (OI) et (AC) sont parallèles, donc les triangles ACJ et OJK sont en configuration de Thalès. Il vient :

$$\frac{JK}{JC} = \frac{JO}{JA} = 1$$

(car $JO = JA$), donc $JK = JC$ et J est le milieu de $[CK]$.

Les diagonales de $COKA$ se coupent en leur milieu J donc $COKA$ est un parallélogramme.

Autre méthode : Dans le triangle ABC, (OI) joint le milieu O de $[AB]$ et le milieu I de $[BC]$, donc $(OI) \parallel (AC)$. De là, la translation qui transforme C en A transforme O en un point M qui est aligné d'une part avec O et I, et de l'autre aligné avec J et C (car J est le milieu de $[OA]$ et donc de $[CM]$. On en déduit que P et K sont confondus.

3 J est le milieu de $[CK]$, donc (BJ) est une médiane de BCK. I est le milieu de $[BC]$ donc (IK) est une autre médiane de BCK. Ces deux médianes se coupent en O, donc O est le centre de gravité de BCK (intersection des médianes).

Comme $(OI) \perp (BC)$, (OI) est également la hauteur issue de K dans BCK et la médiatrice de $[BC]$. K appartenant à la médiatrice de $[BC]$, on a $KB = KC$ et donc BCK est isocèle en K.

COURS EXERCICES CORRIGÉS

QCM 1 Propriétés du triangle

5 min. | corrigé p. 228

Dans un triangle :

- a Le centre de gravité est l'intersection des médiatrices.
- b L'orthocentre est l'intersection des hauteurs.
- c Les bissectrices se coupent au centre du cercle inscrit.
- d Si l'un des côtés est le diamètre d'un cercle, alors le triangle est rectangle.

QCM 2 Transformations

5 min. | corrigé p. 228

Dans la figure suivante, C_1, C_2, C_3 et C_4 sont des carrés.

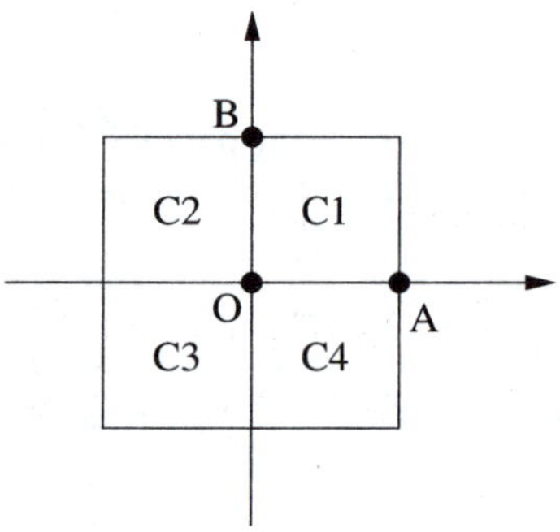

- a C_1 est symétrique de C_4 par rapport à (OA).
- b C_3 est l'image de C_4 par la symétrie de centre O.
- c La translation de vecteur $\overrightarrow{BA}$ transforme C_2 en C_1.

QCM 3 Coordonnées des vecteurs

5 min. | corrigé p. 228

Dans le repère orthonormé (O, I, J), on donne $A(3; 2)$ et $B(5; 1)$.

- a $\overrightarrow{AB}$ a pour coordonnées $\binom{8}{3}$
- b $\overrightarrow{AB}$ a pour coordonnées $\binom{2}{-1}$
- c $AB = 2^2 + 1^2 = 5$
- d Le milieu de $[AB]$ a pour coordonnées $(4, \frac{3}{2})$.

QCM

4 Calcul vectoriel

10 min. corrigé p. 228

$ABCD$ et $BFCD$ sont des parallélogrammes. O est le centre de $BFCD$ et E le milieu de $[AD]$.

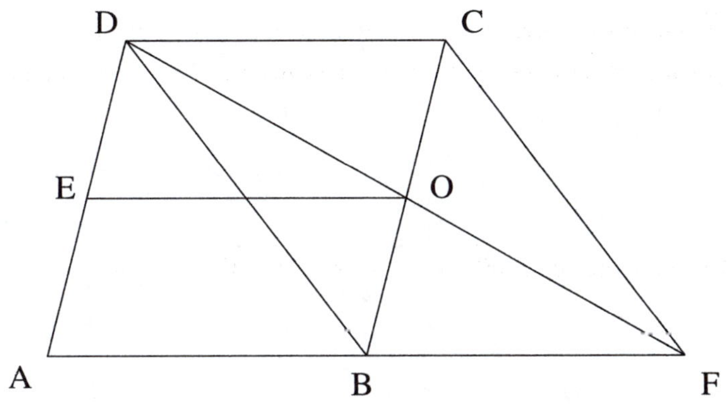

Quelles sont les affirmations exactes ?

a $\overrightarrow{AB} + \overrightarrow{OF} = \overrightarrow{EF}$ **b** $\overrightarrow{AB} - \overrightarrow{AE} = \overrightarrow{OF}$

c $\overrightarrow{CF} = \overrightarrow{BD}$ **d** $\overrightarrow{AO} + \overrightarrow{EF} = 3\overrightarrow{AB}$

e $\overrightarrow{BC} + \overrightarrow{OF} = \overrightarrow{EB}$

5 Étude d'une configuration

★ 10 min. corrigé p. 228

Lycée Romain Rolland, Ivry-sur-Seine

BAC est un triangle rectangle en A. H est le projeté orthogonal de A sur $[BC]$. I est un point de $[AH]$. La droite parallèle à (AB) passant par I coupe (BC) en J et (AC) en K. Démontrer que (CI) est perpendiculaire à (AJ).

6 Calculs de longueurs

★ 15 min. corrigé p. 229

Lycée Claude Debussy, Saint-Germain-en-Laye

Le triangle ABC est équilatéral de côté 2 et $BD = CE$.
On note O le pied de la hauteur issue de A dans ABC et on choisit un repère (O, C, J) de sorte que A ait une ordonnée positive.

1 Quelle est la distance OA ?

2 Déterminer les coordonnées des vecteurs $\overrightarrow{AB}$, $\overrightarrow{AC}$ et $\overrightarrow{BC}$ dans le repère (O, C, J).

3 On suppose $\overrightarrow{BD} = k\overrightarrow{AB}$ et $\overrightarrow{CE} = k\overrightarrow{BC}$. Montrer que $AE = CD$.

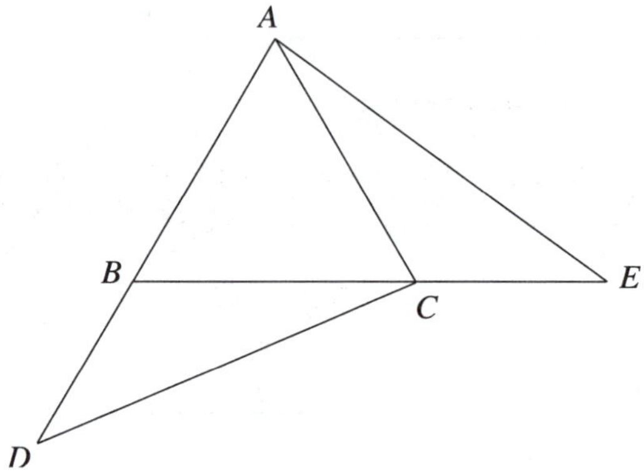

7 Transformations

★ 5 min. corrigé p. 230

Lycée Colbert, Paris

$ABCD$ étant un parallélogramme de centre O, I et J milieux de $[OD]$ et $[OB]$.
Comparer IC et JA.

8 Aire

★ 10 min. corrigé p. 231

Lycée Raspail, Paris

Soit ABC un triangle rectangle en A. Soit M un point de $[AB]$. La parallèle à (AC) passant par M coupe $[BC]$ en N ; la parallèle à (AB) passant par N coupe $[AC]$ en P. On note $\mathcal{A}$ l'aire du triangle ABC.

1 Montrer que $APNM$ est un rectangle.

2 On pose $x = \dfrac{AM}{AB}$. Donner l'aire de PNC en fonction de x et $\mathcal{A}$.

3 Donner l'aire de MBN en fonction de x et $\mathcal{A}$.

4 Exprimer l'aire du rectangle $AMNP$ en fonction de x et $\mathcal{A}$.

5 Résoudre l'inéquation $2x(1-x) \geq \dfrac{1}{2}$ et montrer que l'aire du rectangle est maximum quand M est le milieu de $[AB]$.

9 Étude d'une configuration

★ 10 min. corrigé p. 232

Lycée Henri IV, Paris

Construire un triangle ABC dont on connaît B, C, G le centre de gravité.

10 Théorème de Thalès

★ 10 min. corrigé p. 233

Lycée Blaise Pascal, Clermont-Ferrand

Soit ABC un triangle, I le milieu de $[BC]$. Une droite Δ parallèle à (AI) coupe (BC), (CA) et (AB), respectivement en A', B' et C'. Montrer :

$$\frac{AC}{AB} = \frac{AB'}{AC'}$$

11 Théorème de Thalès

★ 15 min. corrigé p. 234

Lycée Kléber, Strasbourg

$ABCD$ est un trapèze avec $(AB) \parallel (CD)$. Par E, intersection des diagonales (AC) et (BD), on mène Δ, parallèle à (AD) et qui coupe $[DC]$ en F, ainsi que Δ', parallèle à (BC) et qui coupe $[DC]$ en G.

1 Faire une figure.

2 Montrer que $GC = DF$.

12 Coordonnées

★★ 30 min. corrigé p. 235

Lycée Saint Aspais, Fontainebleau

Dans un plan muni d'un repère orthonormé (O, I, J), on considère les points : $A(3; 3)$, $B(5; 2)$, $C(1; -1)$, $E(11; 2)$, $F(7; 4)$.

1 Faire une figure.

2 Montrer que les droites (AB) et (EF) sont parallèles.

3 Montrer que le triangle ABC est rectangle.

4 Soit $G(7; -6)$

(a) Calculer FG, EF et EG.

(b) Montrer que les triangles ABC et EFG ont leurs côtés proportionnels.

COURS EXERCICES CORRIGÉS

13 Étude d'une configuration

★ ★ 30 min. corrigé p. 236

Lycée Racine, Paris

Soit ABC un triangle non rectangle, O le centre du cercle circonscrit Γ et H son orthocentre. D est le point diamétralement opposé à A sur Γ.

1. Faire une figure, que l'on complétera au fur et à mesure des questions.
2. **(a)** Déterminer la nature des triangles ACD et ABD.
   (b) En déduire que (BH) est parallèle à (CD) et que (CH) est parallèle à (BD).
   (c) En déduire que $[BC]$ et $[DH]$ ont même milieu I.
3. Soit K le symétrique de H par rapport à (BC). Soit J le milieu de $[HK]$.
   (a) En utilisant le triangle HKD, montrer que (KD) est parallèle à (JI).
   (b) En déduire que les droites (AK) et (KD) sont perpendiculaires.
4. En déduire que K appartient au cercle Γ.

14 Étude d'une configuration

★ ★ 10 min. corrigé p. 237

Lycée Jean Moulin, Lyon

Soit ABC un triangle isocèle en A. I et J sont les milieux respectifs de $[AB]$ et $[AC]$. En utilisant l'axe de symétrie :

1. montrer que $CI = BJ$;
2. si G est le centre de gravité du triangle, montrer que $\widehat{GIB} = \widehat{GJC}$.
3. si H est l'orthocentre du triangle ABC, montrer que le triangle HIJ est isocèle.

15 Étude d'une configuration

★ ★ 15 min. corrigé p. 238

Lycée Français, Bruxelles

Soit $\mathcal{C}$ un cercle de centre O, de rayon R, et $[AB]$ un diamètre. Soit M un point de $\mathcal{C}$, distinct de A, m le milieu de $[AM]$ et N le symétrique de m par rapport à O.

1. Montrer que m appartient au cercle de diamètre $[AO]$.
2. Montrer que N appartient au cercle de diamètre $[BO]$.

16 Théorèmes de Thalès et Pythagore

★★ 20 min. corrigé p. 238

Lycée Pasteur, Strasbourg

Les points A, B, C et D sont alignés, dans cet ordre, avec $AB = BC = CD = 4$ cm. On note (C_1), (C_2), (C_3) les cercles de diamètre $[AB]$, $[BC]$, $[CD]$ et O_1, O_2 et O_3 leurs centres respectifs. Soit C_4 le cercle de diamètre $[AO_3]$ et T un des points d'intersection des cercles C_3 et C_4.

1 Faire une figure.

2 Prouver que la droite (AT) est tangente au cercle (C_3).

3 La droite (AT) coupe le cercle (C_2) en P et Q. Soit I le milieu du segment $[PQ]$.

- **(a)** Montrer que les droites (O_2I) et (AT) sont perpendiculaires.
- **(b)** Calculer la longueur O_2I.
- **(c)** En déduire la longueur PQ.

17 Aires

★★ 15 min. corrigé p. 239

Lycée Chateaubriand, Rennes

Un triangle ABC de hauteur $[AH]$ est tel que $AB = 5$, $BC = 8$, et $AH = 4$ (unité : le cm). Construire ce triangle.

Par un point K de $[AH]$, on mène la parallèle à (BC). Elle coupe $[AB]$ en M et $[AC]$ en N. P et Q sont les projetés orthogonaux de M et N sur (BC). On note $AK = x$.

1 Calculer en fonction de x l'aire $a(x)$ du rectangle $MNQP$.

2 Pour quelle valeur de x ce rectangle a-t-il une aire maximale ? Quelle est ce maximum ?

18 Aires

★★ 15 min. corrigé p. 240

Lycée Henri IV, Paris

Un triangle ABC est tel que la hauteur issue de A a une longueur qui est la somme des longueurs des deux hauteurs. Montrer :

$$\frac{1}{\sin \widehat{A}} = \frac{1}{\sin \widehat{B}} + \frac{1}{\sin \widehat{C}}$$

COURS EXERCICES CORRIGÉS

19 Aires

★★ 20 min. corrigé p. 241

Lycée Louis le Grand, Paris

ABC est un triangle quelconque.

1 En utilisant la hauteur issue de B et les notations usuelles $a = BC$, $b = AC$ et $c = AB$, montrer que l'aire S du triangle vérifie :

$$S = \frac{bc\sin\widehat{A}}{2}$$

2 Écrire deux autres formules analogues (sans démonstration).

3 En déduire :

$$\frac{a}{\sin\widehat{A}} = \frac{b}{\sin\widehat{B}} = \frac{c}{\sin\widehat{C}} = \frac{abc}{2S}$$

20 Théorème de Thalès

★★ 15 min. corrigé p. 242

Lycée Pasteur, Neuilly-sur-Seine

On considère la figure ci-contre où (CC'') et Δ sont parallèles. ABC est un triangle quelconque, et Δ est une transversale quelconque.

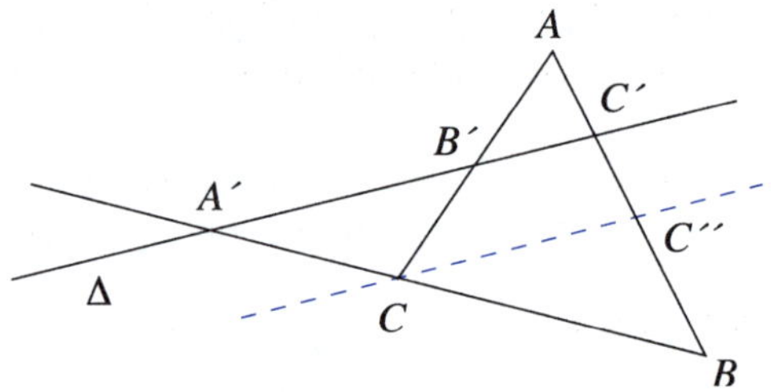

Montrer :

$$\frac{A'B}{A'C} \times \frac{B'C}{B'A} \times \frac{C'A}{C'B} = 1$$

21 Étude d'une configuration

★★ 15 min. corrigé p. 242

Lycée Louis-le-Grand, Paris

Deux cercles $\mathcal{C}$ et $\mathcal{C}'$ sont sécants en A et B. Soient P et Q les points diamétralement opposés à A sur chacun des cercles. Faire une figure et montrer que P, B et Q sont alignés.

22 Étude d'une configuration

★★★ *15 min.* corrigé *p. 243*

Lycée Pierre de Fermat, Toulouse

A, B, C sont trois points sur un cercle de centre O. D est le point diamétralement opposé à A sur le cercle. I est le milieu de $[BC]$ et $[AM]$, $[BN]$, $[CP]$ les trois hauteurs du triangle ABC. H est l'orthocentre de ABC et (AM) recoupe le cercle en H'.

1 Justifier que $\widehat{ABD}$, $\widehat{AH'D}$, $\widehat{ACD}$ sont trois angles droits.

2 Montrer que $BDCH$ est un parallélogramme et que I est le milieu de $[DH]$.

3 Montrer que M est le milieu de $[HH']$.

23 Théorème de Thalès

★★★ *40 min.* corrigé *p. 243*

Lycée Louis le Grand, Paris

$ABCD$ est un carré. $E \in (AB)$, $F \in (BC)$, $G \in (CD)$, $H \in (AD)$ tels qu'on ait (EG) orthogonale à (FH).

1 Soit I, intersection de (EG) et (BC), et J, celle de (FH) et (AB). Montrer que (EF) et (IJ) sont orthogonales.

2 Comment choisir (EG) et (FH) pour que $EFGH$ soit un carré ?

24 Coordonnées

★ *20 min.* corrigé *p. 245*

Lycée Champollion, Grenoble

Soient $A(2;\, 1)$, $B(5;\, 3)$, $C(7;\, 0)$ et $E\left(\frac{9}{2};\, \frac{1}{2}\right)$.

1 Montrer que ABC est un triangle rectangle isocèle.

2 Soit $\mathcal{C}$ le cercle de centre E et de rayon $\frac{\sqrt{26}}{2}$.

(a) Vérifier que A, B et C sont des points de $\mathcal{C}$ et que E est le milieu de $[AC]$.

(b) Construire $\mathcal{C}$.

3 Sachant $\widehat{CAB} = 45^o$, quelle est l'angle $\widehat{ACB}$?

COURS · EXERCICES · CORRIGÉS

25 Coordonnées

★ 10 min. corrigé p. 246

Lycée Carnot, Dijon

Soit $\mathcal{C}$ le cercle de centre $I(1; -2)$, de rayon 5. Montrer que $A(4; 2)$ et $B(-2; -6)$ sont deux points diamétralement opposés de $\mathcal{C}$.

26 Coordonnées

★ 10 min. corrigé p. 246

Lycée Marie Curie, Versailles

On donne les quatre points $A(-2; 0)$, $B(4; -2)$, $C(5; 1)$ et $D(-1; 3)$. Montrer que le quadrilatère $ABCD$ est un rectangle.

27 Coordonnées

★ 20 min. corrigé p. 247

Lycée Buffon, Paris

On se place dans un repère orthonormé et on donne : $A(-5; 6)$, $B(-1; 1)$, $C(7; -8)$ et $D(9; 9)$.

1. Calculer les coordonnées des vecteurs $\overrightarrow{AB}$, $\overrightarrow{BC}$ et $\overrightarrow{BD}$.
2. Les points A, B et C sont-ils alignés ? (justifier)
3. Le triangle ABD est-il rectangle en B ? (justifier)

28 Coordonnées

★★ 30 min. corrigé p. 248

Lycée Victor Louis, Talence

Dans un repère orthonormé, on considère les points $M(-1; 1)$, $N(1; -5)$ et $P(-4; 0)$.

1. Démontrer que le triangle MNP est rectangle.
2. Les points R, S, T et U ont pour coordonnées $R(7; -3)$, $S(5; 3)$, $T(-2; 4)$ et $U(-5; 3)$. Démontrer que $MNRS$ est un parallélogramme.
3. Soit L le milieu de $[ST]$. Déterminer les coordonnées du point V, symétrique de M par rapport à L.
4. Le point H a pour coordonnées $(-3; -1)$. Démontrer que les points M, V, H d'une part et N, P et H d'autre part, sont alignés. Que peut-on en conclure ?
5. Démontrer que (MV) est perpendiculaire à (NP).
6. Démontrer l'égalité : $MH^2 = HN \times HP$.

29 Coordonnées

★★ 10 min. | corrigé p. 250

Lycée Montesquieu, Le Mans

Le plan est muni d'un repère orthonormé (O, I, J). On considère les points $A(-1; -1)$, $B(1; 3)$ et $C(4; -1)$.

1 Déterminer les coordonnées du point D de manière à ce que $ABCD$ soit un parallélogramme.

2 Déterminer les coordonnées du centre de $ABCD$.

3 Quelle est la nature du triangle ABC ? (Justifier).

QCM 1 Propriétés du triangle

énoncé p. 218

a FAUX. C'est l'intersection des médianes (droites qui lient un sommet et le milieu du côté opposé).

b VRAI. Une hauteur passe par un sommet et est perpendiculaire au côté opposé.

c VRAI. Ne pas confondre avec les médiatrices, qui se coupent au centre du cercle circonscrit.

d FAUX. N'importe quel segment est le diamètre d'un cercle (et d'un seul). Cependant, si le troisième sommet se trouve sur ce cercle, alors le triangle est rectangle.

QCM 2 Transformations

énoncé p. 218

a VRAI.

b FAUX. C_2 est l'image de C_4 par la symétrie de centre O.

c FAUX. La translation de vecteur $\overrightarrow{BA}$ transforme C_2 en C_4.

QCM 3 Coordonnées des vecteurs

énoncé p. 218

a FAUX. Il faut calculer la *différence* des coordonnées (celles de B moins celles de A). Les coordonnées de $\overrightarrow{AB}$ sont : $\binom{2}{-1}$.

b VRAI.

c FAUX : $AB = \sqrt{2^2 + 1^2} = \sqrt{5}$.

d VRAI. Le milieu de $[AB]$ a pour coordonnées $(\frac{x_A + x_B}{2}, \frac{y_A + y_B}{2})$.

QCM 4 Calcul vectoriel

énoncé p. 219

a VRAI, car $\overrightarrow{AB} = \overrightarrow{EO}$ et $\overrightarrow{EO} + \overrightarrow{OF} = \overrightarrow{EF}$.

b VRAI, car $\overrightarrow{AB} = \overrightarrow{DC}$ et $-\overrightarrow{AE} = \overrightarrow{CO}$, donc $\overrightarrow{AB} - \overrightarrow{AE} = \overrightarrow{DO}$. Comme $BFCD$ est un parallélogramme, O est le milieu de $[DF]$, donc $\overrightarrow{DO} = \overrightarrow{OF}$.

c FAUX. $\overrightarrow{CF} = -\overrightarrow{BD}$. d VRAI, car $\overrightarrow{EF} = \overrightarrow{EO} + \overrightarrow{OF}$, donc : $\overrightarrow{AO} + \overrightarrow{EF} = \overrightarrow{AF} + \overrightarrow{EO} = 3\overrightarrow{AB}$.

e FAUX. Comme $\overrightarrow{BC} = \overrightarrow{AD}$ et $\overrightarrow{OF} = \overrightarrow{D0}$, on a : $\overrightarrow{BC} + \overrightarrow{OF} = \overrightarrow{AO} \neq \overrightarrow{EB}$.

5 Étude d'une configuration

énoncé p. 219

Lycée Romain Rolland, Ivry-sur-Seine

On considère le triangle AJC.

(AH) est la hauteur issue de A.

Comme (JK) et (AB) sont parallèles et que (AB) et (AC) sont perpendiculaires, on en déduit que (JK) et (AC) sont perpendiculaires. (JK) est donc une hauteur de AJC.

Finalement, I étant l'intersection des deux hauteurs (JK) et (AH), I est donc l'orthocentre du triangle AJC. En particulier, (CI) est une hauteur donc (CI) et (AJ) sont perpendiculaires.

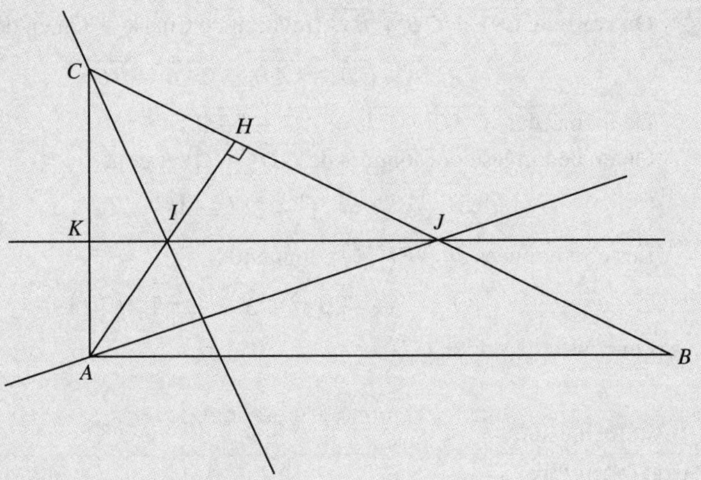

6 Calculs de longueurs

énoncé p. 219

Lycée Claude Debussy, Saint-Germain-en-Laye

Notons sur la figure les longueurs égales :

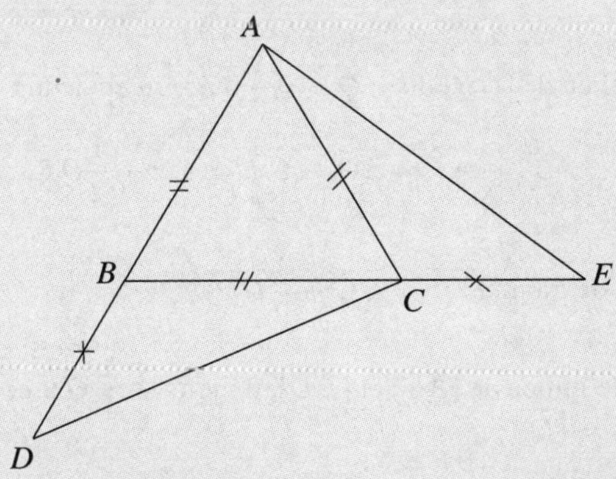

1 Plaçons le point O. Le triangle OAC est rectangle en O. On sait que $AC = 2$ et $OA = 1$ (car dans un triangle équilatéral, le pied de la hauteur est le milieu de la base). On applique le théorème de Pythagore dans le triangle OAC, il vient :

$$AC^2 = A0^2 + OC^2$$

donc $OA^2 = AC^2 - OC^2 = 4 - 1 = 3$ et $OA = \sqrt{3}$.

2 Dans ce repère, on calcule les coordonnées des vecteurs $\overrightarrow{AB}\binom{-1}{-\sqrt{3}}$; $\overrightarrow{BC}\binom{2}{0}$ et $\overrightarrow{AC}\binom{1}{-\sqrt{3}}$.

3 On constate $\overrightarrow{CD} = \overrightarrow{CB} + \overrightarrow{BD}$ (relation de Chasles). On en déduit :

$$\overrightarrow{CD} = \overrightarrow{CB} + k\overrightarrow{AB} = k\overrightarrow{AB} - \overrightarrow{BC}$$

De même $\overrightarrow{AE} = \overrightarrow{AC} + \overrightarrow{CE} = \overrightarrow{AC} + k\overrightarrow{BC}$.
On en déduit les coordonnées de $\overrightarrow{CD}\binom{-k-2}{-k\sqrt{3}}$ et donc :

$$CD^2 = (-k-2)^2 + 3k^2 = 4k^2 + 4k + 4$$

Les coordonnées de $\overrightarrow{AE}\binom{1+2k}{-\sqrt{3}}$ donnent :

$$AE^2 = (1+2k)^2 + 3 = 4k^2 + 4k + 4$$

On constate : $AE = CD$.

7 Transformations

énoncé p. 220

Lycée Colbert, Paris

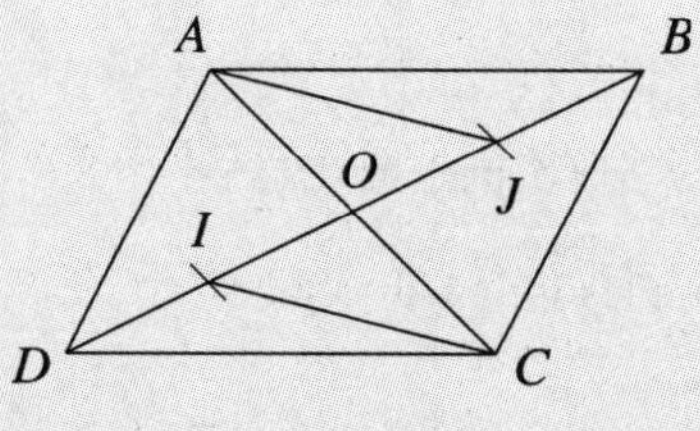

J est le milieu de $[OB]$ donc $\overrightarrow{OJ} = \dfrac{1}{2}\overrightarrow{OB}$. On en déduit :

$$\overrightarrow{AJ} = \overrightarrow{AO} + \overrightarrow{OJ} = \overrightarrow{AO} + \frac{1}{2}\overrightarrow{OB}$$

De même, on montre $\overrightarrow{IC} = \overrightarrow{OC} + \dfrac{1}{2}\overrightarrow{DO}$.

Or, O est le milieu de $[AC]$ et $[BD]$, donc $\overrightarrow{DO} = \overrightarrow{OB}$ et $\overrightarrow{AO} = \overrightarrow{OC}$. On en déduit $\overrightarrow{AJ} = \overrightarrow{IC}$.

8 Aire

énoncé p. 220

Lycée Raspail, Paris

1 $\begin{cases} (AP) \parallel (MN) & \text{car } (AP) = (AC) \text{ et } (AC) \parallel (MN) \\ (PN) \parallel (AM) & \text{car } (AM) = (AB) \text{ et } (PN) \parallel (AB) \end{cases}$

donc $APNM$ est un parallélogramme.

De plus, il y a un angle droit en A, donc $APNM$ est un rectangle.

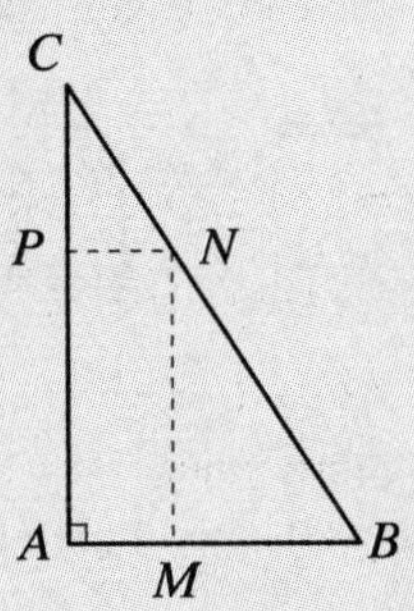

2 Comme $(MN) \parallel (AC)$, on peut appliquer le théorème de Thalès dans le triangle ABC ce qui donne :

$$\frac{CN}{CB} = \frac{AM}{AB} = x$$

En utilisant cette fois $(NP) \parallel (AB)$, le théorème de Thalès donne, dans le triangle ABC :

$$\frac{CP}{CA} = \frac{CN}{CB} = x$$

CPN est rectangle en P, donc :

$$\text{Aire}(PNC) = \frac{1}{2} CP \times CN = x^2 \times \mathcal{A}$$

3 $BM = AB - AM = (1-x)AB$ et $MN = AP = AC - CP = (1-x)AC$. Par suite :

$$\text{Aire}(BNM) = (1-x)^2 \times \mathcal{A}$$

4

$$\begin{aligned} \text{Aire}(AMNP) &= \mathcal{A} - \text{Aire}(CPN) - \text{Aire}(BNM) \\ &= \mathcal{A} - x^2\mathcal{A} - (1-x)^2\mathcal{A} \\ &= \big(1 - x^2 - (1-x)^2\big)\mathcal{A} \\ &= (1 - x^2 - 1 + 2x - x^2)\mathcal{A} \\ &= 2x(1-x)\mathcal{A} \end{aligned}$$

5

$$
\begin{aligned}
2x(1-x) \geq \frac{1}{2} &\iff x(1-x) \geq \frac{1}{4} \\
&\iff x - x^2 - \frac{1}{4} \geq 0 \\
&\iff -x\left(x - \frac{1}{2}\right)^2 \geq 0 \\
&\iff \left(x - \frac{1}{2}\right)^2 \geq 0 \\
&\iff x - \frac{1}{2} = 0 \text{ (car un carré ne peut être négatif)} \\
&\iff x = \frac{1}{2}
\end{aligned}
$$

L'aire du rectangle est maximale quand $x = \frac{1}{2}$, donc quand M est le milieu de $[AB]$.

9 Étude d'une configuration

énoncé p. 221

Lycée Henri IV, Paris

On sait que le centre de gravité se trouve au tiers de la médiane. Il suffit donc de construire le milieu I de $[BC]$, puis de reporter deux fois la longueur IG sur la médiane pour trouver A.

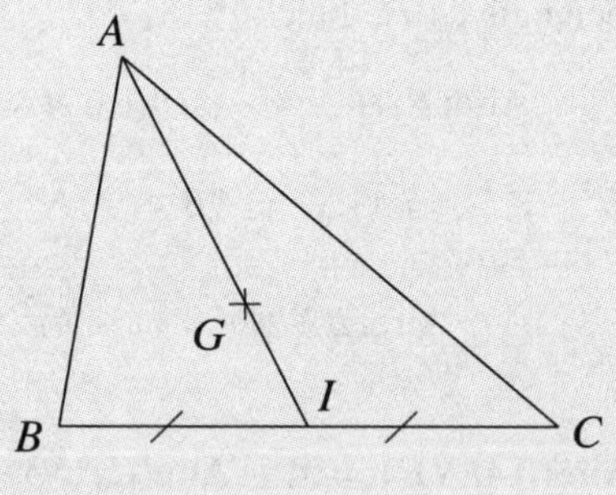

Autre méthode : on construit I, le milieu de $[BC]$ et B', symétrique de B par rapport à G. Par B', on mène la droite (D), parallèle à (CG). Elle coupe (IG) en A.

Magique ? Non. On sait que (IG) sera une médiane de ABC, il est normal d'avoir $A \in (IG)$. Maintenant, G est milieu de $[BB']$. Par construction, la droite (CG) est parallèle à $(B'A)$ et passe par le milieu de $[BB']$, donc elle passe également par le milieu de $[AB]$. C'est donc la médiane issue de C dans ABC. G, intersection de deux médianes, est bien le centre de gravité de ABC.

10 Théorème de Thalès

énoncé p. 221

Lycée Blaise Pascal, Clermont-Ferrand

Voir la figure à la fin du corrigé.

Telle quelle, l'égalité est assez difficile à comprendre, mais on peut la transformer en :

$$\frac{AC'}{AB} = \frac{AB'}{AC}$$

Ce qui fait apparaître des rapports de longueurs entre des points *alignés.* Il suffit d'appliquer correctement le théorème de Thalès.
En considérant les triangles AIC et $B'CA'$, en configuration de Thalès,

$$\frac{AB'}{AC} = \frac{IA'}{IC}$$

I est le milieu de $[BC]$, donc $IC = BI$, d'où :

$$\frac{AB'}{AC} = \frac{IA'}{BI}$$

Les triangles $BC'A'$ et BAI sont également en configuration de Thalès, donc :

$$\frac{IA'}{BI} = \frac{AC'}{BA}$$

On conclut :

$$\frac{AB'}{AC} = \frac{AC'}{BA}$$

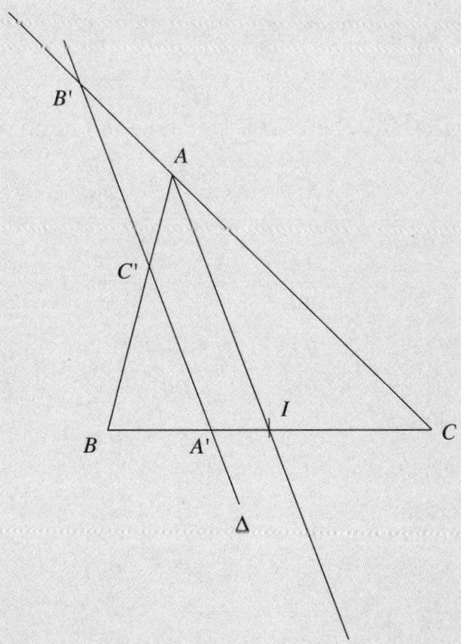

11 Théorème de Thalès

énoncé p. 221

Lycée Kléber, Strasbourg

1

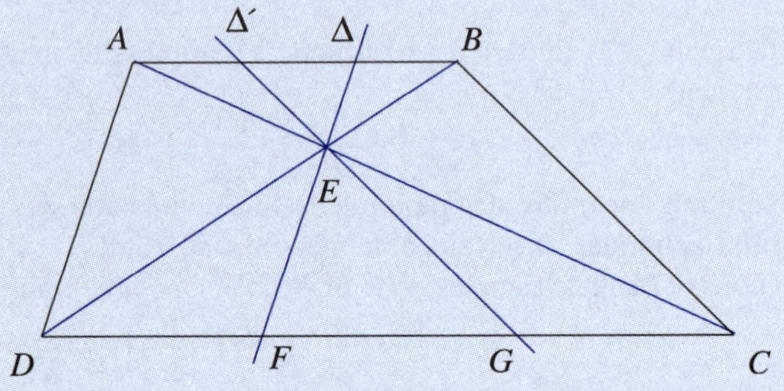

2 Les triangles ACD et EFC sont en configuration de Thalès, donc :

$$\frac{DF}{DC} = \frac{AE}{AC}$$

En fait, l'énoncé classique du théorème donne seulement l'égalité :

$$\frac{CF}{CD} = \frac{CE}{AC}$$

Mais :

$$\frac{DF}{DC} = \frac{DC - FC}{CD} = 1 - \frac{FC}{CD}$$

et

$$\frac{AE}{AC} = \frac{AC - EC}{AC} = 1 - \frac{EC}{AC}$$

on a donc bien :

$$\frac{DF}{DC} = \frac{AE}{AC}$$

Les triangles CDE et ABE sont en configuration de Thalès, donc :

$$\frac{BE}{DE} = \frac{AE}{EC}$$

Or :

$$\frac{AC}{AE} = \frac{AE + EC}{AE} = 1 + \frac{EC}{AE}$$

et :

$$\frac{BD}{BE} = \frac{BE + ED}{BE} = 1 + \frac{AE}{EC}$$

On en déduit :

$$\frac{AC}{AE} = \frac{BD}{BE}$$

et en inversant :

$$\frac{AE}{AC} = \frac{BE}{BD}$$

Enfin, les triangles DGE et DCB étant en configuration de Thalès, il vient comme ci-dessus :

$$\frac{BE}{BD} = \frac{CG}{CD}$$

En rassemblant nos résultats, il vient :

$$\frac{CF}{CD} = \frac{AE}{AC} = \frac{BE}{BD} = \frac{CG}{CD}$$

et donc $GC = DF$.

12 Coordonnées

énoncé p. 221

Lycée Saint Aspais, Fontainebleau

1

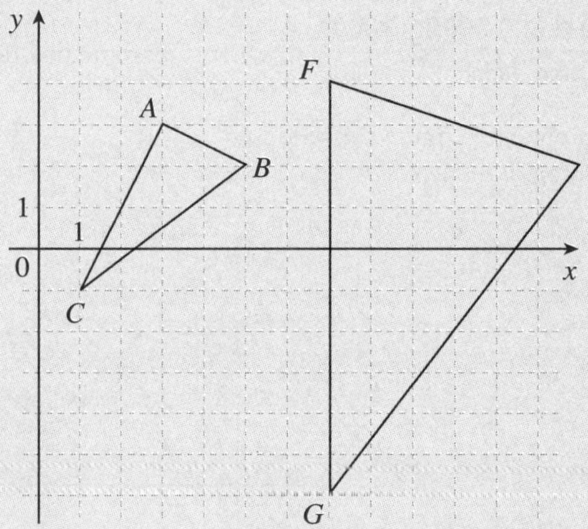

2 Méthode 1 : n calcule les coordonnées des vecteurs $\overrightarrow{AB}\begin{pmatrix}2\\-1\end{pmatrix}$ et $\overrightarrow{EF}\begin{pmatrix}-4\\2\end{pmatrix}$.

Ces coordonnées sont proportionnelles donc les deux vecteurs sont *colinéaires* : les droites (AB) et (EF) sont donc parallèles.

Méthode 2 : On calcule le coefficient directeur des droites (AB) et (EF).
Pour (AB), on a :

$$\frac{y_B - y_A}{x_B - x_A} = \frac{2-3}{5-3} = \frac{-1}{2}$$

On obtient le même coefficient directeur pour la droite (EF), donc $(AB) \parallel (EF)$.

3 On calcule les longueurs AB, AC et BC, par la formule habituelle :

$$AB = \sqrt{(y_B - y_A)^2 + (x_B - x_A)^2} = \sqrt{4+1} = \sqrt{5}$$

De même, $AC = 2\sqrt{5}$ et $BC = 5$.

On applique alors la réciproque du théorème de Pythagore :

$$AB^2 + AC^2 = 5 + 20 = 25 = BC^2$$

donc le triangle ABC est rectangle en A.

4 **(a)** On obtient : $FG = 10$, $EF = 2\sqrt{5}$ et $EG = 4\sqrt{5}$.

(b) On constate :

$$\frac{AB}{EF} = \frac{\sqrt{5}}{2\sqrt{5}} = \frac{1}{2}$$

$$\frac{AC}{EG} = \frac{2\sqrt{5}}{4\sqrt{5}} = \frac{1}{2}$$

$$\frac{BC}{FG} = \frac{5}{10} = \frac{1}{2}$$

Les côtés des triangles ABC et EFG sont donc proportionnels.

13 Étude d'une configuration

énoncé p. 222

Lycée Racine, Paris

1 On obtient la figure suivante :

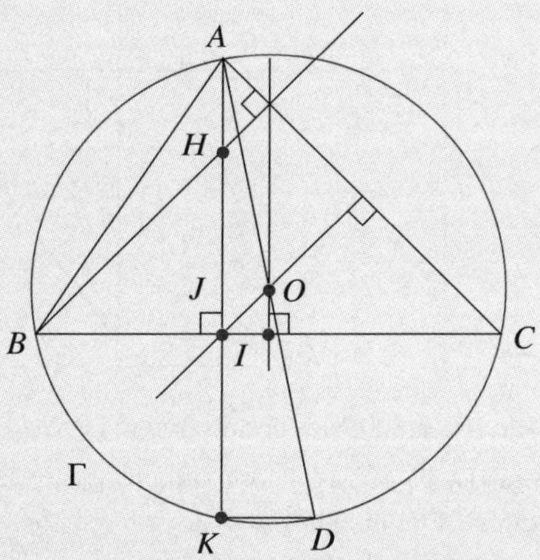

2 **(a)** $[AD]$ est un diamètre de Γ et $C \in \Gamma$ donc ACD est rectangle en C. Pour la même raison, ABD est rectangle en B.

(b) $(BH) \perp (AC)$ car (BH) est une hauteur de ABC.
$(CD) \perp (AC)$ par ACD rectangle en C.
On en déduit que $(BH) \parallel (CD)$.

De même, $(CH) \perp (AB)$ (car (CH) est une hauteur de ABC) et $(BD) \perp (AB)$ (car ABD est rectangle en B) donc $(CH) \parallel (BD)$.

(c) $(BH) \parallel (CD)$ et $(CH) \parallel (BD)$ donc $BHCD$ est un parallélogramme. On en déduit que $[BC]$ et $[HD]$ ont même milieu.

3 **(a)** Dans le triangle HKD, J est le milieu de $[HK]$ et I est le milieu de $[HD]$ donc $(IJ) \parallel (DK)$ (droite des milieux).

(b) On rappelle que I, J, B et C sont alignés car I est le milieu de $[BC]$ et, comme H et K sont symétriques par rapport à (BC), leur milieu J appartient à l'axe (BC).

La symétrie de H et K justifie également que $(BC) \perp (HK)$. Or, $(BC) \perp (AH)$ car (AH) est une hauteur de ABC, d'où $(HK) \parallel (AH)$, ce qui justifie que A, H, K (et J) sont alignés.

En particulier $(AK) = (AH)$ et $(IJ) = (BC)$ donc $(AK) \perp (IJ)$. D'après la question (a), il vient : $(KD) \perp (AK)$.

4 Le triangle ADK est rectangle en K, donc son cercle circonscrit est le cercle diamètre $[AD]$, c'est-à-dire Γ. D'où $K \in \Gamma$ (puisque Γ est circonscrit à ADK !)

14 Étude d'une configuration

énoncé p. 222

Lycée Jean Moulin, Lyon

ABC est isocèle en A, donc la médiatrice D de $[BC]$ est axe de symétrie du triangle.

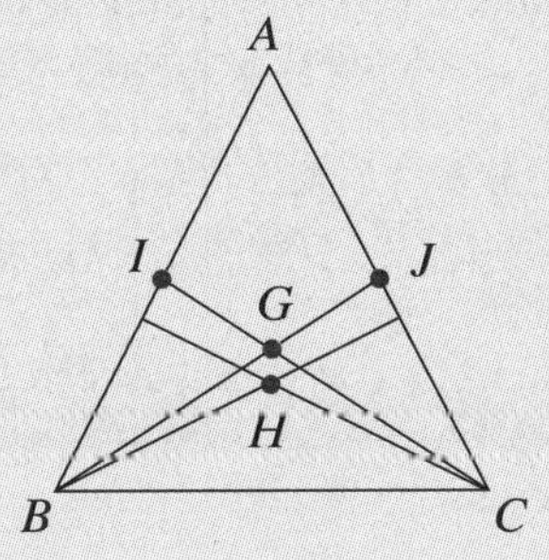

1 Les côtés $[AB]$ et $[AC]$ sont symétriques par rapport à D, donc leurs milieux I et J sont symétriques.

J et B sont respectivement symétriques de I et C par rapport à D, donc $JB = IC$ (conservation des longueurs).

2 G est l'intersection des médianes de ABC. En particulier, $G \in D$, car D est à la fois médiatrice de $[BC]$, hauteur et médiane issue de A. Les points G, I et B sont respectivement symétriques de G, J et C par rapport à D, donc $\widehat{GIB} = \widehat{GJC}$ (conservation des angles non orientés).

3 Comme D est la hauteur issue de A, on a $H \in D$. Les images de I et H par la symétrie d'axe D sont respectivement J et H, donc $IH = JH$ (conservation des longueurs). IJH est donc isocèle en H.

15 Étude d'une configuration

énoncé p. 222

Lycée Français, Bruxelles

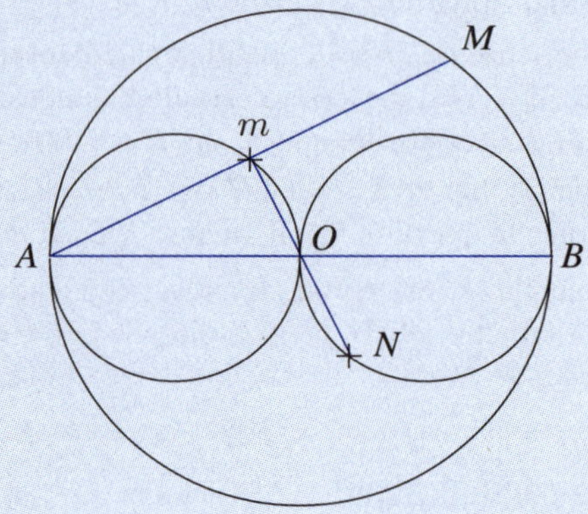

1 Pour montrer que m appartient au cercle de diamètre $[AO]$, il suffit de montrer que AOm est rectangle en m.
Dans le triangle AMB, O est le milieu de $[AB]$ et m est le milieu de $[AM]$, donc la droite (Om) est parallèle à (MB) (droite des milieux).
Or M est sur le cercle de diamètre $[AB]$, donc AMB est rectangle en M.
On a $(Om) \parallel (MB)$ et $(MB) \perp (AM)$ donc $(Om) \perp (AM)$, ce qui montre que AOm est bien rectangle en m, et donc m est sur le cercle de diamètre $[AO]$.

2 Comme O est le milieu de $[AB]$, les cercles de diamètre $[OA]$ et $[OB]$ sont symétriques. Or N est le symétrique de m par rapport à O, donc N appartient au cercle de diamètre $[OB]$.

16 Théorèmes de Thalès et Pythagore

énoncé p. 223

Lycée Pasteur, Strasbourg

1

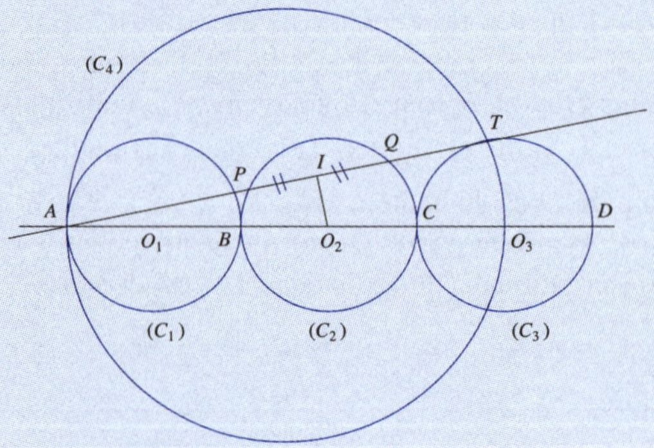

2 T est sur le cercle de diamètre $[AO_3]$ donc ATO_3 est rectangle en T. La droite (AT) est donc perpendiculaire à (O_3T), qui est un rayon de (C_3). C'est donc la tangente à (C_3) issue de T.

3 **(a)** Imaginons un nouveau point, que l'on appelle R, sur le cercle (C_2). (C_2) est le cercle circonscrit à PQR, donc O_2 appartient aux médiatrices, et en particulier à celle de $[PQ]$. Comme I est le milieu de $[PQ]$, on en déduit que (O_2I) est la médiatrice de $[PQ]$, et comme $(PQ) = (AT)$, (O_2I) et (AT) sont perpendiculaires.

(b) Comme (O_2I) et (O_3T) sont toutes deux perpendiculaires à (AT), elles sont parallèles, et les triangles AO_2I et AO_3T sont dans une configuration de Thalès. Ils sont semblables et en particulier :

$$\frac{O_2I}{O_3T} = \frac{AO_2}{AO_3}$$

$O_3T = 2$ (rayon de (C_3)) ; $AO_2 = AB + BO_2 = 4 + 2 = 6$ et $AO_3 = 10$, d'où :

$$O_2I = O_3T \times \frac{AO_2}{AO_3} = 2 \times \frac{6}{10} = 1{,}2$$

(c) Appliquons le théorème de Pythagore dans le triangle O_2IP, rectangle en I :

$$IP^2 = O_2P^2 - O_2I^2 = 2^2 - 1{,}2^2 = 2{,}56 = 1{,}6^2$$

D'où $IP = 1{,}6$ et $PQ = 2IP = 3{,}2$ cm.

17 Aires

énoncé p. 223

Lycée Chateaubriand, Rennes

Pour construire le triangle, on commence par tracer le segment $[AH]$ puis la perpendiculaire à (AH) en H. On place le point B à l'une des intersections de cette droite et du cercle de centre A et de rayon 5. Il n'y a plus qu'à placer le point C, sur la perpendiculaire à (AH), et à huit unités de B.

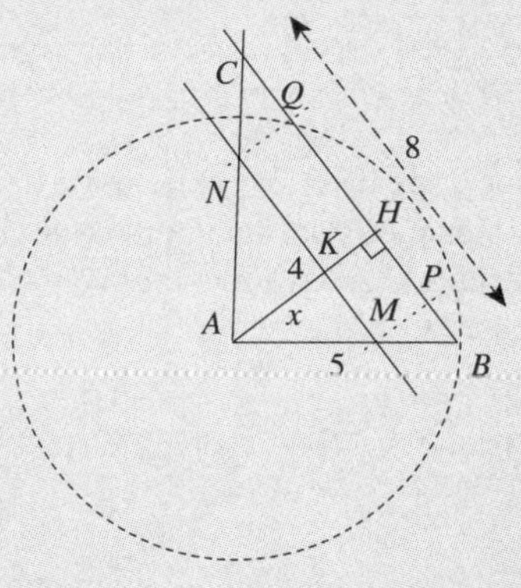

1 Calculons en fonction de x les longueurs MN et MP. Il est clair que $MP = KH = 4 - x$. Appliquons le théorème de Pythagore dans ABH. On en tire : $BH = 3$, donc $HC = 5$. En appliquant le théorème de Thalès comme en troisième, on montre sans difficulté :

$$\frac{MK}{BH} = \frac{AK}{AH} = \frac{KN}{HC}$$

Il vient : $MK = \frac{3x}{4}$ et $KN = \frac{5x}{4}$, d'où $MN = 2x$. On calcule donc facilement l'aire du rectangle :

$$a(x) = MN \times MP = 2x(4 - x)$$

2 Il faut écrire :

$$a(x) = -2(x^2 - 4x)$$

On reconnaît dans $x^2 - 4x$ le début d'un produit remarquable :

$$= -2[x^2 - 4x + 4 - 4]$$
$$= -2[(x-2)^2 - 4]$$
$$= 8 - 2(x-2)^2$$

Cette dernière écriture fait apparaître que $a(x)$ est toujours inférieure à 8, avec égalité si $(x-2)^2 = 0$, c'est-à-dire si $x = 2$. L'aire du rectangle atteint alors son maximum : $a(2) = 8$.

18 Aires

énoncé p. 223

Lycée Henri IV, Paris

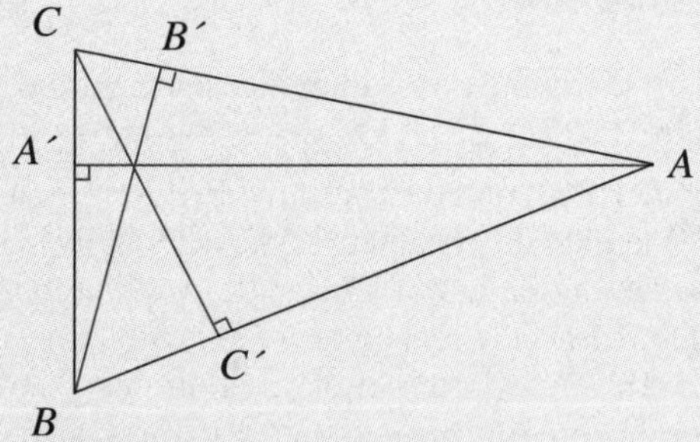

Notons h la hauteur issue de A, h_1 celle issue de C et h_2 celle issue de B, et notons A', B' et C' les pieds des hauteurs issues de A, B, et C.
En considérant le triangle ABA', rectangle en A', on constate :

$$\sin \widehat{B} = \frac{h}{AB}$$

En considérant le triangle ACA', rectangle en A', on a :

$$\sin \widehat{C} = \frac{h}{AC}$$

Dans le triangle ACC', rectangle en C', on a :

$$\sin \widehat{A} = \frac{h_1}{AC}$$

Dans le triangle ABB', rectangle en B', on a :

$$\sin \widehat{A} = \frac{h_2}{AB}$$

Il vient :

$$\begin{aligned}\frac{1}{\sin \widehat{B}} + \frac{1}{\sin \widehat{C}} &= \frac{AB}{h} + \frac{AC}{h}\\ &= \frac{1}{h}\left(\frac{h_2}{\sin \widehat{A}} + \frac{h_1}{\sin \widehat{A}}\right)\\ &= \frac{1}{h \sin \widehat{A}} \times (h_2 + h_1)\\ &= \frac{1}{h \sin \widehat{A}} \times h\\ &= \frac{1}{\sin \widehat{A}}\end{aligned}$$

19 Aires

énoncé p. 224

Lycée Louis le Grand, Paris

1

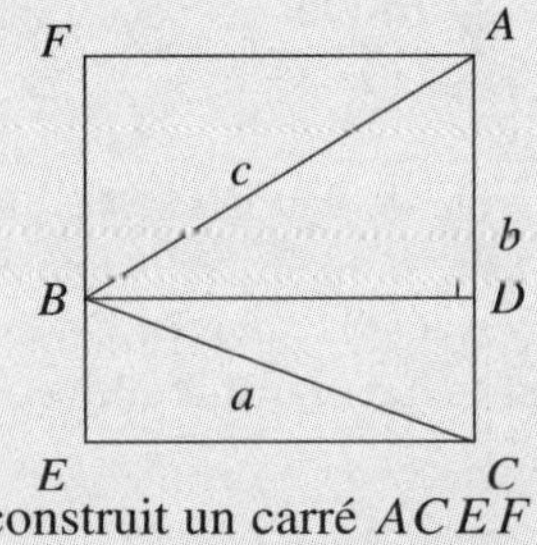

À partir de $[AC]$, on construit un carré $ACEF$ tel que $B \in [EF]$. Appelons D le pied de la hauteur issue de B dans le triangle ABC.
En considérant tour à tour le triangle ABD et le rectangle $ADBF$, puis le triangle BCD et le rectangle $BECD$, on montre facilement que l'aire du carré $ACEF$ vaut le double de l'aire de ABC. On peut calculer la longueur du côté du carré en prenant la longueur de la hauteur issue de B dans ABC. Dans le triangle ABD, on peut écrire $BD = AB \sin \widehat{A}$ donc $BD = c \sin \widehat{A}$. Finalement, l'aire du carré est :

$$BD \times AC = c \sin \widehat{A} \times b$$

et donc l'aire du triangle ABC est :

$$S = \frac{bc \sin \widehat{A}}{2}$$

2 De même, $S = \dfrac{ab \sin \widehat{C}}{2}$ et $S = \dfrac{ac \sin \widehat{B}}{2}$

3 Il n'y a qu'à remplacer successivement S par chacune des formules trouvées plus haut pour démontrer le résultat. Par exemple,

$$\frac{abc}{2S} = \frac{abc}{bc\sin\widehat{A}} = \frac{a}{\sin\widehat{A}}$$

20 Théorème de Thalès

énoncé p. 224

Lycée Pasteur, Neuilly-sur-Seine

Il faut appliquer correctement le théorème de Thalès à deux endroits de la figure. On remarque que les triangles $A'BC'$ et CBC'' sont en configuration de Thalès, donc

$$\frac{A'B}{A'C} = \frac{C'B}{C'C''}$$

De même, les triangles $AB'C'$ et ACC'' sont en configuration de Thalès, donc :

$$\frac{B'C}{B'A} = \frac{C'C''}{C'A}$$

Il vient enfin :

$$\frac{A'B}{A'C} \times \frac{B'C}{B'A} \times \frac{C'A}{C'B} = \frac{C'B}{C'C''} \times \frac{C'C''}{C'A} \times \frac{C'A}{C'B} = 1$$

21 Étude d'une configuration

énoncé p. 224

Lycée Louis-le-Grand, Paris

B appartenant au cercle de diamètre $[AP]$, le triangle ABP est rectangle en B, donc $(BP) \perp (AB)$. B appartenant au cercle de diamètre $[AQ]$, ABQ est rectangle en B, donc $(BQ) \perp (AB)$. On en déduit que (BP) et (BQ) sont parallèles, donc confondues, puisqu'elles contiennent toutes les deux le point B.

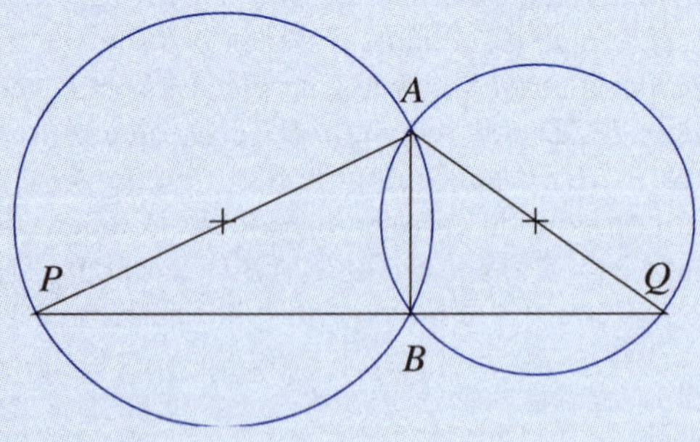

Conclusion : B, P et Q sont alignés.

22 Étude d'une configuration

énoncé p. 225

Lycée Pierre de Fermat, Toulouse

1 Vous avez déjà vu ce résultat en quatrième : *le triangle formé par un point d'un cercle et son diamètre est rectangle, et le diamètre est l'hypoténuse*. Ce qui permet d'affirmer que, puisque $[AD]$ est un diamètre du cercle, $\widehat{ABD}$, $\widehat{AH'D}$ et $\widehat{ACD}$ sont des angles droits.

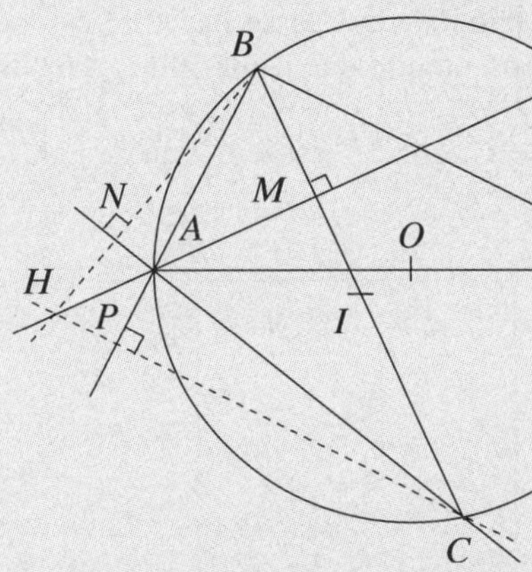

2 D'après le résultat précédent, (CD) et (AC) sont perpendiculaires. En outre (BH) est perpendiculaire à (AC), puisque c'est une hauteur du triangle ABC. On en déduit que $(CD) \parallel (BH)$.

De même, on a vu que (BD) et (AB) sont perpendiculaires. Or (CH) est perpendiculaire à (AB), comme hauteur de ABC.

Il vient $(BD) \parallel (CH)$.

De là, on a : $(CD) \parallel (BH)$ et $(BD) \parallel (CH)$, donc $BDCH$ est un parallélogramme.

$BDCH$ est un parallélogramme, donc ses diagonales ont même milieu. I est le milieu de $[BC]$, donc I est le milieu de $[DH]$.

3 M, pied de la hauteur issue de A, appartient à (BC), donc $(MI) = (BC)$. On a donc : $(MI) \perp (AM)$. Or, puisque $\widehat{AH'D}$ est droit, $(AM) \perp (H'D)$. D'où $(MI) \parallel (H'D)$. Or, I est le milieu de $[HD]$, donc en appliquant le théorème des milieux, M est le milieu de $[HH']$.

23 Théorème de Thalès

énoncé p. 225

Lycée Louis le Grand, Paris

1 Il faut considérer les hauteurs du triangle EIJ. (AB) et (BC) (donc (BI)) sont perpendiculaires, ce qui fait de (BI) une hauteur de EIJ. (EG) et (HF) sont perpendiculaires, donc $(EI) \perp (FJ)$ et (FJ) est une deuxième hauteur de EIJ. Sachant que (BI) et (FJ) se coupent en

F, F est l'orthocentre de EIJ, et donc (EF), hauteur, est perpendiculaire à (IJ).

2 Notons K l'intersection des diagonales de $EFGH$. *Si l'on suppose que $EFGH$ est un carré,* K est le milieu de $[EG]$ et de $[FH]$. Montrons que K est le milieu de $[AC]$. En appelant S la symétrie de centre K, on constate que $S(H) = F$. L'image d'une droite par une symétrie centrale est une droite parallèle, donc l'image de (AD), droite contenant H, est une droite parallèle qui passe par F, c'est-à-dire (BC). De même, $S(E) = G$, et on montre que l'image de (AB) est (DC). A est l'intersection de (AD) et (AB), donc $S(A)$ est l'intersection de (BC) et (DC). Il vient $S(A) = C$, donc K est le milieu de $[AC]$, et K est le centre du carré $ABCD$.

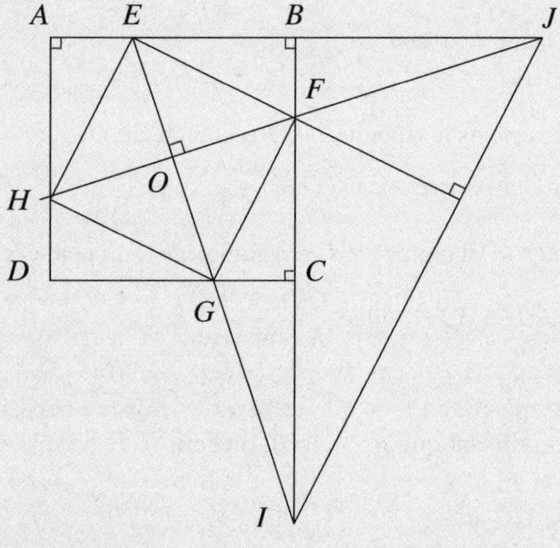

Dans un deuxième temps, supposons que (EG) *et* (FH) *se coupent au centre de* $ABCD$, que nous notons O, et montrons que $EFGH$ est un carré.

Montrons que O est le milieu des diagonales de $EFGH$.

Les triangles AOH et OFC sont en configuration de Thalès, donc

$$\frac{OF}{OH} = \frac{OC}{OA} = 1$$

Ce qui montre que $OF = OH$, donc O est le milieu de $[FH]$.

De même, O est le milieu de $[EG]$.

On sait désormais que $EFGH$ est un parallélogramme dont les diagonales sont perpendiculaires. C'est donc un losange. Pour prouver que c'est un carré, nous allons démontrer que ses diagonales ont même longueur.

Les triangles EBI et GCI sont en configuration de Thalès, donc :

$$\frac{EG}{EI} = \frac{BC}{BI}$$

De même, les triangles JAH et JBF sont en configuration d
on en déduit :

$$\frac{HF}{HJ} = \frac{AB}{AJ}$$

On en déduit les égalités :

$$EG = BC \times \frac{EI}{BI} \text{ et } HF = BA \times \frac{HJ}{AJ}$$

En calculant l'aire du triangle EIJ de deux façons différentes, on obtient (entre autres) l'égalité :

$$OJ \times EI = BI \times EJ$$

et donc

$$\frac{EI}{BI} = \frac{EJ}{OJ}$$

Il vient :

$$EG = BC \times \frac{EJ}{OJ}$$

Observons le triangle EOJ rectangle en O.

On peut écrire $\cos \widehat{EJO} = \dfrac{OJ}{EJ}$.

Dans le triangle AHJ, rectangle en A, on peut écrire $\cos \widehat{AJH} = \dfrac{AJ}{AH}$.

$\widehat{EJO} = \widehat{AJH}$, donc $\dfrac{OJ}{EJ} = \dfrac{AJ}{AH}$ et :

$$\frac{EJ}{OJ} = \frac{AH}{AJ}$$

En utilisant que $BC = AB$, on écrit :

$$EG = BC \times \frac{AH}{AJ} = AB \times \frac{AH}{AJ} = HF$$

Le quadrilatère $EFGH$ est un quadrilatère dont les diagonales sont perpendiculaires, se coupent en leur milieu, et ont même longueur, c'est donc un carré.

24 Coordonnées

énoncé p. 225

Lycée Champollion, Grenoble

1 Nous allons calculer les longueurs des trois côtés de ABC. Utilisons la formule de calcul de la distance :

$$AB = \sqrt{(5-2)^2 + (3-1)^2} = \sqrt{3^2 + 2^2} = \sqrt{9+4} = \sqrt{13}$$

$$AC = \sqrt{(7-2)^2 + (0-1)^2} = \sqrt{5^2 + 1} = \sqrt{25+1} = \sqrt{26}$$

$$BC = \sqrt{(7-5)^2 + (0-3)^2} = \sqrt{2^2 + 3^2} = \sqrt{4+9} = \sqrt{13}$$

Il devient clair que ABC est isocèle en B. De plus, on a :

$$AB^2 + BC^2 = 13 + 13 = 26 = AC^2$$

D'après la réciproque du théorème de Pythagore, ABC est rectangle en B.

2 **(a)** En s'y prenant par le bon bout, on évite quelques calculs. En effet, il n'est pas difficile de constater que E est bien le milieu de $[AC]$ car $\frac{9}{2} = \frac{2+7}{2}$ et $\frac{1}{2} = \frac{1+0}{2}$.

Or, le milieu de l'hypoténuse d'un triangle rectangle est aussi le centre de son cercle circonscrit, donc $EA = EB = EC$. Puisque $AC = \sqrt{26}$, on a :

$$AE = EC = \frac{\sqrt{26}}{2}$$

Finalement, A, B et C sont des points de $\mathcal{C}$.

(b) $\mathcal{C}$ n'est autre que le cercle de centre E passant par A :

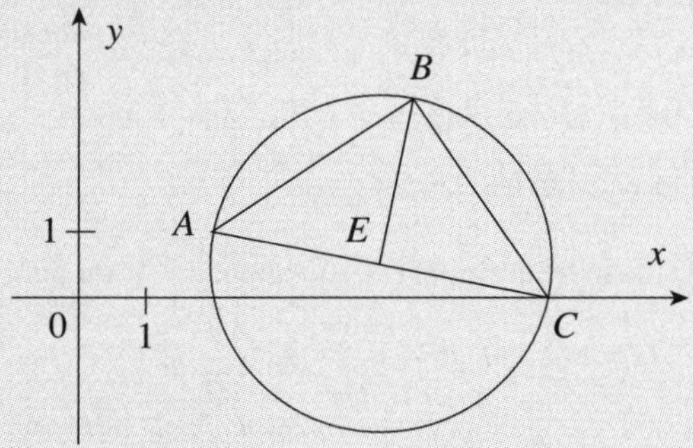

3 Comme ABC est isocèle et rectangle en B, on a nécessairement $\widehat{ACB} = 45^o$.

25 Coordonnées

énoncé p. 226

Lycée Carnot, Dijon

On exprime les coordonnées du milieu de $[AB]$: $\left(\frac{4-2}{2}; \frac{2-6}{2}\right)$, donc $(1; -2)$. I est donc le milieu de $[AB]$. De plus, on calcule la longueur AB :

$$AB = \sqrt{(4+2)^2 + (2+6)^2} = \sqrt{6^2 + 8^2} = \sqrt{36 + 64} = \sqrt{100} = 10$$

$[AB]$ est donc un diamètre du cercle de centre I et de rayon $\frac{10}{2} = 5$. Il s'agit du cercle $\mathcal{C}$.

26 Coordonnées

énoncé p. 226

Lycée Marie Curie, Versailles

Calculons les longueurs des côtés et d'une diagonale :

$$AB^2 = (4+2)^2 + (-2-0)^2 = 6^2 + 2^2 = 36 + 4 = 40$$
$$BC^2 = (5-4)^2 + (1+2)^2 = 1^2 + 3^2 = 1 + 9 = 10$$
$$CD^2 = (-1-5)^2 + (3-1)^2 = 6^2 + 2^2 = 36 + 4 = 40$$
$$DA^2 = (-2+1)^2 + (0-3)^2 = 1^2 + 3^2 = 1 + 9 = 10$$
$$AC^2 = (5+2)^2 + (1-0)^2 = 7^2 + 1^2 = 49 + 1 = 50$$

On constate que $AB = CD$ et $DA = BC$ donc $ABCD$ est un parallélogramme.
On voit également que $AC^2 = AB^2 + BC^2$; d'après la réciproque du théorème de Pythagore, on en déduit que le triangle ABC est rectangle en B.
L'un des angles du parallélogramme $ABCD$ étant droit, il s'agit d'un rectangle.

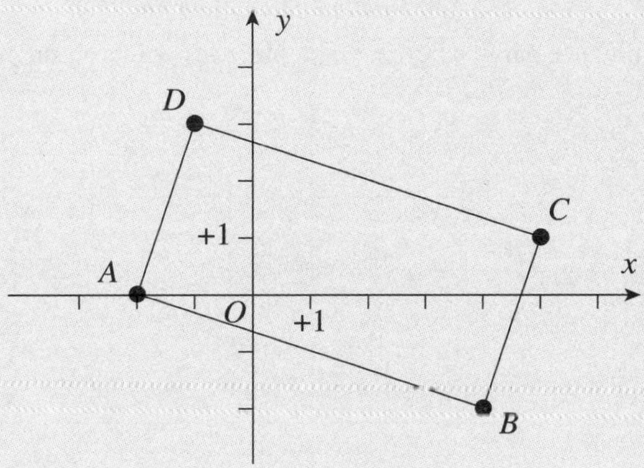

27 Coordonnées

énoncé p. 226

Lycée Buffon, Paris

1 On applique les formules :

$$\overrightarrow{AB}\begin{pmatrix}-1+5\\1-6\end{pmatrix} \text{ donc } \overrightarrow{AB}\begin{pmatrix}4\\-5\end{pmatrix}$$

De même :

$$\overrightarrow{BC}\begin{pmatrix}8\\-9\end{pmatrix} \text{ et } \overrightarrow{BD}\begin{pmatrix}10\\8\end{pmatrix}$$

2 Si A, B et C étaient alignés, alors $\overrightarrow{AB}$ et $\overrightarrow{BC}$ seraient colinéaires (ils dirigeraient la droite passant par A, B et C). Or, les coordonnées de $\overrightarrow{AB}$ et $\overrightarrow{BC}$ ne sont pas proportionnelles, donc $\overrightarrow{AB}$ et $\overrightarrow{BC}$ ne sont pas colinéaires, et donc A, B et C ne sont pas alignés.

3 On calcule les carrés des côtés :

$$AB^2 = 4^2 + 5^2 = 16 + 25 = 41$$
$$BD^2 = 10^2 + 8^2 = 100 + 64 = 164$$
$$AD^2 = 14^2 + 3^2 = 196 + 9 = 205$$

On constate $AD^2 = AB^2 + BD^2$. D'après la réciproque du théorème de Pythagore, le triangle ABD est rectangle en B.

28 Coordonnées

énoncé p. 226

Lycée Victor Louis, Talence

Dans cet exercice, on utilise à plusieurs reprises la formule permettant de calculer la distance entre deux points A et B dans un repère orthonormé :

$$AB^2 = (x_B - x_A)^2 + (y_B - y_A)^2$$

On commence par une figure, où on place les points au fur et à mesure :

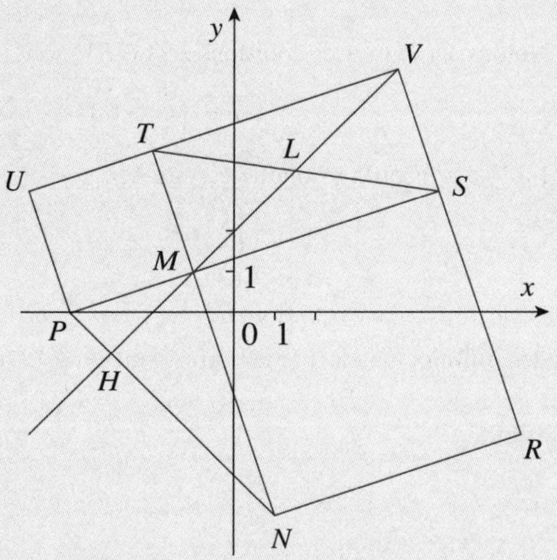

1 Nous allons appliquer la réciproque du théorème de Pythagore. On calcule les carrés des côtés :

$$MN^2 = (1-(-1))^2 + (-5-1)^2 = 2^2 + 6^2 = 4 + 36 = 40$$
$$MP^2 = (-4-(-1))^2 + (-1)^2 = 3^2 + 1^2 = 9 + 1 = 10$$
$$PN^2 = (1-(-4))^2 + (-(-5))^2 = 5^2 + 5^2 = 25 + 25 = 50$$

On constate : $MN^2 + MP^2 = PN^2$ donc le triangle MNP est rectangle en M.

2 Pour montrer que $MNRS$ est un parallélogramme, on a deux méthodes possibles utilisant les coordonnées :

Avec les vecteurs. On calcule les coordonnées de :

$$\overrightarrow{MN}\begin{pmatrix}2\\-6\end{pmatrix} \quad \text{et} \quad \overrightarrow{SR}\begin{pmatrix}2\\-6\end{pmatrix}$$

On constate $\overrightarrow{MN} = \overrightarrow{SR}$ donc $MNRS$ est un parallélogramme.

Avec les milieux. Le milieu de $[MN]$ a pour coordonnées : $\left(\frac{-1+1}{2}, \frac{1-5}{2}\right)$, donc $(0, -2)$. Le milieu de $[SN]$ a les mêmes coordonnées. $[MN]$ et $[SN]$ ont même milieu, on en déduit que $MNRS$ est un parallélogramme.

3 Là encore, deux méthodes possibles :

Avec les vecteurs L est le milieu de $[ST]$ et de $[MV]$ donc $MTVS$ est un parallélogramme, et $\overrightarrow{MS} = \overrightarrow{TV}$. On calcule :

$$\overrightarrow{MS}\begin{pmatrix}6\\2\end{pmatrix}$$

Notons $V(x, y)$. Les coordonnées de $\overrightarrow{TV}$ sont :

$$\overrightarrow{TV}\begin{pmatrix}x+2\\y-4\end{pmatrix}$$

Il n'y a plus qu'à résoudre le système :

$$\begin{cases} x+2=6 \\ y-4=2 \end{cases}$$

D'où $x = 4$ et $y = 6$. Il vient : $V(4, 6)$.

Avec les milieux On calcule les coordonnées de L, milieu de $[ST]$:

$$L\left(\frac{5-2}{2}, \frac{3+4}{2}\right)$$

donc $L\left(\frac{3}{2}, \frac{7}{2}\right)$.

Notons $V(x, y)$; L étant le milieu de $[MV]$, ses coordonnées s'écrivent également :

$$L\left(\frac{x-1}{2}, \frac{y+1}{2}\right)$$

On identifie, on obtient le système :

$$\begin{cases} \dfrac{x-1}{2} = \dfrac{3}{2} \\[2ex] \dfrac{y+1}{2} = \dfrac{7}{2} \end{cases}$$

On obtient $x = 4$ et $y = 6$, et donc $V(4, 6)$.

4 On calcule les coordonnées des vecteurs $\overrightarrow{MV}\begin{pmatrix}5\\5\end{pmatrix}$ et $\overrightarrow{MH}\begin{pmatrix}-2\\-2\end{pmatrix}$. On constate que $\overrightarrow{MV}$ et $\overrightarrow{MH}$ sont colinéaires (coordonnées proportionnelles), donc M, V et H sont alignés.
De même :

$$\overrightarrow{NP}\begin{pmatrix}-5\\5\end{pmatrix} \text{ et } \overrightarrow{NH}\begin{pmatrix}-4\\4\end{pmatrix}$$

$\overrightarrow{NP}$ et $\overrightarrow{NH}$ sont colinéaires, donc N, P et H sont alignés.
On en conclut que les droites (MV) et (NP) se coupent en H.

5 Montrer que (MV) est perpendiculaire à (NP) revient à montrer que MHP est un triangle rectangle. On calcule comme à la première question :

$$MH^2 = 8$$
$$PH^2 = 2$$
$$MP^2 = 10$$

$MP^2 = MH^2 + PH^2$. D'après la réciproque du théorème de Pythagore, MPH est un triangle rectangle en H. Donc (MV) est perpendiculaire à (NP).

6 On calcule encore $HN^2 = 32$. L'égalité demandée ne concerne que des nombres positifs, on obtient une égalité équivalente en élevant au carré. Montrons donc que :

$$MH^4 = HN^2 \times HP^2$$

On a $HN^2 = 32$, $HP^2 = 2$ et $MH^2 = 8$ donc $MH^4 = 64$. On a bien $64 = 32 \times 2$, donc l'égalité $MH^4 = HN^2 \times HP^2$ est vraie, et donc :

$$MH^2 = HN \times HP$$

29 Coordonnées

énoncé p. 227

Lycée Montesquieu, Le Mans

1 Calculons les coordonnées du vecteur $\overrightarrow{BA}$:

$$\overrightarrow{BA}\begin{pmatrix}-2\\-4\end{pmatrix}$$

Comme $\overrightarrow{CD} = \overrightarrow{BA}$ et $C(4; -1)$, les coordonnées de D sont $4 - 2$ et $-1 - 4$, donc $D(2, -5)$.

2 Le centre du parallélogramme est le milieu des diagonales. En considérant la diagonale $[AC]$, le centre a pour coordonnées :

$$\left(\frac{-1+4}{2}, \frac{-1-1}{2}\right) \text{ donc } \left(\frac{3}{2}; -1\right)$$

3 Calculons les longueurs des côtés de ABC :

$$AB^2 = 2^2 + 4^2 = 20$$
$$BC^2 = 3^2 + 4^2 = 25$$
$$AC^2 = 5^2 + 0 = 25$$

$BC = AC$ donc ABC est isocèle en C. Il n'est pas rectangle.

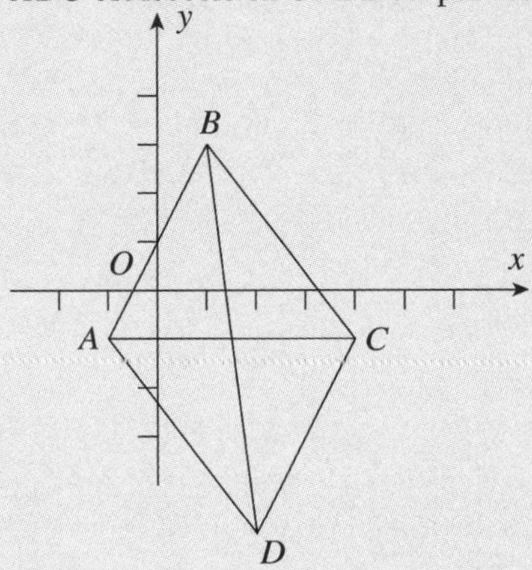

Chapitre 6

Droites du plan

Plan du chapitre

1. Équations de droite
2. Savoir résoudre un système d'équations

1 Équations de droite

Exercice type 1 — Lycée Paul Valéry, Sète

Soient, dans un repère orthonormé $(O, \vec{\imath}, \vec{\jmath})$, trois points $A(-1; -1)$, $B(-3; 0)$ et $C(3; 2)$. Donner une équation de (AB), puis de la parallèle à (AB) passant par C.

Voir corrigé page 258

1.1 Qu'est-ce qu'une équation ?

Une *égalité* est une expression ou intervient le signe $=$.

Exemple

$a = 2$, $1 + 3 = 5$, $x + 3 = 7$, $x + a = 7$, $(a + b)^2 = a^2 + 2ab + b^2$, $x + 1 = x + 3$.

Une égalité peut contenir une ou plusieurs variables $(a, x, y, A\dots)$.

Plusieurs cas se présentent :

- L'égalité est toujours fausse : $1 = 5$, $x + 1 = x + 3$;
- Elle est toujours vraie : $(a + b)^2 = a^2 + 2ab + b^2$. Il s'agit d'une *identité*. Par exemple, $x + x = 2x$, $3(x + y) = 3x + 3y$ sont des identités.
- Elle est parfois vraie, parfois fausse, selon les valeurs que l'on attribue aux variables. Par exemple, $x + 3 = 7$ est fausse si $x = 1$, mais elle est vraie si $x = 4$.

Devant une égalité, on peut donc se poser la question : quelles sont les valeurs que l'on peut attribuer aux variables pour rendre cette égalité vraie ?

Examinons quelques exemples :
$x + 3 = 7$: $x = 4$ est la seule possibilité.
$(x + 3)(x - 2) = 0$: $x = -3$ ou $x = 2$ (2 possibilités).

Considérons maintenant l'équation : $x + a = 7$ et demandons à deux personnes combien de solutions ils trouvent.

- Jacques : « L'égalité est vraie lorsque $x = 3$ et $a = 4$; ou encore $x = 2$ et $a = 5$, etc. on voit qu'il y a une infinité de possibilités. »
- Émilie : « C'est comme pour $x + 3 = 7$, on avait fait $x = 7 - 3 = 4$. Ici, à partir de $x + a = 7$ on tire $x = 7 - a$. Il y a une seule solution, qui est $7 - a$. »

Qui a raison ? En fait, un peu les deux. La question a été mal posée. Il ne suffit pas de dire « résoudre l'équation ». Il faut aussi préciser quelles sont les *inconnues*, c'est-à-dire quelles variables on veut calculer en fonction des autres.

Jacques a considéré qu'il y avait deux inconnues a et x et compte toutes les possibilités.

De son côté, Émilie résout l'équation $x + a = 7$ d'inconnue x, et donne son unique solution en fonction de a.

Lorsque l'équation admet deux inconnues, les solutions sont souvent trop nombreuses, pour qu'on puisse en faire la liste.
Chaque solution est un *couple* $(x; y)$, ce qui signifie que $(0, 2)$ et $(2, 0)$ définissent *deux* éventuelles solutions différentes (ni une, ni quatre !)

On doit donc se contenter de représenter les solutions graphiquement. Dans un repère du plan, on placera pour chaque $(x; y)$ solution de l'équation, le point de coordonnées $(x; y)$.

Dans le cas d'une équation du type :

$$y = mx + p$$

(d'inconnues x et y) on constate que les points solutions forment la droite représentative de la fonction affine $x \mapsto mx + p$. On dira que $y = mx + p$ est une *équation* de la droite.

Remarque (Cas où l'inconnue est cachée.)

Considérons l'égalité $x = 0$ et résolvons l'équation.
S'il s'agit de l'équation à une inconnue $x = 0$, elle admet (évidemment) une seule solution.
Mais s'il s'agit d'une équation à *deux* inconnues (x et y) alors elle admet une infinité de solutions (tous les couples de la forme $(0, y)$, où y peut prendre toutes les valeurs réelles possibles).

Remarque

Prenez garde aux restrictions données par l'énoncé : l'équation à une inconnue $x = \frac{1}{2}$ admet clairement une solution dans $\mathbb{R}$, mais elle n'a pas de solution dans $\mathbb{N}$.

1.2 Équation d'une droite

1.2.1 - Cas des droites verticales

Les droites parallèles à l'axe des ordonnées, couramment appelées droites « verticales », admettent une équation de la forme :

$$x = c$$

où c est un réel fixé. Ces droites sont assez faciles à représenter (déterminer c sur l'axe des abscisses et tracer la droite verticale).

1.2.2 - Cas des droites obliques

Les autres droites (dites droites « obliques ») ont une équation de la forme :

$$y = mx + p$$

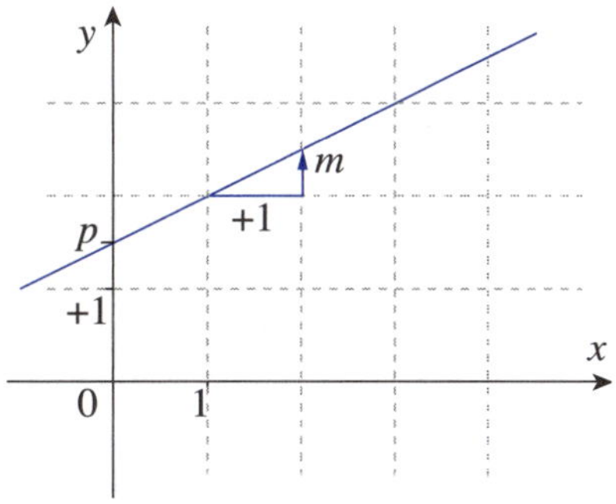

p s'appelle *l'ordonnée à l'origine*, ce qui signifie que le point de coordonnées $(0; p)$ appartient à la droite. p est donc l'ordonnée du point de la droite qui est sur l'axe des ordonnées (c'est-à-dire, à la verticale de l'origine O, d'où son nom).

m s'appelle le *coefficient directeur de la droite*. Ce coefficient est utilisé dans la méthode dite « des petits pas », ou de « l'escalier ». Lorsqu'en partant d'un point de la droite, on ajoute $+1$ à l'abscisse, il faut ajouter $+m$ à l'ordonnée pour obtenir un autre point de la droite. En effet, si $A(x_A, y_A)$ est un point de la droite, on a :

$$y_A = mx_A + p$$

Si $B(x_B, y_B)$ est un point de la droite tel que $x_B = x_A + 1$, on peut écrire :

$y_B = mx_B + p = m(x_A + 1) + p = mx_A + m + p = mx_A + p + m = y_A + m$

Ce calcul montre qu'en ajoutant 1 à l'abscisse de A, il faut bien ajouter m à son ordonnée pour obtenir un point de la droite.

On en déduit que le vecteur $\vec{u}\begin{pmatrix}1\\m\end{pmatrix}$ est un vecteur directeur de la droite (c'est tout simplement le vecteur $\overrightarrow{AB}$ du calcul précédent).

1.3 Comment calculer le coefficient directeur ?

1.3.1 - On connaît deux points de la droite

On peut rappeler ici la formule de calcul du coefficient directeur d'une droite passant par deux points distincts $A(x_A; y_A)$ et $B(x_B; y_B)$:

$$m = \frac{y_B - y_A}{x_B - x_A}$$

(*Remarque* : A et B ne peuvent avoir la même abscisse, sinon (AB) serait « verticale »). Vous pouvez remarquer qu'il s'agit du quotient de l'ordonnée de $\overrightarrow{AB}$ par son abscisse. Si $\vec{u}\binom{a}{b}$ est un vecteur directeur de la droite, avec $a \neq 0$, alors le coefficient directeur est :

$$m = \frac{b}{a}$$

1.3.2 - On connaît un vecteur directeur

- Si le vecteur directeur est de la forme $\vec{u}\begin{pmatrix}0\\b\end{pmatrix}$, alors la droite est verticale et n'a donc pas de coefficient directeur.
- Si le vecteur directeur $\vec{u}$ a pour coordonnées $\begin{pmatrix}a\\b\end{pmatrix}$, avec $a \neq 0$, alors on remarque que le vecteur : $\frac{1}{a}\vec{u}$, qui a pour coordonnées : $\binom{1}{\frac{b}{a}}$, est aussi un vecteur directeur de la droite, dont les coordonnées sont de la forme $\binom{1}{m}$, donc $m = \frac{b}{a}$.

1.4 Comment calculer l'équation d'une droite ?

1.4.1 - Méthode par identification

1.4.1.1 - Cas d'une droite donnée par un point et un vecteur non nul

Soient $A(x_A, y_A)$ et $\vec{u}\begin{pmatrix}a\\b\end{pmatrix}$.

Si $a = 0$, alors la droite est verticale et a pour équation $x = x_A$.

Sinon, la droite est oblique, elle admet une équation de type $y = mx + p$, avec $m = \frac{b}{a}$. Comme A est un point de la droite, on obtient : $p = y_A - mx_A$.

1.4.1.2 - Cas d'une droite donnée par deux points distincts

Soient $A(x_A;\, y_A)$ et $B(x_B;\, y_B)$ deux points de la droite.

Si les deux points ont la même abscisse $c = x_A = x_B$, la droite a pour équation $x = c$.

Sinon, la droite (AB) est oblique, et admet donc une équation de la forme $y = mx + p$. On sait que $m = \frac{y_B - y_A}{x_B - x_A}$, on peut donc calculer $p = y_A - mx_A$ (ou $p = y_B - mx_B$).

1.4.2 - Méthode des vecteurs colinéaires

1.4.2.1 - Cas d'une droite donnée par un point et un vecteur non nul

Soient $A(x_A;\, y_A)$ et un vecteur $\vec{u}\begin{pmatrix} a \\ b \end{pmatrix}$. Un point $M(x;\, y)$ appartient à la droite si et seulement si $\overrightarrow{AM}\begin{pmatrix} x - x_A \\ y - y_A \end{pmatrix}$ et $\vec{u}\begin{pmatrix} a \\ b \end{pmatrix}$ sont colinéaires, d'où :

$$b(x - x_A) - a(y - y_B) = 0$$

Si $a = 0$, alors la droite est verticale et a pour équation $x = x_A$.
Sinon, on obtient : $y = \frac{b}{a}x + y_B - \frac{b}{a}x_A$.

On peut également poser l'existence d'un réel k tel que $\overrightarrow{AM} = k.\vec{u}$, d'où

$$\begin{cases} x - x_A = k.a \\ y - y_B = k.b \end{cases}$$

qui permet de retrouver la formule $b(x - x_A) - a(y - y_B) = b.k.a - a.k.b = 0$.

1.4.2.2 - Cas d'une droite donnée par deux points distincts

Soient $A(x_A;\, y_A)$ et $B(x_B;\, y_B)$ ces deux points.

Le vecteur $\overrightarrow{AB}$ est un vecteur directeur de la droite, on peut se ramener ainsi au cas précédent.

1.5 Droites parallèles

Deux droites sont parallèles si et seulement si, soit elles sont toutes deux parallèles à l'axe des ordonnées, soit elles ont même coefficient directeur.

COURS

EXERCICES

CORRIGÉS

Solution de l'exercice type 1

On a d'abord besoin des coordonnées du vecteur $\overrightarrow{AB}\binom{-2}{1}$. Nous allons utiliser les deux méthodes, assez différentes dans l'esprit.

Identification. Les coordonnées de $\overrightarrow{AB}$ donnent directement le coefficient directeur de (AB) : $-\frac{1}{2}$. L'équation de (AB) s'écrit $y = -\frac{1}{2}x + p$. Comme $A(-1; -1)$ est un point de (AB), on a $-1 = \frac{1}{2} + p$, d'où $p = -\frac{3}{2}$. Conclusion : (AB) a pour équation $y = -\frac{1}{2}x - \frac{3}{2}$.

Vecteurs colinéaires. Notons D la droite parallèle à (AB) et passant par C. Elle a pour vecteur directeur $\overrightarrow{AB}$. Le point $M(x; y)$ appartient à D si et seulement si les vecteurs $\overrightarrow{CM}$ et $\overrightarrow{AB}$ sont colinéaires. On écrit leurs coordonnées :

$$\overrightarrow{CM}\begin{pmatrix} x-3 \\ y-2 \end{pmatrix} \qquad \overrightarrow{AB}\begin{pmatrix} -2 \\ 1 \end{pmatrix}$$

En exprimant que les deux vecteurs sont colinéaires, on a : $(x-3) \times 1 - (y-2) \times (-2) = 0$, ce qui donne $x + 2y - 7 = 0$ et donc, en simplifiant : $y = -\frac{1}{2}x + \frac{7}{2}$.

2 Savoir résoudre un système d'équations

Exercice type 2 — Lycée Fustel-de-Coulanges, Massy

Résoudre le système suivant :

$$\begin{cases} x^2 + y^2 = 13 \\ 2x^2 - 3y^2 = -19 \end{cases}$$

Voir corrigé page 263

2.1 Cas d'équations sans carrés

Vous avez étudié en troisième les systèmes de deux équations à deux inconnues.

On utilise deux méthodes de résolution : substitution et combinaison.

2.1.1 - Substitution

Il s'agit de calculer l'une des inconnues en fonction des autres grâce à l'une des équations, et de remplacer, de substituer ce que l'on a trouvé dans les autres équations. Concrètement, dans le système :

$$\begin{cases} x - y = -16 \\ 3x + 5y = 40 \end{cases}$$

On peut calculer grâce à la première équation : $x = y - 16$ et remplacer :

$$\begin{cases} x = y - 16 \\ 3(y - 16) + 5y = 40 \end{cases}$$

et après simplifications :

$$\begin{cases} x = y - 16 \\ 8y - 48 = 40 \end{cases}$$

Remarquez qu'il faut, pour que chaque système que vous écrivez soit équivalent, (c'est-à-dire qu'ils aient les mêmes solutions), garder l'équation qui donne la valeur de x. On la recopie dans chaque système, sans la modifier. Avec la dernière équation, on obtient : $8y = 88$, donc $y = 11$. On remplace y par 11 dans la première équation :

$$\begin{cases} x = 11 - 16 = -5 \\ y = 11 \end{cases}$$

Il y a une (unique) solution : $(-5; 11)$. Attention si vous donnez *l'ensemble* des solutions : il ne contient qu'un seul élément. On note :

$$S = \{(-5; 11)\}$$

2.1.2 - Combinaison

Vous avez le droit, dans un système d'équations, de multiplier les équations par un réel non nul et d'ajouter une des équations à une autre, dans le but de supprimer une inconnue. On obtient alors un système équivalent. N'oubliez pas d'indiquer en marge de votre système les opérations que vous avez réalisées, ce qui permet au correcteur de mieux suivre votre raisonnement. Par exemple, pour le système

$$\begin{cases} x - y = -16 \\ 3x + 5y = 40 \end{cases}$$

On peut se débarrasser de y dans la deuxième équation en multipliant la première ligne par 5, et en ajoutant le résultat à la deuxième ligne. Notez ceci :
$L_2 \leftarrow L_2 + 5L_1$. On obtient :

$$L_2 \leftarrow L_2 + 5L_1 \quad \begin{cases} x - y = -16 \\ 3x + 5y + 5(x - y) = 40 - 5 \times 16 \end{cases}$$

On simplifie :

$$\begin{cases} y = x + 16 \\ 8x = -40 \end{cases}$$

et enfin :

$$\begin{cases} y = 11 \\ x = -5 \end{cases}$$

On retrouve :

$$S = \{(-5; 11)\}$$

2.2 Lien avec les équations de droites

2.2.1 - Interprétation géométrique

Examinons de nouveau le système :

$$\begin{cases} x - y = -16 \\ 3x + 5y = 40 \end{cases}$$

Dans chacune des équations, écrivons y en fonction de x. On obtient le système équivalent :

$$\begin{cases} y = x + 16 \\ y = -\frac{3}{5}x + 8 \end{cases}$$

Notons f et g les deux fonctions affines telles que :

$$f(x) = x + 16 \text{ et } g(x) = -\frac{3}{5}x + 8$$

Le problème revient donc à chercher les (x, y) tels que :

$$\begin{cases} y = f(x) \\ y = g(x) \end{cases}$$

La première équation signifie que (x, y) est un point de la droite représentative de f, la seconde équation signifie que (x, y) est un point de la droite représentative de g. La question posée est donc équivalente à la recherche des points d'intersection de deux droites :

- La droite D_1, d'équation $y = x + 16$, qui représente f ;
- la droite D_2, d'équation $y = -\frac{3}{5}x + 8$, qui représente g.

Les deux droites ayant des coefficients directeurs différents, elles ne sont donc pas parallèles. D_1 et D_2 ont donc un unique point d'intersection ; le couple des coordonnées de ce point est la solution du système.

2.2.2 - Nombre de solutions en fonction du type de système

Tout système linéaire peut se ramener comme ci-dessus à l'un des cas suivants :

intersection de droites obliques

$$\begin{cases} y = ax + b \\ y = cx + d \end{cases}$$

1 Si $a \neq c$, les droites D_1 (d'équation $y = ax + b$) et D_2 (d'équation $y = cx + d$) sont sécantes, il existe donc un unique couple solution.

2 Si $a = c$, alors D_1 et D_2 sont parallèles.

(a) Si $b = d$, alors $D_1 = D_2$, le système est équivalent à une seule des deux équations, par exemple : $y = ax + b$, et il y a une infinité de solutions (tous les couples des coordonnées des points de D_1).

(b) Si $b \neq d$, alors D_1 et D_2 sont *strictement* parallèles ; il n'y a pas de point d'intersection donc pas de solution.

droites parallèles à l'axe des ordonnées

$$\begin{cases} x = a \\ x = b \end{cases}$$

Le système n'a pas de solution si $a \neq b$, et une infinité (toute la droite d'équation $x = a$) si $a = b$.

intersection d'une droite verticale et d'une droite oblique

$$\begin{cases} y = ax + b \\ x = c \end{cases}$$

C'est un cas facile : les deux droites sont toujours sécantes, il y a donc un unique point d'intersection, et donc un seul couple-solution pour le système.

Il est parfaitement inutile d'apprendre par cœur les différents cas : une fois les équations de droites écrites, il n'est pas difficile de se rendre compte si on a affaire à des droites parallèles ou sécantes. On retiendra :

À retenir

Un système linéaire a 0, 1 ou une infinité de solutions.
Pour les compter sans résoudre complètement le système, on transforme les équations en équations de droite.

2.2.3 - Méthode du déterminant

On veut résoudre le système :

$$\begin{cases} ax + by = p \\ cx + dy = q \end{cases}$$

- Si $ad - bc = 0$, alors $ad = bc$, et donc a et b sont proportionnels à c et d. Si p et q ne sont pas proportionnels, alors il n'y a pas de solution. Par exemple, le système :

  $$\begin{cases} 2x + 3y = 5 \\ 4x + 6y = 7 \end{cases}$$

  n'admet pas de solution (car $7 \neq 2 \times 5$). En revanche, si p et q sont proportionnels, on peut éliminer l'une des deux équations. Par exemple, dans :

  $$\begin{cases} 2x + 3y = 5 \\ 4x + 6y = 10 \end{cases}$$

la seconde équation se déduit de la première (en multipliant par 2), et le système se ramène simplement à l'équation :

$$2x + 3y = 5$$

qui admet une infinité de solutions.

- Si $ad - bc \neq 0$, alors $dL_1 - bL_2$ fournit la relation :

$$(ad - bc)x = dp - aq$$

et $aL_2 - cL_1$ donne :

$$(ad - bc)y = aq - cp$$

D'où $x = \dfrac{dp - aq}{ad - bc}$ et $y = \dfrac{aq - cp}{ad - bc}$. Vous pouvez vérifier qu'il s'agit bien d'une solution du système. Elle est unique.

À retenir

Si $ad - bc \neq 0$, alors le système :

$$\begin{cases} ax + by = p \\ cx + dy = q \end{cases}$$

admet une unique solution.
Si $ad - bc = 0$, il en admet 0 ou une infinité.

2.3 Autre cas...

La plupart des systèmes d'équations que l'on vous demande de résoudre en Seconde sont des systèmes *linéaires*, c'est-à-dire qu'il y apparaît les inconnues x, y, t, etc., mais en aucun cas $\sqrt{x}$, y^2 ou $\sin t$. Néanmoins, il peut vous arriver de rencontrer des systèmes non linéaires, par exemple :

$$\begin{cases} \dfrac{2}{x} + \dfrac{6}{y} = 3 \\ \dfrac{8}{x} - \dfrac{3}{y} = 3 \end{cases}$$

Il suffit de se ramener à un système linéaire, en posant : $X = \dfrac{1}{x}$ et $Y = \dfrac{1}{y}$. Le système ci-dessus devient :

$$\begin{cases} 2X + 6Y = 3 \\ 8X - 3Y = 3 \end{cases}$$

On résout facilement par combinaisons :

$$L_1 \leftarrow L_1 + 2L_2 \begin{cases} 18X = 9 \\ 8X - 3Y = 3 \end{cases}$$

et en calculant de proche en proche, on obtient : $X = \frac{1}{2}$ et $Y = \frac{1}{3}$. Ne perdez pas de vue notre objectif : calculer x et y (et non pas X et Y). On trouve sans difficulté : $x = 2$ et $y = 3$. D'où *la* solution : (2, 3).

Solution de l'exercice type 2

Pour se ramener à un système linéaire, on pose $X = x^2$ et $Y = y^2$. On obtient :

$$\begin{cases} x^2 + y^2 = 13 \\ 2x^2 - 3y^2 = -19 \end{cases} \Leftrightarrow \begin{cases} X + Y = 13 \\ 2X - 3Y = -19 \end{cases}$$

$$\Leftrightarrow \quad L_2 \leftarrow L_2 + 3L_1 \begin{cases} X + Y = 13 \\ 5X = 20 \end{cases}$$

$$\Leftrightarrow \begin{cases} X + Y = 13 \\ X = 4 \end{cases}$$

$$\Leftrightarrow \begin{cases} Y = 13 - 4 = 9 \\ X = 4 \end{cases}$$

On obtient enfin :

$$Y = 9 \text{ et } X = 4$$

ce qui donne $x = 2$ ou $x = -2$, et $y = 3$ ou $y = -3$. En tenant compte de tous les cas, on obtient l'ensemble de solutions suivant :

$$S = \{(2; 3), (-2; 3), (2; -3), (-2; -3)\}$$

QCM 1 Équations de droites

5 min. corrigé p. 273

Vrai ou faux ?

a La droite D d'équation $y = 3x + 2$ passe par $A(1; 2)$.

b Si $A(2; 1)$ et $B(-1; 2)$, alors (AB) a pour coefficient directeur -3.

c Les droites $D : y = 2x - 5$ et $D' : y = -2x + 1$ sont orthogonales.

d Les droites $D : y = -2x - 3$ et $D' : y = 5x - 3$ sont parallèles.

e $\vec{u}\binom{1}{-3}$ est un vecteur directeur de $D : y = -3x + 6$

QCM 2 Systèmes d'équations

10 min. corrigé p. 273

Quels sont, parmi les systèmes suivants, ceux qui admettent au moins une solution ?

a $\begin{cases} 2x + 3y = 0 \\ 5x - y = 0 \end{cases}$

b $\begin{cases} y = 2x + 5 \\ y = -x + 3 \end{cases}$

c $\begin{cases} 2x - 3y = 1 \\ 4x - 6y = 3 \end{cases}$

d $\begin{cases} 2x - 5y = 4 \\ 4x - 10y = 8 \end{cases}$

3 Équations de droites

★ 20 min. corrigé p. 273

Lycée Chaptal, Paris

Le plan étant rapporté à un repère (O, I, J), on considère les points $A(4; -1)$ et $B(3; -8)$.

1 Montrer que la droite (AB) a pour équation $y = 7x - 29$.

2 Déterminer une équation de la droite D passant par $C(0, -1)$ et parallèle à (AB).

3 Soient $E(3; -2)$ et $F(2; 2)$. Déterminer une équation de la droite (EF).

4 Les droites (D) et (EF) sont-elles sécantes ? Justifier. Si oui, déterminer les coordonnées de leur point d'intersection.

4 Équations de droites

★ 15 min. corrigé p. 274

Lycée Carnot, Dijon

On donne les points $A(1; 0)$ et $B(4; 2)$. Écrire une équation de la médiatrice du segment $[AB]$.

5 Équations de droites

★ 5 min. corrigé p. 274

Lycée François Ier, Le Havre

Soit D la droite d'équation : $y = -3x + 1$. On munit le plan d'un repère (O, I, J). Soient $\vec{u} = 2\vec{\imath} + \vec{\jmath}$, et t la translation de vecteur $\vec{u}$. Trouver l'équation de l'image de D par t.

6 Équations de droites

★ 15 min. corrigé p. 275

Lycée Lacordaire, Marseille

1 Dans un repère (O, I, J), déterminer l'équation de la droite $\mathcal{D}$ passant par A et de coefficient directeur -1 avec $A(2; 3)$.

2 Donner l'équation de Δ, la droite passant par $B(0; 2)$ et parallèle à $\mathcal{D}$.

3 Construire $\mathcal{D}$ et Δ.

7 Équations de droites

★ 15 min. corrigé p. 275

Lycée Voltaire, Paris

On se place dans un repère orthonormé et on donne : $A(1; -1)$, $B(3; -3)$ et $C(1; 6)$.

1 Calculer l'équation de la droite (AB).

2 Calculer l'équation de la droite (d) qui passe par le point C et qui est parallèle à la droite (AB)

8 Systèmes d'équations

★ 15 min. corrigé p. 276

Lycée Voltaire, Paris

Résoudre dans $\mathbb{R}^2$ les systèmes suivants :

1 $$\begin{cases} \dfrac{2x+3y}{6} - \dfrac{4x-3y}{6} = 1 \\ \dfrac{3x-2y}{2} - \dfrac{5x-3y}{2} = 3 \end{cases}$$

2 $$\begin{cases} \dfrac{x}{7} = \dfrac{y}{5} \\ 3x - y = 24 \end{cases}$$

COURS EXERCICES CORRIGÉS

9 Mise en équations d'un problème

★ 10 min. corrigé p. 277

Lycée Fragonard, L'Isle-Adam

Dans une classe.

Au début, il y a deux fois plus de garçons que de filles. Six garçons quittent la salle et six filles arrivent. Il y a alors deux fois plus de filles que de garçons. Combien de garçons et de filles y avait-il au début ?

10 Systèmes d'équations

★ 15 min. corrigé p. 278

Lycée Lamartine, Paris

Soit (S) le système suivant :

$$\begin{cases} 3x + 2y = 7 \\ (x+y)^2 = 9 \end{cases}$$

1 Quelles sont les valeurs possibles de la somme $x + y$?

2 En déduire les solutions du système (S).

11 Systèmes d'équations

★ 10 min. corrigé p. 278

Lycée Jean Monnet, Franconville

Une salle de théâtre compte 150 places, les unes à 21 €, les autres à 26 €. Quand elle est pleine, la recette totale est de 3300 €. Combien y a-t-il de places de chaque sorte ?

12 Systèmes d'équations

★ 10 min. corrigé p. 279

Lycée Notre-Dame, Saint-Nazaire

Si deux capitaux sont placés, le premier à 10 %, le second à 8 %, la différence des revenus annuels est de 200 €. Si le premier était placé à 8 % et le second à 10 %, la différence des revenus annuels serait de 70 €. Déterminer les deux capitaux.

13 Systèmes d'équations

★ 10 min. corrigé p. 279

Lycée Auguste Renoir, Asnières-sur-Seine

Résoudre dans $\mathbb{R}^2$ le système suivant :

$$\begin{cases} \sqrt{2}x + 2y = -1 \\ -2x + 2\sqrt{2}y = \sqrt{2} \end{cases}$$

14 Cercles et droites

★★ 15 min. corrigé p. 280

Lycée Sacré-Cœur, Amiens

Dans (O, I, J)repère orthonormé, construire les points $M(\cos\alpha, \sin\alpha)$ du plan (où α est un réel), tels que :

$$\sin\alpha = 2\cos\alpha - 1$$

15 Coordonnées

★★ 20 min. corrigé p. 280

Lycée Montesquieu, Bordeaux

Soit un trapèze $ABCD$, de bases $[AB]$ et $[CD]$. On suppose que les droites (AD) et (BC) se coupent en O. On note I et J les milieux respectifs des segments $[AB]$ et $[CD]$ et K le point d'intersection des diagonales (AC) et (BD).

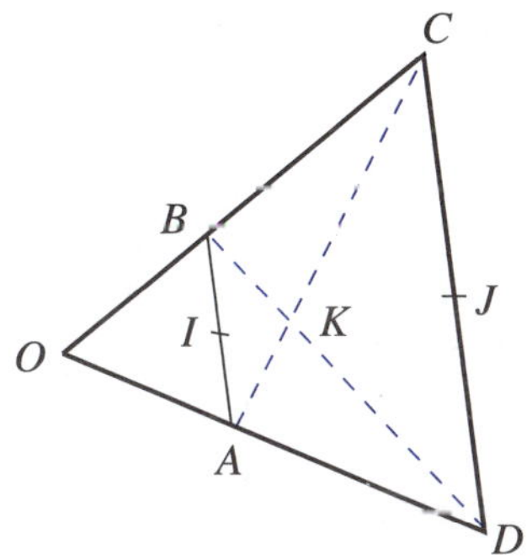

Soit k le réel tel que $\overrightarrow{OD} = k\overrightarrow{OA}$. On se place dans le repère $(O, \overrightarrow{OA}, \overrightarrow{OB})$.

1. Quelles sont les coordonnées de O, A, B et D dans ce repère ?
2. Quelle est l'équation de la droite (CD) dans ce repère ? En déduire que $C(0, k)$.
3. Calculer les coordonnées de I, J, et K.
4. Montrer que les points O, I, J, et K sont alignés.

16 Équations de droites

★★ 15 min. corrigé p. 282

Lycée du Parc, Lyon

Dans les deux cas suivants, déterminer une équation de la droite Δ, parallèle à (D) et passant par A.

1 $A(2;\,1)$. (D) a comme équation $y = -x + 2$.

2 $A(2;\,-3)$. $(D) = (BC)$, avec $B(-1;\,0)$ et $C(-1;\,3)$.

17 Coordonnées

★★ 20 min. corrigé p. 282

Lycée Chrestien de Troyes, Troyes

Dans $(O, \vec{\imath}, \vec{\jmath})$ orthonormé, on donne $A(-2;\,2)$, $B(1;\,-3)$ et $C(3;\,6)$.

1 Montrer que A, B, et C ne sont pas alignés.

2 Déterminer une équation de la médiane issue de A dans (ABC).

3 Déterminer une équation de la médiane issue de B dans (ABC).

4 Déterminer les coordonnées du centre de gravité du triangle (ABC).

18 Équations de droites

★★ 20 min. corrigé p. 284

Lycée Fénelon, Paris

Le plan est muni d'un repère (O, I, J).

1 Déterminer une équation cartésienne de l'image de la droite $\mathcal{D}_1$ par la translation de vecteur $\vec{u}$.
On donne $\mathcal{D}_1 : y = x - 2$ et $\vec{u} = -\vec{\imath} + 2\vec{\jmath}$

2 Déterminer une équation cartésienne de l'image de la droite $(\mathcal{D}_2)$ par la symétrie centrale de centre Ω.
On donne $\mathcal{D}_2 : y = \frac{1}{2}x + \frac{1}{2}$ et $\overrightarrow{O\Omega} = -\vec{\imath} + 2\vec{\jmath}$

19 Équations de droites

★★ 30 min. corrigé p. 285

Lycée Hoche, Versailles

Retrouver, parmi les équations ci-dessous, celles qui correspondent aux droites du dessin (lorsque cela est possible !).

1 $y = \frac{2}{3}x + \frac{8}{3}$

2 $y = \frac{1}{2}x - 2$

3 $y = -\frac{2}{3}x + \frac{8}{3}$

4 $y = 3x - 3$

5 $y = \frac{1}{2}x + \frac{3}{2}$

6 $y = \frac{5}{3}x + 5$

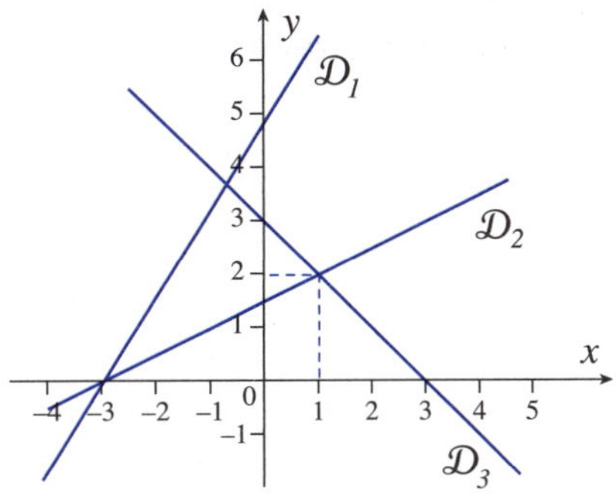

20 Systèmes d'équations

★ ★ 20 min. corrigé p. 286

Lycée Claude Monet, Paris

Résoudre dans $\mathbb{R}^2$ les systèmes suivants :

$$\begin{cases} 2x + 5y = 12 \\ 3x - y = 1 \end{cases}$$

$$\begin{cases} 3x - 4y = -24 \\ 5x - 2y = 2 \end{cases}$$

$$\begin{cases} 5x^2 - 2y^2 = 2 \\ 3x^2 - 4y^2 = -24 \end{cases}$$

21 Systèmes d'équations

★ ★ 20 min. corrigé p. 287

Lycée Jacques Monod, Clamart

Résoudre dans $\mathbb{R}^2$:

$$\begin{cases} 2x^2 - \dfrac{9}{y+1} = 15 \\ 3x^2 - \dfrac{24}{y+1} = 19 \end{cases}$$

On posera $X = x^2$ et $Y = \ldots$

22 Systèmes d'équations

★★ 15 min. corrigé p. 287

Lycée Hoche, Versailles

Résoudre le système suivant en indiquant la méthode utilisée.

$$\begin{cases} 2u - 3v = 4 \\ 10u + 2v = 3 \end{cases}$$

En déduire la résolution du système suivant :

$$\begin{cases} \dfrac{2}{x-3} - \dfrac{3}{y+5} = 4 \\ \dfrac{5}{x-3} + \dfrac{1}{y+5} = \dfrac{3}{2} \end{cases}$$

23 Systèmes d'équations

★★ 10 min. corrigé p. 288

Lycée Hoche, Versailles

Résoudre dans $\mathbb{R} \times \mathbb{R}$ le système :

$$\begin{cases} \dfrac{3}{(2x+1)^2} - \dfrac{4}{|3y-5|} = 32 \\ \dfrac{2}{(2x+1)^2} - \dfrac{5}{|3y-5|} = 12 \end{cases}$$

24 Mise en équations d'un problème

★★ 20 min. corrigé p. 289

Lycée Molière, Paris

Un canot automobile met cinq heures pour aller, par voie fluviale, de la ville A à la ville B. En conservant la même vitesse propre, il met sept heures et trente minutes pour le trajet inverse.

1 Combien de temps un radeau se déplaçant à la vitesse du courant mettrait-il pour relier les deux villes ?

2 Si la vitesse propre du canot augmentait de 1,6 km/h, il mettrait 45 minutes de moins pour revenir de B vers A. Calculer la vitesse propre du canot et celle du courant.

25 Systèmes d'équations

★★ 20 min. corrigé p. 290

Lycée Carnot, Dijon

Soit le système :

$$S \begin{cases} 5x + y = 4 \\ -3x + 12y = -12 \end{cases}$$

1 Sans résoudre, justifier l'existence d'une (ou de plusieurs) solution(s).

2 Résoudre dans $\mathbb{R}^2$ le système S.

3 Déduire des questions précédentes la résolution du système :

$$S \left\{ \begin{array}{l} \dfrac{5}{x+1} + \dfrac{1}{y-2} = 4 \\ \dfrac{-3}{x+1} + \dfrac{12}{y-2} = -12 \end{array} \right.$$

26 Systèmes d'équations

★★ 20 min. corrigé p. 290

Lycée David d'Angers, Angers

1 Résoudre le système :

$$\begin{cases} 7x - 4y = 29 \\ 2x - y = 1 \end{cases}$$

2 Soit le système :

$$\begin{cases} 2x - y = 9 \\ \dfrac{10}{3}x - \dfrac{5}{3}y - 15 = 0 \end{cases}$$

(a) Le couple $(0; -9)$ est-il solution du système ? Même question avec $(1; 6)$ et $(1; -7)$. Que peut-on en déduire ?

(b) Donner l'ensemble des solutions du système.

27 Équations de droites

★★★ 25 min. corrigé p. 292

Lycée Condorcet, Paris

À tout réel $m \neq 3$ on associe la droite D_m d'équation :

$$y = \frac{2m-1}{m-3}x + \frac{-7m+6}{m-3}$$

1 Déterminer m et donner l'équation de D_m pour que :

(a) D_m passe par $A(1; 1)$.

(b) D_m passe par O.

(c) D_m soit parallèle à l'axe des abscisses.

(d) Peut-on trouver m tel que D_m soit parallèle à l'axe des ordonnées ?

(e) D_m soit parallèle à Δ d'équation $y = 3x - 6$.

(f) D_m admette (-2) comme coefficient directeur.

2 Montrer qu'il existe un point K qui appartient à toutes les droites D_m.

28 Systèmes d'équations

★★★ 40 min. corrigé p. 294

Lycée Louis-le-Grand, Paris

Résoudre les systèmes suivants :

1 $\begin{cases} 3x + 2y - 6 = 0 \\ \dfrac{1}{2}x + \dfrac{1}{3}y = 1 \end{cases}$

2 $\begin{cases} 3x^2 + 2y^2 = -5 \\ 2x^{151} - 3y^{12} = 17 \end{cases}$

3 $\begin{cases} 2x + 3y - 11 = 0 \\ 3x - 5y - 7 = 0 \end{cases}$

4 $\begin{cases} 2x + 3y = 5 \\ (x + y)^2 = 16 \end{cases}$

5 $\begin{cases} x + y = 2 \\ x^2 - y^2 = 18 \end{cases}$

QCM

1 Équations de droites

énoncé p. 264

a FAUX. Si $x = 1$, $3x + 2 = 5$.

b FAUX. Le coefficient directeur de (AB) est $\dfrac{y_B - y_A}{x_B - x_A} = \dfrac{1}{-3} = -\dfrac{1}{3}$.

c FAUX. Il aurait fallu que le produit des coefficients directeurs soit égal à -1. Comme les coefficients directeurs sont opposés, ces deux droites sont symétriques par rapport à (Ox).

d FAUX, car elles n'ont pas le même coefficient directeur.

e VRAI.

QCM

2 Systèmes d'équations

énoncé p. 264

a UNE SOLUTION UNIQUE. Les deux premières équations représentent des droites de coefficients directeurs $-\dfrac{2}{3}$ et 5. Elles ne sont donc pas parallèles.

b UNE SOLUTION UNIQUE. Les deux équations représentent des droites de coefficients directeurs 2 et -1, donc sécantes.

c AUCUNE SOLUTION, car si $2x - 3y = 1$, alors $4x - 6y = 2 \neq 3$.

d UNE INFINITÉ DE SOLUTIONS, car les deux équations sont proportionnelles et représentent donc la même droite.

3 Équations de droites

énoncé p. 264

Lycée Chaptal, Paris

1 Puisqu'on vous donne l'équation, ce n'est pas la peine de vous fatiguer. Vous savez que $y = 7x - 29$ est l'équation d'une droite. Il suffit de vérifier qu'elle passe par A et B. Remplaçons donc x et y par les coordonnées de A : $7 \times 4 - 29 = -1$. Cette égalité est vraie, donc A est bien un point de la droite. De même, $7 \times 3 - 29 = -8$ donc B est bien un point de la droite. Deux points suffisent à déterminer une droite, donc $y = 7x - 29$ est bien une équation de la droite (AB).

2 Une parallèle à (AB) a même coefficient directeur, la droite cherchée aura donc une équation du type :

$$y = 7x + b$$

Comme elle passe par $C(0, -1)$, l'ordonnée à l'origine (b) vaut -1. D'où l'équation : $y = 7x - 1$.

3 E et F n'ont pas la même abscisse, donc la droite (EF) n'est pas parallèle à (Oy). Elle admet donc une équation du type $y = ax + b$. Comme

COURS EXERCICES CORRIGÉS

elle passe par $E(3, -2)$ et $F(2, 2)$, on obtient les équations :

$$\begin{cases} -2 = 3a + b \\ 2 = 2a + b \end{cases}$$

$$\Leftrightarrow \begin{cases} -4 = a \text{ (en soustrayant)} \\ b = 2 - 2a = 2 + 8 = 10 \text{ (en substituant la valeur de } b\text{)} \end{cases}$$

D'où l'équation de (EF) : $y = -4x + 10$.

4 Les droites D et (EF) sont sécantes car elles n'ont pas le même coefficient directeur.

On calcule leur intersection en résolvant le système :

$$\begin{cases} y = 7x - 1 \text{ (équation de } D\text{)} \\ y = -4x + 10 \text{ (équation de } (EF)\text{)} \end{cases} \Leftrightarrow \begin{cases} 0 = -11x + 11 \text{ (en soustrayant)} \\ y = 7x - 1 \end{cases}$$

$$\Leftrightarrow \begin{cases} x = 1 \\ y = 6 \end{cases}$$

Le point d'intersection a donc pour coordonnées $G(1, 6)$.

4 Équations de droites

énoncé p. 264

Lycée Carnot, Dijon

La difficulté de cet exercice est de trouver la propriété des médiatrices qu'il faut utiliser. On sait que tout point M de coordonnées (x, y) appartient à la médiatrice de $[AB]$ si et seulement s'il est équidistant de A et B, c'est-à-dire : $AM = BM$.

En élevant au carré et en tenant compte de $A(1; 0)$ et $B(4; 2)$, il vient :

$$\begin{aligned} AM^2 = BM^2 &\Leftrightarrow (x-1)^2 + y^2 = (x-4)^2 + (y-2)^2 \\ &\Leftrightarrow x^2 - 2x + 1 + y^2 = x^2 - 8x + 16 + y^2 - 4y + 4 \\ &\Leftrightarrow -2x + 1 = -8x - 4y + 20 \\ &\Leftrightarrow 4y = -6x + 19 \\ &\Leftrightarrow y = -\frac{3}{2}x + \frac{19}{4} \text{ (car } \frac{6}{4} = \frac{3}{2}\text{)} \end{aligned}$$

L'équation de la médiatrice est donc :

$$y = -\frac{3}{2}x + \frac{19}{4}$$

5 Équations de droites

énoncé p. 265

Lycée François Ier, Le Havre

L'image d'une droite par une translation est une droite parallèle, donc l'équation de l'image de D est de la forme :

$$y = -3x + c$$

Prenons au hasard un point de D, par exemple le point de coordonnées $(1, -2)$, que nous noterons M. L'image par M par la translation de vecteur $\vec{u}\begin{pmatrix}2\\1\end{pmatrix}$, est le point de coordonnées $(1+2, -2+1)$, donc $(3, -1)$.

L'image de D passe nécessairement par ce point, donc $-1 = -3\times3+c = 0$, ce qui donne : $c = 8$.

L'équation de l'image de la droite D par la translation t a donc pour équation :

$$y = -3x + 8$$

6 Équations de droites

énoncé p. 265

Lycée Lacordaire, Marseille

1 $\mathcal{D}$ a pour coefficient directeur : -1. Notons $y = -x + c$ son équation. $\mathcal{D}$ passe par $A(2; 3)$, donc $3 = -2 + c$. On en déduit $c = 5$ et l'équation de $\mathcal{D}$ est :

$$y = -x + 5$$

2 Puisque Δ est parallèle à $\mathcal{D}$, elle a le même coefficient directeur, donc son équation est du type :

$$y = -x + c$$

Δ passe par $B(0, 2)$, donc $2 = -0 + c$ et $c = 2$. Son équation est donc :

$$y = -x + 2$$

3

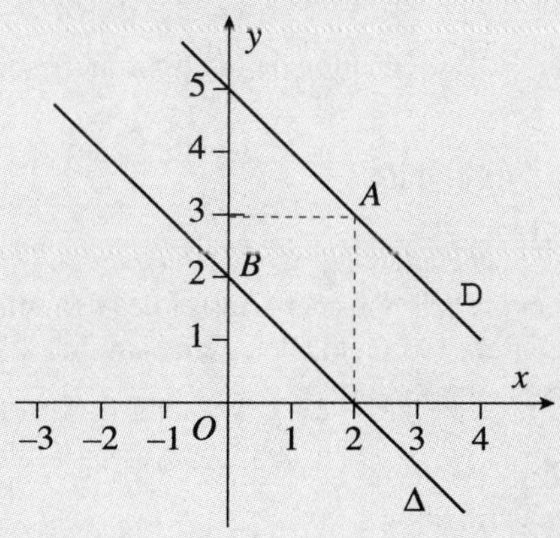

7 Équations de droites

énoncé p. 265

Lycée Voltaire, Paris

1 A et B n'ont pas la même abscisse, donc (AB) n'est pas verticale. On en déduit qu'elle admet une équation de la forme : $y = ax + b$. En substituant les coordonnées de A et B à x et y dans l'équation, on obtient le système d'inconnues a et b :

$$\begin{cases} -1 = a + b \\ 3 = 3a + b \end{cases}$$

On tire de la première équation $a = -1 - b$. En substituant cette valeur dans la deuxième, on obtient :

$$\begin{aligned} 3 = 3(-1-b) + b &\Leftrightarrow 3 = -3 - 3b + b \\ &\Leftrightarrow 6 = -2b \\ &\Leftrightarrow -3 = b \end{aligned}$$

et donc $a = -1 - b = 2$.
Autre méthode : on calcule directement le coefficient directeur a.

$$a = \frac{y_B - y_A}{x_B - x_A} = \frac{3+1}{3-1} = \frac{4}{2} = 2$$

L'équation de (AB) est donc du type $y = 2x + b$. On substitue les coordonnées de A (par exemple) dans l'équation : $-1 = 2.1 + b$ et on retrouve $b = -3$.
L'équation de (AB) est donc :

$$y = 2x - 3$$

2 (d) étant parallèle à (AB), son équation débute de la même manière :

$$y = 2x + c$$

Pour calculer c, on utilise les coordonnées de C. $C \in (d)$ donc :

$$6 = 2 \times 1 + c$$

et donc $c = 4$. L'équation de (d) est donc $y = 2x + 4$.

8 Systèmes d'équations

énoncé p. 265

Lycée Voltaire, Paris

1 Commençons par nous débarrasser des dénominateurs, en multipliant la première ligne par 6 et la deuxième par 2 :

$$\begin{cases} 2x + 3y - 4x + 3y = 6 \\ 3x - 2y - 5x + 3y = 6 \end{cases}$$

Ce qui s'écrit aussi :

$$\begin{cases} -2x + 6y = 6 \\ -2x + y = 6 \end{cases}$$

En ôtant la deuxième ligne à la première, on élimine x :

$$\begin{cases} 5y = 0 \\ -2x + y = 6 \end{cases}$$

Il vient $y = 0$ et $x = -3$. Conclusion :

$$S = \{(-3, 0)\}$$

2 Effectuons d'abord les produits en croix dans la première ligne.

$$\begin{cases} 5x = 7y \\ 3x - y = 24 \end{cases}$$

On utilise la deuxième ligne, sous la forme : $y = 3x - 24$, pour procéder par substitution :

$$\begin{cases} 5x = 7(3x - 24) \\ y = 3x - 24 \end{cases}$$

Donc :

$$\begin{cases} 5x - 21x = -7 \times 3 \times 8 \\ y = 3x - 24 \end{cases}$$

Il vient :

$$\begin{cases} x = \dfrac{21}{2} \\ y = \dfrac{63}{2} - \dfrac{48}{2} = \dfrac{15}{2} \end{cases}$$

et $S = \left\{\left(\dfrac{21}{2}; \dfrac{15}{2}\right)\right\}$

9 Mise en équations d'un problème

énoncé p. 266

Lycée Fragonard, L'Isle-Adam

Notons x le nombre de filles et y celui de garçons qu'il y a au départ. Il y a à ce moment-là deux fois plus de garçons que de filles, donc $y = 2x$. Si 6 garçons partent, il en reste $y - 6$. Si 6 filles arrivent, il y en a alors $x + 6$. Alors, il y a deux fois plus de filles, c'est-à-dire que $x + 6 = 2(y - 6)$. Il ne reste plus qu'à résoudre le système :

$$\begin{cases} y = 2x \\ x + 6 = 2(y - 6) \end{cases} \Leftrightarrow \begin{cases} y = 2x \\ x + 6 = 2y - 12 \end{cases}$$

Par substitution :

$$\begin{cases} y = 2x \\ x = 2(2x) - 18 \end{cases} \Leftrightarrow \begin{cases} y = 2x \\ -3x = -18 \end{cases}$$

On obtient facilement $x = 6$ et $y = 12$. Comme il s'agit d'un problème « concret », ne donnez pas un ensemble de solutions ; écrivez plutôt : « Il y avait au départ 6 filles et 12 garçons. »

10 Systèmes d'équations

énoncé p. 266

Lycée Lamartine, Paris

1 Puisque le carré de $x+y$ vaut 9, on en déduit que $x+y=3$ ou $x+y=-3$. Le système proposé peut donc être séparé en deux « sous-systèmes » :

$$\begin{cases} 3x+2y=7 \\ x+y=-3 \end{cases} \quad \text{et} \quad \begin{cases} 3x+2y=7 \\ x+y=3 \end{cases}$$

Les solutions du système de départ sont celles de l'un ou de l'autre de ces deux sous-systèmes.

2 Résolvons chaque système par substitution. Pour le premier, on écrit :

$$\begin{cases} 3x+2y=7 \\ x+y=-3 \end{cases} \Leftrightarrow \begin{cases} 3x+2(-x-3)=7 \\ y=-x-3 \end{cases}$$

$$\Leftrightarrow \begin{cases} 3x-2x-6=7 \\ y=-x-3 \end{cases}$$

$$\Leftrightarrow \begin{cases} x=13 \\ y=-16 \end{cases}$$

Pour le second système :

$$\begin{cases} 3x+2y=7 \\ x+y=3 \end{cases} \Leftrightarrow \begin{cases} 3x+2(-x+3)=7 \\ y=-x+3 \end{cases}$$

$$\Leftrightarrow \begin{cases} 3x-2x+6=7 \\ y=-x+3 \end{cases}$$

$$\Leftrightarrow \begin{cases} x=1 \\ y=2 \end{cases}$$

On obtient donc :

$$S=\{(13;-16),(1;2)\}$$

11 Systèmes d'équations

énoncé p. 266

Lycée Jean Monnet, Franconville

Appelons x le nombre de places à 21 € et y le nombre de places à 26 €. Des renseignements de l'énoncé, on tire le système suivant :

$$\begin{cases} x+y=150 \\ 21x+26y=3300 \end{cases}$$

On peut procéder par substitution :

$$\begin{cases} x = 150 - y \\ 21(150 - y) + 26y = 3300 \end{cases} \Leftrightarrow \begin{cases} x = 150 - y \\ 3150 - 21y + 26y = 3300 \end{cases}$$

$$\Leftrightarrow \begin{cases} x = 150 - y \\ 5y = 150 \end{cases}$$

$$\Leftrightarrow \begin{cases} y = 30 \\ x = 120 \end{cases}$$

Il y a donc 30 places à 26 € et 120 places à 21 €.

12 Systèmes d'équations

énoncé p. 266

Lycée Notre-Dame, Saint-Nazaire

Notons x le premier capital, et y le second. A dix pour cent, x rapporte $\frac{10}{100}x$, et ainsi de suite... D'après les renseignements de l'énoncé, on obtient le système :

$$\begin{cases} \frac{10}{100}x - \frac{8}{100}y = 200 \\ \frac{8}{100}x - \frac{10}{100}y = 70 \end{cases} \Leftrightarrow \begin{cases} 10x - 8y = 20000 \\ 8x - 10y = 7000 \end{cases}$$

$$\Leftrightarrow \quad L_1 \leftarrow 8L_1 - 10L_2 \begin{cases} 36y = 90000 \\ 8x - 10y = 7000 \end{cases}$$

$$\Leftrightarrow \begin{cases} y = 2500 \\ 8x = 32000 \end{cases}$$

$$\Leftrightarrow \begin{cases} y = 2500 \\ x = 4000 \end{cases}$$

Les deux capitaux sont respectivement de 4000 € et de 2500 €.

13 Systèmes d'équations

énoncé p. 266

Lycée Auguste Renoir, Asnières-sur-Seine

On résout par combinaisons :

$$L_1 \leftarrow 2L_1 + \sqrt{2}L_2 \begin{cases} 8y = 0 \\ -2x + 2\sqrt{2}y = \sqrt{2} \end{cases} \Leftrightarrow \begin{cases} y = 0 \\ -2x = \sqrt{2} \end{cases}$$

D'où $S = \left\{\left(-\frac{\sqrt{2}}{2}, 0\right)\right\}$.

COURS EXERCICES CORRIGÉS

14 Cercles et droites

énoncé p. 267

Lycée Sacré-Cœur, Amiens

L'énoncé demande de « construire » les points M en question, il serait donc très maladroit d'essayer de calculer α.

Il faut se rappeler que, quel que soit le réel α, les points de coordonnées du type $(\cos\alpha, \sin\alpha)$ sont des points du cercle trigonométrique (centre O et rayon 1).

Notons $M(x_M, y_M)$; on veut que M soit sur le cercle trigonométrique, et qu'en plus il vérifie $\sin\alpha = 2\cos\alpha - 1$, c'est-à-dire :

$$y_M = 2x_M - 1$$

Il ne reste plus qu'à construire la droite d'équation $y = 2x - 1$. Celle-ci passe, par exemple, par les points $A(0; -1)$ et $B(1; 1)$.

Les points-solutions sont les intersections de la droite et du cercle trigonométrique. On obtient les deux points A et A' représentés ci-dessous :

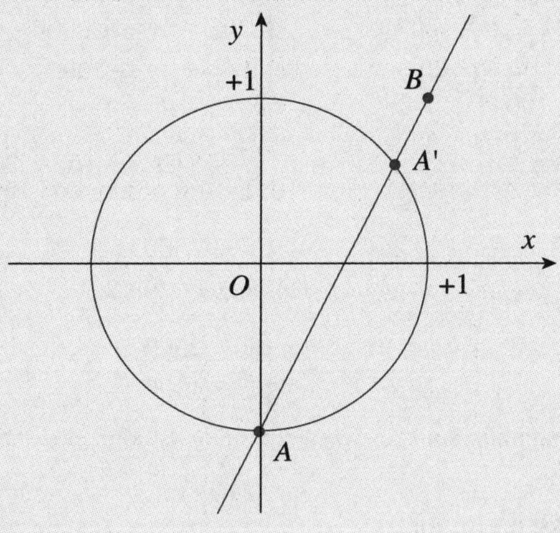

15 Coordonnées

énoncé p. 267

Lycée Montesquieu, Bordeaux

1 Dans le repère (O, A, B), on a : $O(0; 0)$, $A(1; 0)$, $B(0; 1)$ et $D(k; 0)$ (car $\overrightarrow{OD} = k\overrightarrow{OA}$).

2 (CD) est parallèle à (AB). Le coefficient directeur de la droite (AB) est :

$$\frac{y_B - y_A}{x_B - x_A} = -1$$

L'équation de (CD) est donc de la forme : $y = -x + c$. (CD) passe par $D(k; 0)$, donc $0 = -k + c$, d'où l'équation de (CD) :

$$y = -x + k$$

C est sur l'axe des ordonnées (car O, B et C sont alignes) donc son ordonnée est l'ordonnée à l'origine de (CD). On en déduit $C(0, k)$.

3 I est le milieu de $[AB]$. Or $A(1; 0)$ et $B(0; 1)$, d'où :

$$I\left(\frac{1}{2}; \frac{1}{2}\right)$$

J est le milieu de $[CD]$; or $C(0; k)$ et $D(k; 0)$ d'où :

$$J\left(\frac{k}{2}; \frac{k}{2}\right)$$

Pour calculer les coordonnées de K, intersection des droites (AC) et (BD), on écrit les équations de ces deux droites :

Le coefficient directeur de (AC) est :

$$\frac{y_C - y_A}{x_C - x_A} = \frac{k}{-1} = -k$$

Comme (AC) passe par $C(0, k)$, son ordonnée à l'origine est k, d'où $(AC) : y = -kx + k$.

Le coefficient directeur de (BD) est :

$$\frac{y_D - y_B}{x_D - x_B} = \frac{-1}{k}$$

Comme (BD) passe par $B(0, 1)$, son ordonnée à l'origine est 1, d'où $(BD) : y = \frac{-1}{k}x + 1$.

On résout le système :

$$\begin{cases} y = -kx + k \\ y = \dfrac{-1}{k}x + 1 \end{cases} \Leftrightarrow \begin{cases} -kx + k = \dfrac{-1}{k}x + 1 \\ y = -kx + k \end{cases}$$

$$\Leftrightarrow \begin{cases} \left(\dfrac{1}{k} - k\right)x = 1 - k \\ y = -kx + k \end{cases}$$

$$\Leftrightarrow \begin{cases} \dfrac{1 - k^2}{k}x = 1 - k \\ y = -kx + k \end{cases}$$

On sait que $1 - k^2 = (1 - k)(1 + k)$, on obtient donc :

$$x = \frac{k(1 - k)}{1 - k^2} = \frac{k(1 - k)}{(1 - k)(1 + k)} = \frac{k}{1 + k}$$

et donc

$$y = -kx + k = \frac{-k^2}{1 + k} + \frac{k + k^2}{1 + k} = \frac{k}{1 + k}$$

COURS EXERCICES CORRIGÉS

On conclut :

$$K\left(\frac{k}{1+k}; \frac{k}{1+k}\right)$$

Remarquons que les valeurs gênantes $k = 0$, $k = 1$ ou $k = -1$ sont impossibles :

- Si $k = 0$, alors $\overrightarrow{OD} = \vec{0}$ donc $O = D$, mais alors C, B et D sont alignés, ce qui n'est pas possible car $ABCD$ est un trapèze.
- Si $k = 1$, alors $\overrightarrow{OD} = \overrightarrow{OA}$ donc $D = A$, ce qui contredit également la définition de $ABCD$.
- Si $k = -1$, alors $\overrightarrow{OD} = -\overrightarrow{OA}$ signifie que O est le milieu de $[AD]$. O serait également, d'après la question 2., le milieu de $[BC]$, et donc $ABDC$ serait un parallélogramme, ce qui n'est pas possible.

4 Pour les points O, I, J et K, l'ordonnée est égale à l'abscisse, donc ces quatre points sont sur la droite d'équation $y = x$.

16 Équations de droites

énoncé p. 268

Lycée du Parc, Lyon

1 On veut une droite parallèle à (D), les coefficients directeurs de D et Δ doivent être égaux. Écrivons provisoirement l'équation de Δ :

$$y = -x + b$$

et calculons b en exprimant que Δ passe par $A(2; 1)$:

$$1 = -2 + b \Leftrightarrow 3 = b$$

L'équation de Δ est :

$$y = -x + 3$$

2 Là, il y a une légère astuce. En effet, B et C ont la même abscisse, donc la droite (BC) est verticale. La droite Δ est donc également verticale, donc elle admet une équation du type $x = c$. Comme Δ passe par le point A d'abscisse 2, son équation est :

$$x = 2$$

17 Coordonnées

énoncé p. 268

Lycée Chrestien de Troyes, Troyes

1 Vérifions que $\overrightarrow{AB}$ et $\overrightarrow{AC}$ ne sont pas colinéaires. $\overrightarrow{AB}$ a pour coordonnées $\begin{pmatrix}3\\-5\end{pmatrix}$, et $\overrightarrow{AC}\begin{pmatrix}5\\4\end{pmatrix}$. D'où : $3 \times 4 - (-5) \times 5 = 12 + 25 = 37 \neq 0$. Les points A, B, et C ne sont donc pas alignés.

2 La médiane issue de A passe également par le milieu de $[BC]$. Notons A' ce point et calculons ses coordonnées :

$$A\left(\frac{1+3}{2}; \frac{-3+6}{2}\right) \text{ donc } A\left(2; \frac{3}{2}\right)$$

Il s'agit de trouver l'équation de (AA'). A et A' n'ont pas la même abscisse, donc (AA') n'est pas parallèle à l'axe des ordonnées ; elle admet donc une équation du type $y = ax + b$. Comme elle passe par A et A', les coordonnées de ces deux points vérifient l'équation, et on peut écrire :

$$\begin{cases} 2 = -2a + b \\ \dfrac{3}{2} = 2a + b \end{cases} \Leftrightarrow \begin{cases} \dfrac{1}{2} = -4a \\ b = 2 + 2a \end{cases} \Leftrightarrow \begin{cases} a = \dfrac{-1}{8} \\ b = \dfrac{7}{4} \end{cases}$$

3 Calculons les coordonnées du milieu de $[AC]$, que l'on note B' :

$$B'\left(\frac{-2+3}{2}; \frac{2+6}{2}\right), \text{ donc } B'\left(\frac{1}{2}; 4\right)$$

Cette fois, calculons directement le coefficient directeur de (BB') par la formule :

$$a = \frac{y_B - y_{B'}}{x_B - x_{B'}} = \frac{-3-4}{1-\frac{1}{2}}$$

$$= \frac{-7}{\dfrac{1}{2}} = -14$$

Pour l'ordonnée à l'origine, on substitue les coordonnées de B dans l'équation $y = -14x + b$, il vient :

$$-3 = -14 + b \Leftrightarrow b = 11$$

L'équation de la médiane issue de B est donc :

$$y = -14b + 11$$

4 Le centre de gravité est l'intersection des médianes, donc il suffit de résoudre le système :

$$\begin{cases} y = \dfrac{-1}{8}x + \dfrac{7}{4} \\ y = -14x + 11 \end{cases} \Leftrightarrow \begin{cases} \dfrac{-1}{8}x + \dfrac{7}{4} = -14x + 11 \\ y = -14x + 11 \end{cases}$$

$$\Leftrightarrow \begin{cases} -x + 14 = -112x + 88 \\ y = -14x + 11 \end{cases}$$

$$\Leftrightarrow \begin{cases} 111x = 72 \\ y = -14x + 11 \end{cases}$$

(suite page suivante)

$$\Leftrightarrow \begin{cases} x = \dfrac{24}{37} \\ y = \dfrac{71}{37} \end{cases}$$

Le centre de gravité a donc pour coordonnées :

$$\left(\frac{24}{37}; \frac{71}{37}\right)$$

18 Équations de droites

énoncé p. 268

Lycée Fénelon, Paris

1 L'image d'une droite par une translation est une droite parallèle, donc l'image de $(\mathcal{D}_1)$ est une droite dont l'équation est de la forme : $y = x + c$
Pour calculer c, choisissons au hasard un point de $\mathcal{D}_1$.
Appelons M le point de coordonnées $(1, -1)$, qui est bien sur $(\mathcal{D}_1)$. Son image par la translation de vecteur $\vec{u}\binom{-1}{2}$ a pour coordonnées $(1 - 1, -1 + 2)$, soit : $(0, 1)$.
On obtient donc $-0 + 1 + c = 0$, soit : $c = -1$. L'équation de l'image de $(\mathcal{D}_1)$ est donc :

$$y = x + 1$$

2 De même, l'image d'une droite par une symétrie centrale est une droite parallèle. L'équation de l'image de $(\mathcal{D}_2)$ est donc de la forme :

$$y = \frac{1}{2}x + c$$

Pour calculer c, on choisit au hasard un point de $\mathcal{D}_2$.
Notons N le point de coordonnées $(1, 1)$, qui est sur $(\mathcal{D}_2)$. Pour calculer les coordonnées de son image $N'(x, y)$ par la symétrie de centre Ω, écrivons que Ω est le milieu de $[NN']$:

$$\overrightarrow{NN'} = 2\overrightarrow{N\Omega}$$

Les coordonnées des deux vecteurs sont : $\overrightarrow{NN'}\binom{x-1}{y-1}$ et $2\overrightarrow{N\Omega}\binom{2(-1-1)}{2(2-1)}$, soit $\binom{-4}{2}$. On obtient le système :

$$\begin{cases} x - 1 = -4 \\ y - 1 = 2 \end{cases}$$

qui fournit les coordonnées $(-3, 3)$ de N'.
L'image de $(\mathcal{D}_2)$ passe par N', donc :

$$3 = \frac{1}{2}.(-3) + c$$

d'où $c = \dfrac{9}{2}$. On obtient une équation de l'image de $\mathcal{D}_2$:

$$y = \frac{1}{2}x + \frac{9}{2}$$

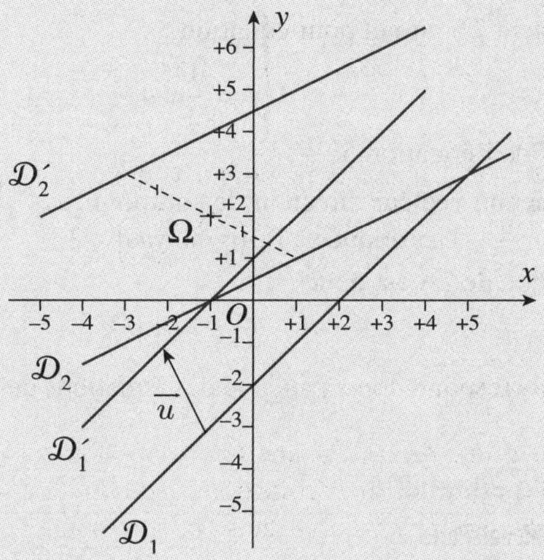

19 Équations de droites

énoncé p. 268

Lycée Hoche, Versailles

Le mieux est de calculer directement les équations de $\mathcal{D}_1$, $\mathcal{D}_2$ et $\mathcal{D}_3$.

1 $\mathcal{D}_1$ a un vecteur directeur de coordonnées $\binom{3}{5}$. (Utilisez la méthode « des petits pas ». Lorsqu'on avance sur $\mathcal{D}_1$, entre le moment où l'on croise l'axe des abscisses et celui où l'on croise celui des ordonnées, on fait trois « pas » vers la droite et cinq « pas » vers le haut.)

Son coefficient directeur est donc $\dfrac{5}{3}$.

On lit sur la figure l'ordonnée à l'origine (c'est-à-dire l'ordonnée du point d'intersection de (Oy) et de $\mathcal{D}_1$) : $+5$.

D'où l'équation de $\mathcal{D}_1$:

$$y = \frac{5}{3}x + 5$$

Ce qui correspond à l'équation 6 de l'énoncé.

2 $\mathcal{D}_2$ passe par les points de coordonnées $(-3, 0)$ et $(1, 2)$. Donc (appliquez la méthode des « petits pas »), elle admet un vecteur directeur de coordonnées $\binom{4}{2}$, et comme coefficient directeur : $\dfrac{2}{4} = \dfrac{1}{2}$.

L'équation de $\mathcal{D}_2$ est donc de la forme :

$$y = \frac{1}{2}x + c$$

Comme elle passe par le point de coordonnées $(-3, 0)$, on peut déterminer c en remplaçant dans l'équation :

$$0 = -\frac{3}{2} + c \Leftrightarrow c = \frac{3}{2}$$

Finalement $\mathcal{D}_2$ admet pour équation :

$$y = \frac{1}{2}x + \frac{3}{2}$$

Il s'agit de l'équation 5.

3 $\mathcal{D}_3$ admet un vecteur directeur de coordonnées $\binom{-1}{1}$, donc le coefficient directeur -1. L'ordonnée à l'origine vaut $+3$.
L'équation de $\mathcal{D}_3$ est donc :

$$y = -x + 3$$

$\mathcal{D}_3$ ne correspond donc à aucune des équations de l'énoncé.

20 Systèmes d'équations

énoncé p. 269

Lycée Claude Monet, Paris

Nous allons résoudre le premier système par *substitution* :

$$\begin{cases} 2x + 5y = 12 \\ 3x - y = 1 \end{cases} \Leftrightarrow \begin{cases} 2x + 5y = 12 \\ 3x - 1 = y \end{cases}$$

$$\Leftrightarrow \begin{cases} 2x + 5(3x - 1) = 12 \\ 3x - 1 = y \end{cases}$$

$$\Leftrightarrow \begin{cases} 2x + 15x - 5 = 12 \\ 3x - 1 = y \end{cases}$$

$$\Leftrightarrow \begin{cases} 17x = 17 \\ 3x - 1 = y \end{cases}$$

$$\Leftrightarrow \begin{cases} x = 1 \\ y = 2 \end{cases}$$

La solution du système est donc (1; 2)

Le système suivant sera, pour changer, résolu par *combinaison* :

$$\begin{cases} 3x - 4y = -24 \\ 5x - 2y = 2 \end{cases} \Leftrightarrow \begin{cases} 3x - 4y = -24 \\ -10x + 4y = -4 \leftarrow 2 \times L_2 \end{cases}$$

$$\Leftrightarrow \begin{cases} 3x - 4y = -24 \\ -7x = -28 \leftarrow L_1 + L_2 \end{cases}$$

$$\Leftrightarrow \begin{cases} 12 - 4y = -24 \\ x = 4 \end{cases}$$

$$\Leftrightarrow \begin{cases} -4y = -36 \\ x = 4 \end{cases}$$

$$\Leftrightarrow \begin{cases} y = 9 \\ x = 4 \end{cases}$$

La solution du système est donc (4; 9)

Le dernier système sera considéré d'abord comme un système en x^2 et y^2. Nous en déduirons ensuite les valeurs de x et y. Si l'on pose $X = x^2$ et $Y = y^2$, on se retrouve avec le système que l'on vient de résoudre :

$$\begin{cases} 3X - 4Y = -24 \\ 5X - 2Y = 2 \end{cases}$$

Donc $X = 4$ et $Y = 9$. $x^2 = 4$ pour $x = 2$ ou $x = -2$. D'autre part, $y^2 = 9$ quand $y = 3$ ou $y = -3$. On obtient donc l'ensemble des solutions :

$$S = \{(-2; -3), (-2; 3), (2; -3), (2; 3)\}$$

21 Systèmes d'équations

énoncé p. 269

Lycée Jacques Monod, Clamart

Posons $X = x^2$ et $Y = \dfrac{3}{y+1}$ (vous pouvez poser $Y = \dfrac{1}{y+1}$ mais $\dfrac{3}{y+1}$ permet d'obtenir des coefficients plus simples.) Le système devient :

$$\begin{cases} 2X - 3Y = 15 \\ 3X - 8Y = 19 \end{cases} \Leftrightarrow \begin{matrix} L_1 \leftarrow 3L_1 \\ L_2 \leftarrow 2L_2 \end{matrix} \begin{cases} 6X - 9Y = 45 \\ 6X - 16Y = 38 \end{cases}$$

$$\Leftrightarrow \quad L_1 \leftarrow L_1 - L_2 \begin{cases} 7Y = 7 \\ 6X - 16Y = 38 \end{cases}$$

Ce qui permet d'obtenir $Y = 1$ et $X = 9$. $x^2 = 9$, donc x vaut 3 ou -3. $\dfrac{3}{y+1} = 1$, donc $y + 1 = 3$ et $y = 2$. On obtient donc deux solutions :

$$S = \{(-3; 2), (3; 2)\}$$

22 Systèmes d'équations

énoncé p. 270

Lycée Hoche, Versailles

Nous allons résoudre le système par combinaisons :

$$L_2 \leftarrow L_2 - 5L_1 \begin{cases} 2u - 3v = 4 \\ 17v = -17 \end{cases} \Leftrightarrow \begin{cases} v = -1 \\ 2u + 3 = 4 \end{cases}$$

$$\Leftrightarrow \begin{cases} v = -1 \\ u = \dfrac{1}{2} \end{cases}$$

D'où la solution : $\left(\frac{1}{2}, -1\right)$. En posant $u = \frac{1}{x-3}$ et $v = \frac{1}{y+5}$, et en multipliant la deuxième ligne par 2, on transforme le deuxième système proposé en le premier. Les solutions vérifient donc $\frac{1}{x-3} = \frac{1}{2}$, soit $x - 3 = 2$ donc $x = 5$, et $\frac{1}{y+5} = -1$, soit $y+5 = -1$ et $y = -6$. L'ensemble des solutions s'écrit donc :

$$S = \{(5; -6)\}$$

23 Systèmes d'équations

énoncé p. 270

Lycée Hoche, Versailles

Posons tout de suite : $X = \frac{1}{(2x+1)^2}$ et $Y = \frac{1}{|3y-5|}$. Le système devient :

$$\begin{cases} 3X - 4Y = 32 \\ 2X - 5Y = 12 \end{cases} \Leftrightarrow \quad L_1 \leftarrow 2L_1 - 3L_2 \begin{cases} 7Y = 28 \\ 2X - 5Y = 12 \end{cases}$$

$$\Leftrightarrow \begin{cases} Y = 4 \\ 2X = 32 \end{cases}$$

$$\Leftrightarrow \begin{cases} Y = 4 \\ X = 16 \end{cases}$$

On obtient enfin : $\frac{1}{(2x+1)^2} = 16$ et $\frac{1}{|3y-5|} = 4$. Cherchons x.

$$(2x+1)^2 = \frac{1}{16} \text{ donc } 2x+1 = \frac{1}{4} \text{ ou } 2x+1 = -\frac{1}{4}$$

On a enfin :

$$x = -\frac{3}{8} \text{ ou } x = -\frac{5}{8}$$

Cherchons y.

$$|3y-5| = \frac{1}{4} \text{ donc } 3y-5 = \frac{1}{4} \text{ ou } 3y-5 = -\frac{1}{4}$$

On a enfin :

$$y = \frac{7}{4} \text{ ou } y = \frac{19}{12}$$

Conclusion :

$$S = \left\{\left(-\frac{3}{8}; \frac{7}{4}\right), \left(-\frac{3}{8}; \frac{19}{12}\right)\left(-\frac{5}{8}; \frac{7}{4}\right)\left(-\frac{5}{8}; \frac{19}{12}\right)\right\}$$

24 Mise en équations d'un problème

Lycée Molière, Paris

énoncé p. 270

1 Il est clair d'après l'énoncé que l'aller s'est effectué vers l'aval, alors que le retour était vers l'amont. A l'aller, il faut ajouter la vitesse de la rivière à la vitesse propre du bateau alors qu'au retour, il faut la soustraire. Notons v la vitesse du canot et v_R la vitesse de la rivière. On note t_1 le temps à l'aller, t_2 le temps au retour, et t le temps mis par le radeau. Le radeau se déplace à la vitesse v_R.

La seule constante de l'exercice, c'est la distance entre A et B. On peut l'écrire de trois façons différentes : $(v+v_R)t_1$, $(v-v_R)t_2$ et v_Rt. On en déduit :

$$v+v_R=\frac{v_Rt}{t_1} \text{ et } v-v_R=\frac{v_Rt}{t_2}$$

Soustrayons ces deux égalités membre à membre pour éliminer v.

$$2v_R=\frac{v_Rt}{t_1}-\frac{v_Rt}{t_2}$$

En simplifiant par v_R et en mettant t en facteur :

$$2=t\left(\frac{1}{t_1}-\frac{1}{t_2}\right)$$

On calcule simplement :

$$\frac{1}{t_1}-\frac{1}{t_2}=\frac{1}{5}-\frac{1}{7,5}=\frac{3}{15}-\frac{2}{15}=\frac{1}{15}$$

On en déduit : $t=30$. Le radeau met trente heures pour aller de A à B (remarque : il ne peut pas faire le trajet inverse, n'est-ce-pas ?)

2 En notant t_3 le nouveau temps mis au retour, on obtient :

$$(v+1{,}6-v_R)t_3=v_Rt \text{ donc } v-v_R+1{,}6=\frac{v_Rt}{t_3}$$

On sait que $v-v_R=\dfrac{v_Rt}{t_2}$, on a donc :

$$\frac{v_Rt}{t_2}+1{,}6=\frac{v_Rt}{t_3}$$

En factorisant :

$$1{,}6=v_Rt\left(\frac{1}{t_3}-\frac{1}{t_2}\right)$$

Calculons :

$$\frac{1}{t_3}-\frac{1}{t_2}=\frac{1}{6,75}-\frac{1}{7,5}=\frac{4}{27}-\frac{4}{30}=\frac{40}{270}-\frac{36}{270}=\frac{4}{270}$$

Il vient :

$$v_R=\frac{1{,}6\times 270}{4\times 30}=3,6 \text{ km/h.}$$

Pour trouver la vitesse du canot, on utilise

$$(v + v_R)t_1 = v_R t \Leftrightarrow 5v + 18 = 108 \Leftrightarrow 5v = 90 \Leftrightarrow v = 18$$

Le canot se déplace à 18 km/h.

25 Systèmes d'équations

énoncé *p. 270*

Lycée Carnot, Dijon

1 La première équation équivaut à $y = -5x+4$ et la seconde à $y = \frac{1}{4}x-1$. La résolution du système équivaut à la recherche de l'intersection des deux droites d'équations $y = -5x + 4$ et $y = \frac{1}{4}x - 1$. Ces droites n'ayant pas le même coefficient directeur, elles sont sécantes : elles ont un unique point d'intersection, donc le système admet une solution unique.

2 Par substitution :

$$\begin{cases} y = 4 - 5x \\ -3x + 12(4 - 5x) = -12 \end{cases} \Leftrightarrow \begin{cases} y = 4 - 5x \\ -63x + 48 = -12 \end{cases} \Leftrightarrow \begin{cases} y = 4 - 5x \\ x = \dfrac{60}{63} \end{cases}$$

Ce qui donne $x = \dfrac{20}{21}$ et $y = -\dfrac{16}{21}$. D'où l'ensemble $S = \left\{\left(\dfrac{20}{21}, -\dfrac{16}{21}\right)\right\}$.

3 Il suffit de poser $X = \dfrac{1}{x+1}$ et $Y = \dfrac{1}{y-2}$ pour se ramener au système précédent. On obtient : $x + 1 = \dfrac{21}{20} \Leftrightarrow x = \dfrac{1}{20}$ et $y - 2 = -\dfrac{21}{16}$ $\Leftrightarrow y = \dfrac{11}{16}$.

Conclusion :

$$S = \left\{\left(\frac{1}{20}, \frac{11}{16}\right)\right\}$$

26 Systèmes d'équations

énoncé *p. 271*

Lycée David d'Angers, Angers

1 Pour résoudre le système :

$$\begin{cases} 7x - 4y = 29 \\ 2x - y = 1 \end{cases}$$

on peut procéder par substitution : la seconde équation donne $y = 2x - 1$, et on obtient le système équivalent :

$$\begin{cases} 7x - 4(2x - 1) = 29 \\ y = 2x - 1 \end{cases} \Leftrightarrow \begin{cases} -x + 4 = 29 \\ y = 2x - 1 \end{cases}$$

$$\Leftrightarrow \begin{cases} x = -25 \\ y = -51 \end{cases}$$

La solution du système est donc $(-25; -51)$.

2 **(a)** En remplaçant $(x; y)$ par $(0; -9)$ dans le système, on obtient :

$$\begin{cases} 9 = 9 \\ 15 - 15 = 0 \end{cases}$$

ce qui est vrai, donc $(0; -9)$ est solution du système.

Essayons maintenant $(1; 6)$:

$$\begin{cases} 2 - 6 = 9 \\ \dfrac{20}{3} - 10 - 15 = 0 \end{cases}$$

ce qui est évidemment faux. $(1; 6)$ n'est pas solution.

Avec $(1; -7)$:

$$\begin{cases} 2 + 7 = 9 \\ \dfrac{10}{3} + \dfrac{35}{3} - 15 = 0 \end{cases}$$

Ces deux égalités sont vraies (penser à $15 = \dfrac{45}{3}$) donc $(1, -7)$ est solution du système.

On sait qu'un tel système se ramène au problème de l'intersection de deux droites données par leur équation. Il y a au moins deux solutions, donc au moins deux points d'intersection. Cela signifie que les deux droites sont confondues, et qu'en fait les équations du système sont proportionnelles. On le vérifie facilement en multipliant la première équation par $\dfrac{5}{3}$. On obtient la seconde.

Le système est donc équivalent à la seule équation : $2x - y = 9$.

(b) Écrite sous la forme $y = 2x - 9$, on reconnaît une équation de droite. Les solutions sont donc les coordonnées des points de cette droite. Ces coordonnées sont sous la forme $(x; 2x - 9)$. On écrit :

$$S = \{(x, 2x - 9), \quad x \in \mathbb{R}\}$$

COURS

EXERCICES

CORRIGÉS

27 Équations de droites

Lycée Condorcet, Paris

énoncé p. 271

1 **(a)** Si D_m doit passer par A, on doit avoir :

$$\begin{aligned} 1 = \frac{2m-1}{m-3}.1 + \frac{-7m+6}{m-3} &\Leftrightarrow 1 = \frac{2m-1-7m+6}{m-3} \\ &\Leftrightarrow 1 = \frac{-5m+5}{m-3} \\ &\Leftrightarrow m-3 = -5m+5 \\ &\Leftrightarrow 6m = 8 \Leftrightarrow m = \frac{4}{3} \end{aligned}$$

(b) Par la même méthode, on remplace x et y par 0 dans l'équation, et on obtient $-7m+6=0$, donc $m = \frac{6}{7}$.

(c) D_m est parallèle à l'axe des abscisses quand son coefficient directeur est nul, donc quand $\frac{2m-1}{m-3} = 0$, d'où : $m = \frac{1}{2}$.

(d) L'équation de D_m est du type $y = ax + b$ (et non $x = c$), il s'agit *toujours* d'une droite dite « oblique », c'est-à-dire qu'elle n'est pas parallèle à l'axe des ordonnées.

(e) D_m et Δ sont parallèles si et seulement si leurs coefficients directeurs sont égaux, il vient :

$$\begin{aligned} &\frac{2m-1}{m-3} = 3 \\ \Leftrightarrow\ &2m-1 = 3m-9 \\ \Leftrightarrow\ &8 = m \end{aligned}$$

(f) D_m admet -2 comme coefficient directeur si $\frac{2m-1}{m-3} = -2$ et $m \neq 3$. On obtient :

$$\begin{aligned} (2m-1) &= -2 \times (m-3) \\ 2m-1 &= -2m+6 \\ 4m &= 7 \\ m &= \frac{7}{4} \end{aligned}$$

2 Une méthode simple (et qui marche !), consiste à chercher l'intersection de deux droites particulières, et à vérifier que le point ainsi trouvé est sur toutes les droites D_m.

Nous vous proposons $m = 2$ et $m = 4$, ce qui permet d'avoir des dénominateurs $m - 3$ peu encombrants. Les équations pour ces droite sont :

- $D_2 : y = -3x + 8$
- $D_4 : y = 7x - 22$

Il n'y a plus qu'à résoudre le système :

$$\begin{cases} y = -3x + 8 \\ y = 7x - 22 \end{cases} \Leftrightarrow \begin{cases} -3x + 8 = 7x - 22 \\ y = -3x + 8 \end{cases}$$

$$\Leftrightarrow \begin{cases} 30 = 10x \\ y = -3x + 8 \end{cases}$$

$$\Leftrightarrow \begin{cases} x = 3 \\ y = -1 \end{cases}$$

Les droites D_2 et D_4 se coupent au point $K(3; -1)$. Vérifions que ce point appartient bien à toutes les droites D_m. Autrement dit, on vérifie que les coordonnées $(3; -1)$ sont bien solutions de l'équation de la droite :

$$\frac{2m-1}{m-3}.3 + \frac{-7m+6}{m-3} = \frac{6m-3-7m+6}{-m+3} = 1$$

donc K appartient bien à D_m, quel que soit D_m.

On peut utiliser une méthode plus « originale » en réorganisant l'équation de la droite D_m, non plus comme une équation en x et en y, mais comme une équation en m, ce qui donne, au lieu de :

$$y = \frac{2m-1}{m-3}x + \frac{-7m+6}{m-3}$$

l'équation :

$$(2m-1)x + (3-m)y - 7m + 6 = 0$$

On développe :

$$2mx - x + 3y - my - 7m + 6 = 0$$

et on regroupe les termes :

$$(2x - y - 7)m - x + 3y + 6 = 0$$

Cette égalité doit être vraie *quel que soit le nombre* $m \neq 3$. On est en présence d'une fonction affine de m : $m \mapsto am+b$, qui est toujours nulle. Les coefficients a et b sont donc égaux à 0. On est amené à résoudre le système :

$$\begin{cases} 2x - y - 7 = 0 \\ -x + 3y + 6 = 0 \end{cases}$$

Vous pouvez procéder par combinaison et résoudre ce système. On obtient encore les coordonnées de $K(3; -1)$.

28 Systèmes d'équations

énoncé p. 272

Lycée Louis-le-Grand, Paris

1 Nous allons multiplier la seconde ligne par 6.

$$\begin{cases} 3x + 2y - 6 = 0 \\ \dfrac{1}{2}x + \dfrac{1}{3}y = 1 \end{cases} \Leftrightarrow \begin{cases} 3x + 2y = 6 \\ 3x + 2y = 6 \end{cases}$$

$$\Leftrightarrow \quad 3x + 2y = 6$$

$$\Leftrightarrow \quad y = -\frac{3}{2}x + 3$$

Ce système ne contient en réalité qu'une seule équation. Les solutions sont donc les coordonnées des points de la droite d'équation :

$$y = -\frac{3}{2}x + 3$$

2 Pas d'affolement. Vous savez résoudre des équations avec x^{151} ou y^{12}, vous ? Moi non plus. Et pourtant, si on vous a proposé cet exercice, c'est que vous devez pouvoir trouver la réponse. Examinez bien la première ligne du système. Vous avez trouvé ? x^2 et y^2 sont toujours positifs, donc $3x^2 + 2y^2$ ne peut jamais valoir -5, quels que soient les x et y choisis. Conclusion : il n'y a pas de solution.

3 Nous allons procéder par combinaison, après avoir multiplié la première ligne par 3 et la seconde par 2 :

$$\begin{cases} 2x + 3y - 11 = 0 \\ 3x - 5y - 7 = 0 \end{cases} \Leftrightarrow \begin{cases} 6x + 9y = 33 \\ 6x - 10y = 14 \end{cases}$$

$$\Leftrightarrow \begin{cases} 19y = 19 \\ 6x = 10y + 14 \end{cases}$$

$$\Leftrightarrow \begin{cases} y = 1 \\ 6x = 24 \end{cases}$$

$$\Leftrightarrow \begin{cases} y = 1 \\ x = 4 \end{cases}$$

Conclusion :

$$S = \{(4;\ 1)\}$$

4 Ce système n'est pas linéaire, c'est-à-dire qu'il comporte un carré. Néanmoins, la deuxième ligne, $(x + y)^2 = 16$, peut être transformée en :

$$(x + y)^2 = 16 \Leftrightarrow x + y = 4 \text{ ou } x + y = -4$$

Il faut donc résoudre deux « sous-systèmes », que nous appellerons S'_4

et S''_4 :

$$S'_4 \begin{cases} 2x + 3y = 5 \\ x + y = 4 \end{cases} \Leftrightarrow \begin{cases} 2x + 3y = 5 \\ 2x + 2y = 8 \end{cases}$$

$$\Leftrightarrow \begin{cases} y = 5 - 8 \\ x = 4 - y \end{cases}$$

$$\Leftrightarrow \begin{cases} y = -3 \\ x = 7 \end{cases}$$

$$S''_4 \begin{cases} 2x + 3y = 5 \\ x + y = -4 \end{cases} \Leftrightarrow \begin{cases} 2x + 3y = 5 \\ 2x + 2y = -8 \end{cases}$$

$$\Leftrightarrow \begin{cases} y = 5 + 8 \\ x = -4 - y \end{cases}$$

$$\Leftrightarrow \begin{cases} y = 13 \\ x = -17 \end{cases}$$

L'ensemble des solutions de S_4 est :

$$\{(7; -3), (-17; 13)\}$$

5 Ici, pas question de séparer le système en deux sous-systèmes. Puisqu'on voit, à la deuxième ligne, un produit remarquable qui nous tend les bras, factorisons-le !

$$\begin{cases} x + y = 2 \\ x^2 - y^2 = 18 \end{cases} \Leftrightarrow \begin{cases} x + y = 2 \\ (x + y)(x - y) = 18 \end{cases}$$

Dans la deuxième ligne, remplaçons $x + y$ par la valeur donnée à la première ligne. On obtient le système :

$$\begin{cases} x + y = 2 \\ 2(x - y) - 18 \end{cases} \Leftrightarrow \begin{cases} x + y = 2 \\ x - y = 9 \end{cases}$$

$$\Leftrightarrow \begin{cases} 2x = 11 \\ 2y = -7 \end{cases} \quad \text{somme et différence des lignes}$$

$$\Leftrightarrow \begin{cases} x = \dfrac{11}{2} \\ y = \dfrac{-7}{2} \end{cases}$$

D'où l'ensemble de solutions :

$$\left\{ \left(\frac{11}{2}; -\frac{7}{2} \right) \right\}$$

Chapitre
7

Statistiques et probabilités

Plan du chapitre

1. Statistiques
2. Probabilités

Il appartenait à la société de statistique,
et il voyait des statisticiens partout.
(Reybaud)

1 Statistiques

Exercice type 1 — Lycée Saint Aspais, Melun

Dans une classe de 30 élèves, il y a 12 filles et 18 garçons. Au contrôle de mathématiques, les filles ont obtenu :

$$7, 8, 10, 11, 11, 11, 12, 12, 12, 14, 17, 18$$

et les garçons :

$$5, 7, 7, 8, 8, 8, 9, 9, 9, 10, 10, 11, 11, 11, 12, 12, 14, 16$$

1. Calculer la moyenne des notes pour les deux groupes (on arrondira les résultats au dixième près).
2. À partir de ces résultats, calculer la moyenne de la classe.
3. Par mesure de clémence, le professeur ajoute 1 point à toutes les notes. Quelle est la nouvelle moyenne ?
4. Le dernier garçon n'avait en fait pas 5, mais 8. Quelle est, finalement, la moyenne de la classe ?

Voir corrigé page 301

1.1 Premières notions

Signe Σ C'est un moyen pratique de noter une somme avec beaucoup de termes. Par exemple, au lieu d'écrire :

$$x_1 + x_2 + x_3 + x_4 + x_5 + x_6 + x_7 + x_8 + x_9 + x_{10}$$

on parlera de la somme des x_i, où i est un *indice* (un numéro) qui varie de 1 à 10, ce qui s'écrit :

$$\sum_{i=1}^{10} x_i$$

Σ est la lettre grecque « Sigma » qui est équivalente au S (comme *Somme*). S'il n'y a pas d'ambiguïté sur le nombre de termes, on notera plus simplement :

$$\sum_i x_i$$

Statistique Étude de la répartition d'un ensemble de personnes, d'objets, etc., appelé *population*, ou d'une partie (*échantillon*) de cette population, en fonction d'un *critère* (taille, poids, prix, etc.) Un *individu* est un élément de la population étudiée.

Série statistique Donnée, pour chaque valeur du critère, du nombre d'individus correspondant (*effectif*).

Fréquence Effectif divisé par l'effectif total. Elle permet de comparer la répartition de deux populations qui n'ont pas le même effectif total. C'est un nombre entre 0 et 1. Cependant, pour faciliter les calculs, on l'exprime souvent en % (donc entre 0 et 100).

Mode Le mode est la valeur du critère qui a la plus grande fréquence (par exemple, la couleur la plus courante, l'âge le plus fréquent, etc. dans la série étudiée).

Critère qualitatif C'est un type de critère ne permettant pas de calcul. Par exemple, la couleur des automobiles en France. On ne peut ajouter deux couleurs ! Il n'est pas question de calculer une couleur moyenne ou médiane. En revanche, on peut déterminer le *mode*.

Critère quantitatif C'est un critère qui permet des mesures chiffrées : taille, poids, distance, température, prix, etc. Il permet les calculs de moyenne, médiane, etc.

Fréquence d'un événement Un événement est un ensemble de valeurs du critère. Par exemple, sur l'exercice-type, « avoir 9 ou moins » est un événement. La fréquence d'un événement est la somme des fréquences des différentes valeurs qui le composent.

Effectif cumulé Répond à la question : « Combien d'individus correspondent à une valeur inférieure ou égale à… ? »

Fréquence cumulée Effectif cumulé divisé par l'effectif total, souvent exprimée en %.

Classe Lorsque les valeurs correspondant à un certain critère sont trop nombreuses, on les rassemble dans des intervalles, appelés « classes ». Le *centre* d'une classe est le milieu de l'intervalle. La *classe modale* est la classe ayant l'effectif le plus grand.

1.2 Comment comparer des séries quantitatives ?

Nous utilisons les notations suivantes :

- $x_1, x_2, \ldots$ valeurs ;
- $n_1, n_2, \ldots$ effectifs correspondants ;

- n l'effectif total ;
- f_1, f_2,... fréquences correspondantes (entre 0 et 1).

Un professeur compare les notes de deux élèves,

Paul	19	6	18	5
Pierre	10	10	12	12

Les notes de Paul sont-elles meilleures que celles de Pierre ?
Globalement, les notes de Paul sont plus élevées. Il a une « moyenne » de 12, alors que Pierre n'a que 11. La moyenne reflète la **position** de la série statistique.
Cependant, Pierre est plus régulier que Paul. Paul a complètement raté deux devoirs. Les notes de Pierre sont moins *dispersées*.

Pour comparer deux séries statistiques, on doit tenir compte de ces deux caractéristiques : position et dispersion.

La méthode la plus rudimentaire est de donner la plus grande valeur ($\max x_i$) et la plus petite valeur ($\min x_i$) de la série.
L'Étendue est l'écart entre ($\max x_i$) et ($\min x_i$) :

$$e = \max x_i - \min x_i$$

Il s'agit d'une caractéristique de *dispersion*. Plus l'étendue est faible, plus les valeurs sont proches les unes des autres.

Les paragraphes suivants présentent des outils plus précis pour mesurer position et dispersion.

1.3 Médiane et quartiles

Médiane Valeur à partir de laquelle on dépasse 50% des effectifs. C'est donc une valeur m du critère, qui vérifie la propriété suivante :

- Moins de la moitié des effectifs correspond à des valeurs strictement inférieures à m.
- Moins de la moitié des effectifs correspond à des valeurs strictement supérieures à m.

C'est une caractéristique de position de la série.

Classe médiane Dans le cas d'une série donnée par classes, c'est la classe $[a, b[$ qui vérifie la propriété :

- Moins de la moitié des effectifs correspond à des valeurs strictement inférieures à a.
- Moins de la moitié des effectifs correspond à des valeurs supérieures à b.

Par convention, le centre de la classe médiane est la *médiane* de la série.
On peut également remplacer (comme pour la moyenne) chaque classe par son centre et déterminer la médiane de cette nouvelle série. Cette méthode donne, de toutes façons, la même valeur.

Quartiles Le premier quartile q_1 est la valeur à partir de laquelle on dépasse 25% des effectifs. Elle vérifie donc :

- Moins d'un quart des effectifs correspond à des valeurs strictement inférieures à q_1.
- Moins des trois quarts des effectifs correspond à des valeurs strictement supérieures à q_1.

Le second quartile coïncide avec la médiane. Le troisième quartile q_3 est la valeur à partir de laquelle on dépasse 75% des effectifs. Elle vérifie :

- Moins des trois quarts des effectifs correspond à des valeurs strictement inférieures à q_3.
- Moins d'un quart des effectifs correspond à des valeurs strictement supérieures à q_3.

q_1 et q_3 sont des caractéristiques de dispersion. Ils permettent de voir si la série est resserrée autour de sa médiane m, ou au contraire très dispersée.

Remarque

Ces deux caractéristiques sont bien adaptées aux séries comportant un grand nombre de valeurs. Il ne sert à rien de calculer les quartiles sur quatre notes seulement !

1.4 Moyenne

Moyenne La moyenne $\bar{x}$ d'une série statistique est la moyenne des valeurs x_i du critère, pondérée par les effectifs n_i.

- *Calcul à partir des effectifs :*

$$\bar{x} = \frac{n_1x_1 + n_2x_2 + \dots}{n} = \frac{1}{n}\sum_i n_i x_i$$

- *Calcul à partir des fréquences :* On utilise $f_i = \dfrac{n_i}{n}$:

$$\bar{x} = f_1x_1 + f_2x_2 + \dots = \sum_i f_i x_i$$

- *Cas d'une série donnée par classes :* On remplace chaque classe par son centre (ce qui revient à supposer que les individus sont répartis uniformément à l'intérieur de la classe), et on calcule la moyenne de ces centres (pondérés par les effectifs).

Linéarité de la moyenne Nous étudions une série statistique donnée comme ci-dessus par les valeurs x_i, leurs effectifs respectifs n_i, l'effectif total n. On applique une fonction affine aux valeurs x_i, c'est-à-dire que l'on calcule, pour chaque i, la valeur $y_i = mx_i + p$ (où m et p sont deux constantes). Alors :

$$\begin{aligned}
\bar{y} &= \frac{n_1y_1 + n_2y_2 + \dots}{n} \\
&= \frac{n_1(mx_1 + p) + n_2(mx_2 + p) + \dots}{n} \\
&= \frac{n_1mx_1 + n_2mx_2 + \dots + n_1p + n_2p + \dots}{n} \\
&= \frac{m(n_1x_1 + n_2x_2 + \dots + p(n_1 + n_2 + \dots}{n} \\
&= m\frac{n_1x_1 + n_2x_2 + \dots}{n} + p\frac{n_1 + n_2 + \dots}{n} \\
&= m\bar{x} + p
\end{aligned}$$

On utilise la linéarité de la moyenne sans même y penser lorsque l'on change d'unité. Par exemple, si dans un concours de saut en hauteur, la moyenne des sauts (en mètres) a été de 1,81, il est évident que la moyenne des sauts (en centimètres) a été de 181. Les valeurs x_i étaient exprimées en mètres, on obtient les valeurs y_i en centimètres en calculant $y_i = 100x_i$, et donc $\bar{y} = 100\bar{x}$.

Remarque

La médiane possède la même propriété.

Solution de l'exercice type 1

1 La machine permet de calculer la moyenne des filles : 11,9, et la moyenne des garçons : 9,8.

2 On a calculé la moyenne de deux sous-groupes, on peut donc calculer celle de la classe :

$$\bar{x} = \frac{12 \times 11{,}9 + 18 \times 9{,}8}{12 + 18} = 10{,}6$$

3 On avait des notes x_i, on ajoute 1 point à chacune, on obtient de nouvelles notes $y_i = x_i + 1$. Par linéarité de la moyenne :

$$\bar{y} = \bar{x} + 1 = 11{,}6$$

4 On ajoute 3 points au garçon, donc 3 points au total des notes. Dans le calcul de la moyenne, ce total est divisé par 30 (effectif de la classe). Finalement, on a ajouté $\dfrac{3}{30} = 0{,}1$ à la moyenne, qui devient : 11,7.

2 Probabilités

Exercice type 2 NOUVEAU PROGRAMME

Un code de carte bleue comporte 4 chiffres.

1 On tape un code au hasard. Quel est la probabilité de tomber sur le code de la carte ?

2 Si on essaie trois codes faux, le distributeur avale la carte. On suppose qu'on a déjà tapé deux codes faux. Quel est la probabilité de voir sa carte avalée au troisième essai ? (On peut supposer qu'on essaie trois codes *différents*.)

Voir corrigé page 304

2.1 Événements élémentaires

Une expérience aléatoire est un mécanisme (concret ou abstrait), dont le résultat (appelé *issue*) n'est pas déterminé à l'avance. Par exemple, le jeu de pile ou face, un lancer de dé, la distribution de cartes à jouer est une expérience aléatoire.

On appelle **événement élémentaire** un des résultats possibles de l'expérience.

Par exemple, si on note X le numéro indiqué par un dé à 6 faces, les événements élémentaires sont : $X = 1$, $X = 2$, $X = 3$, $X = 4$, $X = 5$ et $X = 6$.

Si on répète cette expérience aléatoire, on obtient une série statistique (on dit que l'on effectue plusieurs « épreuves »). Chaque issue $X = 1, X = 2, \dots, X = 6$, se verra attribuer une fréquence $f_1, f_2, \dots, f_6$. On peut avoir deux idées apparemment contradictoires :

- Intuitivement, si le dé n'est pas truqué, il n'y a pas de raison qu'un numéro « sorte » plus qu'un autre, donc on devrait s'attendre à $f_1 = f_2 = \cdots = f_6$. Comme $f_1 + \cdots + f_6 = 1$, on en déduit que ces fréquences devraient être égales à $\frac{1}{6}$.
- Cependant, la simple pratique montre qu'il n'y a pas non plus de raison que ces fréquences soient égales. Et même, si le nombre d'épreuves n'est pas divisible par 6, il est même impossible qu'elles le soient ! De plus, il arrive qu'on effectue un grand nombre de tirages avant qu'une valeur donnée sorte.

En fait, la fréquence idéale de $\frac{1}{6}$ ne correspond pas à la description d'une série statistique *déjà* réalisée. Elle décrit notre intuition du résultat *futur* du jet de dé. C'est une *probabilité*.

À chaque événement élémentaire x_i, on attribue ainsi un nombre réel p_i compris entre 0 et 1, de sorte que la somme des nombres p_i soit égale à 1. p_i est la *probabilité de l'événement élémentaire* x_i. On la note $P(x_i)$.

S'il y a N événements élémentaires et que tous les p_i sont égaux, alors $p_i = \frac{1}{N}$. Les événements élémentaires sont dits *équiprobables*. Ce n'est pas toujours le cas : si on tire au hasard une boule provenant d'un sac avec 9 boules blanches et 1 boule noire, la probabilité de l'événement élémentaire « Boule noire » est $\frac{1}{10}$ alors que celle de l'événement élémentaire « Boule blanche » est $\frac{9}{10}$ (ces valeurs sont justifiées plus bas). Dans cet exemple, les deux événements élémentaires ne sont pas équiprobables.

Remarque

Lorsqu'on répète un très grand nombre de fois l'expérience, on peut montrer que les fréquences observées f_i se rapprochent effectivement des probabilités p_i.

2.2 Événements

Un **événement** regroupe plusieurs événements élémentaires.

Par exemple, dans le jet de dé, l'événement $(X \leq 3)$ contient les événements élémentaires : $X = 1$, $X = 2$ et $X = 3$.

Sa probabilité est la somme des probabilités élémentaires qui le constituent :

$$P(X \leq 3) = P(X = 1) + P(X = 2) + P(X = 3)$$

Revenons au tirage d'une boule dans le sac avec 9 boules blanches et 1 boule noire. Si les boules sont toutes identiques, chacune a une probabilité $\frac{1}{10}$ d'être tirée. Numérotons les boules de 1 à 10 (la boule blanche est numérotée 10). Si on considère comme événement élémentaire le tirage d'une boule bien déterminée, on définit ainsi 10 événements élémentaires équiprobables, de probabilité $\frac{1}{10}$. Notons b_i l'événement élémentaire « boule i », B l'événement « boule blanche » et N l'événement « boule noire ». Il vient :

$$P(B) = P(b_{10}) = \frac{1}{10} \text{ et } P(N) = P(b_1) + \cdots + P(b_9) = \frac{9}{10}$$

Deux cas particuliers :

- L'événement *certain* Ω regroupe tous les événements élémentaires. On a donc : $P(\Omega) = 1$.

- L'événement *impossible* $\emptyset$ ne contient aucun événement élémentaire. On a donc : $P(\emptyset) = 0$.

2.3 Opérations sur les événements

On considère deux événements A et B.

- $A \cup B$ (lu : « A ou B ») est l'événement qui contient tous les événements élémentaires de A et tous ceux de B.
- $A \cap B$ (lu : « A et B ») est l'événement qui contient les événements élémentaires communs à A et B. Deux événements sont *incompatibles* s'ils ne comportent aucun événement élémentaire commun (par exemple : $(X \leq 2)$ et $(X \geq 5)$).
- $\bar{A}$ est l'événement contraire de A. Il contient exactement tous les événements élémentaires qui ne sont pas dans A. En particulier, A et $\bar{A}$ sont incompatibles.

En faisant $P(A) + P(B)$, on compte deux fois la probabilité des événements élémentaires communs à A et B. On en déduit la formule :

$$P(A) + P(B) = P(A \cup B) + P(A \cap B)$$

En particulier :

- Si A et B sont incompatibles, on a $A \cap B = \emptyset$, donc $P(A \cup B) = P(A) + P(B)$.
- Comme $A \cup \bar{A} = \Omega$, on a : $P(A) + P(\bar{A}) = 1$.

Solution de l'exercice type 2

1 Avec 4 chiffres, on peut former 10000 codes de 0000 à 9999. L'expression « au hasard » signifie que tous ces codes sont équiprobables. La probabilité tomber sur le bon code est donc de $\frac{1}{10000}$.

2 On a déjà testé 2 codes, il en reste donc 9998 possibles. On a donc une probabilité $\frac{1}{9998}$ de tomber « par hasard » sur le bon code. L'événement contraire (la carte est avalée) a pour probabilité $1 - \frac{1}{9998} = \frac{9997}{9998}$.

QCM 1 Caractères d'une série statistique

3 min. corrigé p. 314

Quelles sont les notions qui s'appliquent à une série qualitative ?

- a Moyenne
- b Mode
- c Médiane
- d Fréquence
- e Effectifs cumulés
- f Étendue

QCM 2 Variation d'une série statistique

3 min. corrigé p. 314

Si un commerçant augmente tous ses prix de 1 € :

- a La moyenne des prix ne change pas.
- b L'étendue des prix ne change pas.
- c Le prix médian augmente de 1 €.

QCM 3 Jets de dé

5 min. corrigé p. 314

On représente les résultats obtenus en jetant 80 fois un dé à 6 faces.

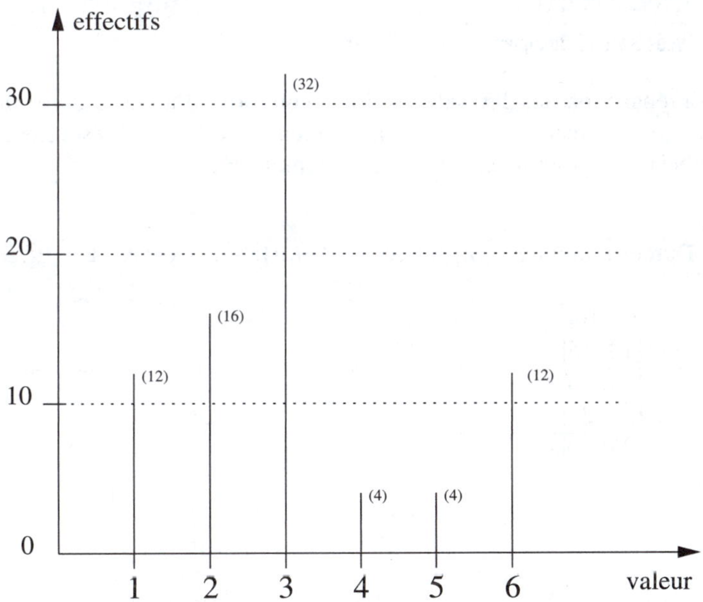

Parmi ces propositions, lesquelles sont correctes ?

[a] Ce graphique est un histogramme.
[b] La moyenne est 3.
[c] La médiane est 3.
[d] Le mode est 3.
[e] Le maximum est 3.
[f] La fréquence de 5 est $\frac{4}{80}$.
[g] Le dé est pipé (=truqué).
[h] La série est quantitative.

QCM 4 Probabilités

5 min. corrigé p. 314

Un jeu de 52 cartes contient 4 couleurs : pique, cœur, carreau, trèfle ; chaque couleur possède 13 cartes : as, 2, 3, 4, 5, 6, 7, 8, 9, 10, valet, dame roi. On tire au hasard une carte. Quelles sont les propositions exactes ?

[a] La probabilité de tirer l'as de pique est de $\frac{1}{52}$.
[b] La probabilité de tirer un as est de $\frac{1}{4}$.
[c] La probabilité de tirer un roi ou une reine est de $\frac{2}{13}$.

5 Temps de trajet

★ 10 min. corrigé p. 315

Lycée Brizeux, Quimper

La répartition des 200 salariés d'une entreprise d'après la durée du trajet aller qu'ils effectuent pour se rendre à leur lieu de travail est relevée dans un tableau. Reproduire ce tableau et le compléter :

Durée en minutes	n_i (effectifs)	f_i (fréquences) en %	Effectifs cumulés croissants
[5; 10[		5	
[10; 15[	30		
[15; 20[			110
[20; 25[		30	
[25; 30[			

6 Lait en poudre

★ 10 min. corrigé p. 315

Lycée Alphonse Daudet, Nîmes

Les quantités de lait en poudre consommées dans une journée par les 45 bébés d'une crèche sont fournies, en grammes, dans le tableau suivant :

Consommation	Effectif
[40; 45[	2
[45; 50[	3
[50; 55[	5
[55; 60[	9
[60; 65[	7
[65; 70[	8
[70; 75[	5
[75; 80[	4
[80; 85[	2

1 **(a)** Déterminer les effectifs cumulés croissants et les effectifs cumulés décroissants.

(b) Combien de bébés consomment dans une journée plus de 60 g de lait en poudre ?

(c) Combien de bébés consomment dans une journée moins de 70 g de lait en poudre ?

2 Déterminer la classe modale de cette série ainsi que la moyenne.

3 En étudiant la série des centres des classes, déterminer la valeur médiane de cette série.

7 Série de poids

★ 20 min. corrigé p. 316

Lycée Henri IV, Béziers

Le poids en kilogrammes d'une série de personnes se répartissent ainsi :

poids	[60, 64[	[64, 68[	[68, 72[	[68, 72[	[76, 80[	[80, 84[	[84, 88[
fréquence	7%	12%	36%	15%	16%	10%	4
fréquences cumulées							

1 Calculer la moyenne des poids de ces personnes.

2 Compléter le tableau par les fréquences cumulées croissantes.

3 Donner la classe médiane des poids de cette population.

COURS EXERCICES CORRIGÉS

4 Quel est le pourcentage des personnes pesant moins de 72 kg ?

5 Quel est le pourcentage des personnes pesant au moins 80 kg ?

8 Notes à un contrôle

★ 15 min. corrigé p. 317

Lycée Montesquieu, Bordeaux

On relève les notes obtenues au même contrôle par les élèves d'une même classe :

11	12	9	15	1	18	7
6	10	7	2	14	2	15
4	7	14	13	16	6	17
13	9	15	5	10	4	5
15	7	5	9	11	14	14

Calculer la moyenne, la médiane et l'étendue de cette série.

9 Lancers de dés

★ 15 min. corrigé p. 318

Lycée Sacré-Cœur, Aix-en-Provence

On lance deux dés et on ajoute les numéros obtenus à chaque lancer. On remplit le tableau suivant :

Résultats	2	3	4	5	6	7	8	9	10	11	12
Effectifs	302	497	904	1086	1408	1640	1341	1122	813	575	312
Fréquences (en %)											

1 Déterminer pour chaque colonne la fréquence (en %).

2 Quelle est la médiane de cette série ?

3 Quelle est la fréquence de l'événement : « la somme des deux dés est supérieure ou égale à 5 » ?

10 Prix de la baguette

★ 15 min. corrigé p. 319

Lycée Descartes, Tours

Le prix d'une baguette a été relevé dans les boulangeries de Farineville :

prix en c.	[55, 60[	[60, 65[	[65, 70[	[70, 75[	[75, 80[
effectifs	2	5	8	4	1
fréquences					

1 Compléter le tableau.

2 Déterminer la moyenne de cette série.

3 Quelle est sa classe médiane ?

4 Une boulangerie supplémentaire ouvre et vend sa baguette à 70c. Quel est l'effet sur la moyenne ?

11 Salaires horaires

★ 15 min. corrigé p. 319

Lycée Janson de Sailly, Paris

Voici un tableau présentant la répartition des salaires horaires dans une entreprise :

Salaire (en €)	[7, 10[	[10, 13[	[13, 16[	[16, 19[	[19, 22[
Effectifs	120	480	490	160	60

1 Calculer la moyenne des salaires dans cette entreprise.

2 On décide d'augmenter tous les salaires d'un euro. Quelle est la nouvelle moyenne ?

12 Saut en hauteur

★ 20 min. corrigé p. 320

Lycée Lakanal, Sceaux

On a relevé les performances de 200 sauteurs en hauteur au cours d'une compétition scolaire :

classes (en cm)	[60, 80[	[80, 100[	[100, 110[	[110, 120[
effectifs n_i	24	32	32	40
classes (en cm)	[120, 130[	[130, 150[	[150, 180[	
effectifs n_i	60	10	2	

1 Calculer le pourcentage de sauteurs ayant franchi moins de 110 cm.

2 Calculer la moyenne de cette série.

3 Quelle est la classe médiane de cette série ?

13 Vitesse automobile

★ 10 min. corrigé p. 320

Lycée Vial, Nantes

Sur une route normalement limitée à 70 km/h, on relève la vitesse de 5 000 automobilistes :

km/h	]0; 30]	]30; 50]	]50; 70]	]70; 100]	]100; 130]
effectif	600	900	1 800	1 200	500

1 Donner le tableau des fréquences (en pourcentages) de cette série statistique.

2 Déterminer la classe médiane de cette série. On appelera médiane le centre de cette classe.

3 Déterminer la vitesse moyenne des automobilistes.

4 Que signifie l'écart entre la moyenne et la médiane ?

14 Âge des élèves

★ 15 min. corrigé p. 321

Lycée Jacques Monod, Clamart

L'âge des élèves d'un lycée, à leur entrée en Seconde, se répartit comme suit :

âge (ans)	13	14	15	16	17
répartition (%)	4	12	52	24	8

1 Calculer l'âge moyen à l'entrée en Seconde dans le lycée.

2 Quel est l'âge médian d'entrée au lycée ?

15 Télévision

★ 30 min. corrigé p. 321

Lycée Paul Lapie, Courbevoie

Dans une classe de cinquième et une classe de seconde, on a demandé aux élèves le nombre d'heures par semaine consacrées à regarder la télévision.

Classe de seconde (32 élèves) :

temps (h)	2	6	7	8	9	10	11	14	15
effectif	1	2	1	1	2	5	1	1	4

temps (h)	16	17	18	20	21	22	23	24
effectif	1	1	4	3	1	1	2	1

Classe de cinquième (27 élèves) :

temps(h)	0	4	5	8	9	10	11	12	13
effectif	1	1	1	1	2	3	2	2	1

temps(h)	15	16	20	28	30	31	32	40	54	56
effectif	3	1	1	1	1	1	1	2	1	1

1 Pour chaque série, calculer la moyenne, la médiane et l'étendue.

2 Comparer et commenter les résultats des deux séries à l'aide des résultats de la question précédente.

3 Donner la distribution des fréquences en pourcentage de la classe de seconde. Quelle est la fréquence en pourcentage de l'événement : « temps inférieur à 14 h » ?

4 On regroupe les données des deux séries pour construire une nouvelle série. Calculer la moyenne de la nouvelle série en utilisant les moyennes des deux séries précédentes.

16 Usinage

★ 15 min. corrigé p. 322

Lycée Montaigne, Paris

Dans une usine, on étudie le nombre de pièces fabriquées par une machine pendant dix heures de fabrication :

heure	[0, 2[	[2, 4[	[4, 6[	[6, 8[	[8, 10[
nb pièces	300	500	1600	2100	900
fréquences					
f. cumulées					

1 Calculer le nombre moyen de pièces fabriquées par heure.

2 Calculer les fréquences cumulées (en %) et les indiquer dans le tableau.

3 Quelle est la classe médiane ?

17 Course à pied

★★ 20 min. corrigé p. 322

Lycée Claude Bernard, Paris

Dans un groupe de 25 coureurs de 100 m (15 femmes et 10 hommes) :

1 La moyenne des performances des femmes est de 12,32 s ; celle des hommes est de 11,48 s. Quelle est la moyenne de l'ensemble des coureurs ?

2 Après un mois d'entrainement, la moyenne des performances des femmes a diminué de 0,21 s et celle des hommes a diminué de 0,13 s. De combien la moyenne de l'ensemble a-t-elle varié ?

3 L'entraîneur sélectionne alors 10 hommes et 10 femmes. Outre les 10 hommes, il choisit les 10 femmes les plus rapides, dont la moyenne des performances est de 11,97 s. Quelle est la moyenne des performances des femmes qui n'ont pas été sélectionnées ?

18 Notes d'un élève

★★ 10 min. corrigé p. 323

Lycée Camille Sée, Paris

Après 4 devoirs, la moyenne d'un élève est 9,5. Quelle doit être sa cinquième note pour que sa moyenne soit de 10 ?

19 Hausse des prix

★★ 10 min. corrigé p. 323

Lycée Masséna, Nice

Au premier janvier, une augmentation de la TVA cause une hausse des prix de 3%. Le responsable des ventes d'un magasin répercute cette augmentation sur tous les prix. Suite à cette augmentation, il regroupe les articles d'un rayon suivant leurs nouveaux prix et l'on établit le tableau suivant :

prix (€)	[5, 10[	[10, 50[	[50, 100[	[100, 120[
nb articles	10	120	70	40

Calculer le prix moyen des articles avant augmentation.

20 Salaires mensuels

★★ 15 min. corrigé p. 323

Lycée Evariste Gallois, Noisy-le-Grand

Dans une entreprise de 50 salariés, la répartition des salaires, en centaines d'euros, est donnée par le tableau suivant :

Salaires (€)	[9, 12[	[12, 15[	[15, 18[	[18, 25[	[25, 37]
Effectifs	12	20	8	6	4

1 Quelle est la fréquence des salaires inférieurs à 1800 € ?

2 Calculer les effectifs cumulés croissants. Déterminer la classe médiane et le salaire médian (centre de la classe médiane).

3 En présentant les calculs dans un tableau (x_i, n_i) puis en indiquant la formule utilisée, calculer le salaire moyen $\bar{x}$ dans cette entreprise.

4 Quelle augmentation des salaires, en pourcentage, aura pour effet une hausse de 40 € du salaire moyen ?

21 Jeu de cartes

★ 10 min. corrigé p. 324

NOUVEAU PROGRAMME

On dispose d'un jeu de 52 cartes. On tire une carte au hasard.

1 Quelle est la probabilité de tirer un roi ?

2 Quelle est la probabilité de tirer un pique ?

3 Quelle est la probabilité de tirer le roi de pique ?

4 Quelle est la probabilité de tirer un roi ou un pique ?

5 Quelle est la probabilité de pas tirer de roi ?

22 Multiples

★★ 20 min. corrigé p. 324

NOUVEAU PROGRAMME

On choisit au hasard un nombre entier compris entre 1 et 100.

1 Quel est la probabilité qu'il soit pair ?

2 Quel est la probabilité qu'il soit pair mais ne soit pas multiple de 10 ?

3 Quel est la probabilité qu'il soit multiple de 3 ou de 7 ?

QCM 1 Caractères d'une série statistique

énoncé p. 305

Les bonnes réponses sont (b) et (d). Les autres notions ne peuvent s'appliquer qu'à une série quantitative.

QCM 2 Variation d'une série statistique

énoncé p. 305

a FAUX. La moyenne augmente également de 1 €.

b FAUX. L'étendue est translatée de 1€ : le prix minimal et le prix maximal augmentent de 1 €.

c VRAI, puisque tous les prix ont augmenté de 1 €.

QCM 3 Jets de dé

énoncé p. 305

a FAUX, c'est un diagramme en bâtons.

b FAUX. La moyenne est 3.

c VRAI.

d VRAI.

e FAUX. Le maximum est 6 (ne pas confondre avec le mode, qui concerne *l'effectif* maximal).

f VRAI.

g On ne peut pas en être absolument certain, mais il est très improbable que la fréquence du 3 soit 8 fois celle du 4 ou du 5 avec un dé normal. (On peut calculer qu'avec un dé normal, une telle répartition arrive dans 1 cas sur 1 800 milliards !)

h VRAI, dans la mesure où on s'autorise à faire des calculs sur les résultats. Ce ne serait pas le cas si les nombres 1, 2, 3, 4, 5, 6 étaient remplacés par des couleurs, par exemple.

QCM 4 Probabilités

énoncé p. 306

a VRAI. Si le jeu n'est pas truqué, le tirage de chaque carte est équiprobable, or le jeu contient 52 cartes, donc la probabilité de tirer une carte particulière est $\frac{1}{52}$.

b FAUX. Il y a 4 as. L'événement « tirer un as » contient les 4 événements élémentaires « tirer l'as de pique », « tirer l'as de cœur », « tirer l'as de trèfle », « tirer l'as de carreau ». La probabilité de tirer un as est donc $4 \times \frac{1}{52} = \frac{1}{13}$.

c VRAI. Comme dans la question précédente, la probabilité de tirer un roi est de $\frac{1}{13}$, celle de tirer une reine est de $\frac{1}{13}$. Comme ces deux événements sont indépendants, leur réunion a pour probabilité $\frac{1}{13} + \frac{1}{13} = \frac{2}{13}$.

5 Temps de trajet

énoncé p. 306

Lycée Brizeux, Quimper

Durée en minutes	n_i (effectifs)	f_i (fréquences) en %	Effectifs cumulés croissants
[5; 10[	10	5	10
[10; 15[	30	15	40
[15; 20[	70	35	110
[20; 25[	60	30	170
[25; 30[	30	15	200

6 Lait en poudre

énoncé p. 307

Lycée Alphonse Daudet, Nîmes

1 (a)

Consommation	Effectif	Effectifs cumulés croissants	Effectifs cumulés décroissants
[40; 45[	2	2	45
[45; 50[	3	5	43
[50; 55[	5	10	40
[55; 60[	9	19	35
[60; 65[	7	26	26
[65; 70[	8	34	19
[70; 75[	5	39	6
[75; 80[	4	43	6
[80; 85[	2	45	2

(b) D'après les effectifs cumulés décroissants, 26 bébés consomment plus de 60 g de lait en poudre.

(c) D'après les effectifs cumulés croissants, 34 bébés consomment moins de 70 g de lait en poudre.

2 [55; 60[est la classe modale (la classe de plus fort effectif). Calcul de la moyenne :

$$\frac{2\times42,5+3\times47,5+5\times52,5+9\times57,5+7\times62,5+8\times67,5+5\times72,5+4\times77,5+2\times82,5}{45}=62,7$$

3 On constate que 19 bébés consomment moins de 60 g par jour, et que 19 bébés consomment plus de 65 g de lait. Il y a donc, par rapport à la classe [60, 65[, moins de la moitié au-dessus et moins de la moitié en-dessous. On en déduit que c'est la classe médiane. La médiane est son centre : 62,5 g.

7 Série de poids

énoncé p. 307

Lycée Henri IV, Béziers

1 Pour calculer la moyenne d'une série répartie par classes, on considère que tout individu a pour poids le poids moyen à l'intérieur de chaque classe. En l'absence d'autre renseignement, tout se passe comme si l'on étudiait la série suivante :

poids	[60, 64[	[64, 68[	[68, 72[	[72, 76[	[76, 80[	[80, 84[	[84, 88[
centre	62	66	70	74	78	82	86
fréquence	7%	12%	36%	15%	16%	10%	4

Pour calculer la moyenne $\bar{x}$, on utilise la formule :

$$\bar{x} = \sum_i f_i x_i$$

où x_i sont les valeurs et f_i leurs fréquence.
On a donc :

$$\begin{aligned}\bar{x} &= 62 \times 0,07 + 66 \times 0,12 + 70 \times 0,36 + 74 \times 0,15 \\ &\quad + 78 \times 0,16 + 82 \times 0,10 + 86 \times 0,04 \\ &\approx 72,7 \text{ kg}\end{aligned}$$

À savoir

Comment choisir la précision du résultat ? Bien entendu, ces calculs doivent être faits à la machine, qui donne 72,68. Non seulement il est *inutile* de donner plus d'un chiffre après la virgule, mais c'est même *nuisible*. Réfléchissons un instant au type de données étudié : le poids d'êtres humains adultes. Même si ces gens sont très préoccupés par leur ligne, il est peu probable que leur poids ait été mesuré avec une précision inférieure à 100 g. (C'est d'ailleurs une hypothèse assez audacieuse, 500 g serait plus raisonnable). Cela signifie qu'une personne qui affirme peser 64,3 kg a en réalité un poids compris entre 64,2 et 64,4 kg. Chacun introduit donc une erreur de 100 grammes dans la moyenne, qui ne peut donc être mesurée qu'à 100 grammes près au mieux.

Les autres réponses possibles sont donc 73 kg, 72,6 kg, mais surtout pas 72,68 kg...

2 Pour les fréquences cumulées, on ajoute les fréquences au fur et à mesure des classes. Pensez à contrôler que le total fait bien 100% ; si ce n'est pas le cas... vérifiez vos calculs !

poids	[60, 64[	[64, 68[	[68, 72[	[68, 72[	[76, 80[	[80, 84[	[84, 88[
fréquences	7%	12%	36%	15%	16%	10%	4
fréquences cumulées	7%	19%	55%	70%	86%	96%	100%

3 La fréquence cumulée correspondant à la classe [68, 72[est 55%. Elle était de 19% pour la classe précédente. Cela signifie que l'on atteint la moitié (50 %) de la population totale à l'intérieur de cette classe. C'est donc la classe médiane.

Méthode

On peut appliquer le critère suivant : la classe [68, 72[est la classe médiane, car moins de 50% des individus de la série ont un poids inférieur à 68 kg et moins de 50% des individus de la série ont un poids supérieur à 72 kg.

4 Le pourcentage de personnes pesant moins de 72 kg est justement la fréquence cumulée croissante correspondant à [68, 72[, soit 55%.

5 Les individus des deux dernières classes sont ceux qui pèsent au moins 80 kg et représentent 14 % de la population totale.

8 Notes à un contrôle

énoncé p. 308

Lycée Montesquieu, Bordeaux

On peut ranger les différentes notes dans un tableau d'effectifs (on a indiqué également les effectifs cumulés) :

x_i	1	2	3	4	5	6	7	8	9	10
n_i	1	2	0	2	3	2	4	0	3	2
s_i	1	3	3	5	8	10	14	14	17	19

x_i	11	12	13	14	15	16	17	18	19
n_i	2	1	2	4	4	1	1	1	0
s_i	21	22	24	28	32	33	34	35	35

Les données étaient rangées dans un tableau de 7 colonnes et 5 lignes, donc l'effectif total est $n = 35$. On calcule la moyenne :

$$\bar{x} = \frac{1}{n}\sum_i n_i x_i = 9{,}77$$

La plus basse note est 1, la plus haute 18, donc l'étendue est :

$$e = 18 - 1 = 17$$

L'effectif total est $N = 35$, le demi-effectif de 17,5. On constate que l'effectif cumulé croissant atteint (et dépasse) cette valeur pour la note 10.
On constate donc :

- Moins de la moitié (ici 17) des élèves ont une note strictement inférieure à 10.
- Moins de la moitié (ici $35 - 19 = 16$) des élèves ont une note strictement supérieure à 10.

Conclusion : la médiane vaut $m = 10$.

Autre méthode. On peut ranger les notes des élèves dans l'ordre croissant :

$$1, 2, 2, 4, 4, 5, 5, 5, 6, 6, 7, 7, 7, 7, 9, 9, 9, 10, 10, 11, 11,$$
$$12, 13, 13, 14, 14, 14, 14, 15, 15, 15, 15, 16, 17, 18$$

10 est la note obtenue par le 18e élève (il a 17 élèves devant et 17 élèves derrière lui).

9 Lancers de dés

énoncé p. 308

Lycée Sacré-Cœur, Aix-en-Provence

1 On calcule l'effectif total : $N = 10\,000$. Le calcul des fréquences se borne donc à ajouter une virgule :

Résultats	2	3	4	5	6	7	8
Effectifs	302	497	904	1086	1408	1640	1341
Fréquences (en %)	3,02	4,97	9,04	10,86	14,08	16,40	13,41

Résultats	9	10	11	12
Effectifs	1122	813	575	312
Fréquences (en %)	11,22	8,13	5,75	3,12

2 En sommant les fréquences, on constate que la fréquence des résultats inférieurs strictement à 7 est de :

$$3{,}02 + 4{,}97 + 9{,}04 + 10{,}86 + 14{,}08 = 41.97\%$$

La fréquence des résultats supérieurs strictement à 7 est de :

$$13{,}41 + 11{,}22 + 8{,}13 + 5{,}75 + 3{,}12 = 41{,}63\%$$

La médiane de la série est donc $m = 7$.

3 On peut se contenter d'ajouter les fréquences, pour les résultats allant de 5 à 12. Essayons une autre méthode. La somme des 2 dés est strictement inférieure à 5 avec la fréquence :

$$3{,}02 + 4{,}97 + 9{,}04 = 17{,}03\%$$

Elle est donc supérieure ou égale à 5 avec la fréquence :

$$100 - 17{,}03 = 82{,}97\%$$

10 Prix de la baguette

énoncé p. 308

Lycée Descartes, Tours

1 L'effectif total est $n = 20$.

prix en c.	[55, 60[	[60, 65[	[65, 70[	[70, 75[	[75, 80[
effectifs	2	5	8	4	1
fréquences	0,1	0,25	0,4	0,2	0,05

2 Pour une série donnée par classes, on considère que toute la classe est rassemblée au *centre* de classe. Autrement dit, on calcule en fait la moyenne de la série suivante :

prix en c.	57,5	62,5	67,5	72,5	77,5
effectifs	2	5	8	4	1

La moyenne est $\bar{x} = 66{,}75c$. On peut toujours critiquer une telle valeur, donnée au centième près alors que l'on a fait pour la calculer des hypothèses assez arbitraires (par exemple, l'unique boulangerie de la classe [75, 80[vend peut-être sa baguette à 75c, et certainement pas à 77,5c !) Il est donc préférable de dire :

$$\bar{x} \simeq 67c$$

3 La classe médiane est [65, 70[. Il n'est pas difficile de voir que moins de la moitié des boulangeries sont « au-dessus », et moins de la moitié « en dessous ».

4 Tout se passe comme si on avait dans notre nouvelle série deux sous-groupes. Le premier est le sous-groupe des 20 premières boulangeries, de moyenne 66,75. Le second est le sous-groupe constitué par la seule nouvelle boulangerie, de moyenne 70 c. La moyenne finale est donc :

$$\bar{X} = \frac{20 \times 66{,}75 + 1 \times 70}{21} \simeq 66{,}90$$

La moyenne n'a donc pratiquement pas été modifiée.

11 Salaires horaires

énoncé p. 309

Lycée Janson de Sailly, Paris

1 L'effectif total est $n = 1310$ et la moyenne de 13,49 €.

2 Par linéarité de la moyenne, si les salaires augmentent de 1 €, alors la moyenne également. La nouvelle moyenne sera donc de 14,49 €.

12 Saut en hauteur

énoncé p. 309

Lycée Lakanal, Sceaux

1 Il suffit d'ajouter les effectifs correspondant à des valeurs inférieures à 110 cm, soit 24 + 32 + 32 = 88. Il n'y a plus qu'à déterminer le pourcentage :

$$\frac{88}{200} = \frac{44}{100} = 44\%$$

2 Pour calculer la moyenne, on remplace chaque classe par son centre, on obtient le tableau de valeurs :

centres (en cm)	70	90	105	115	125	140	165
effectifs n_i	24	32	32	40	60	10	2

On calcule alors la moyenne :

$$\begin{aligned}\bar{x} &= \frac{24\times 70 + 32\times 90 + 32\times 105 + 40\times 115 + 60\times 125 + 10\times 140 + 2\times 165}{200} \\ &= \frac{21\,750}{200} \\ &= 108{,}75 \text{ cm}\end{aligned}$$

3 On a vu que 88 candidats (moins de la moitié) avaient effectué un saut inférieur à 110 cm. Il y a de même $60+10+2 = 72$ candidats (moins de la moitié) avec un saut supérieur à 120 cm. La classe médiane est donc [110, 120[.

13 Vitesse automobile

énoncé p. 310

Lycée Vial, Nantes

Sur une route normalement limitée à 70 km/h, on relève la vitesse de 5 000 automobilistes :

km/h	]0; 30]	]30; 50]	]50; 70]	]70; 100]	]100; 130]
effectif	600	900	1 800	1 200	500

1 Tableau les fréquences cumulées :

km/h	]0; 30]	]30; 50]	]50; 70]	]70; 100]	]100; 130]
effectif	600	900	1 800	1 200	500
fréquences (%)	12	18	36	24	10

2 30% des automobilistes ont une vitesse inférieure à 50km/h. 24 + 10 = 34% d'entre eux ont une vitesse supérieure à 70 km/h. La classe médiane est donc]50, 70]. Par convention, la vitesse médiane est de 60 km/h.

3 La vitesse moyenne est de 62,5 km/h.

4 La médiane est légèrement inférieure à la moyenne, ce qui signifie que la moyenne des vitesses est tirée vers le haut par une minorité de conducteurs qui roulent à très grande vitesse (cette conclusion doit être relativisée, car l'écart entre moyenne et médiane est ici assez faible).

14 Âge des élèves

énoncé p. 310

Lycée Jacques Monod, Clamart

1 L'âge moyen est $\bar{x} = 15{,}2$ (donc 15 ans).

2 Visiblement, moins de la moitié des élèves ont moins de 15 ans. De même, moins de la moitié des élèves ont plus de 15 ans. L'âge médian est donc également 15 ans.

15 Télévision

énoncé p. 310

Lycée Paul Lapie, Courbevoie

1 Pour la classe de seconde : la moyenne est $\bar{x} \simeq 14{,}4$.
L'étendue est $24 - 2 = 22$. La médiane est 15. En effet, 14 élèves regardent la télévision moins de 15 h par semaine, et 14 plus de 15 h.
Pour la classe de cinquième : la moyenne est $\bar{y} = 19{,}1$.
L'étendue est $56 - 0 = 56$. La médiane est 13 car 13 élèves regardent la télévision moins de 13 h, et 13 élèves regardent la télévision plus de 13 h (donc moins de la moitié des élèves se trouvent de part et d'autre de cette valeur).

2 Si on regarde la seule moyenne, on voit que les élèves de cinquième regardent la télévision plus longtemps que leurs camarades de seconde. Néanmoins, la comparaison des étendues montre que les situations des élèves du collège sont beaucoup plus diverses : certains ne regardent pas du tout la télévision, l'un d'entre eux la regarde... 8 heures par jour ! C'est ce petit nombre de « téléphages » qui tire la moyenne vers le haut. En fait, si on compare les médianes, on voit qu'en fait les élèves de cinquième sont dans leur majorité moins « accros » que leurs camarades du lycée...

3 Donnons le tableau des fréquences :

temps (h)	2	6	7	8	9	10	11	14	15
effectif	1	2	1	1	2	5	1	1	4
fréquences (%)	3,1	6,3	3,1	3,1	6,3	15,6	3,1	3,1	12,5

temps (h)	16	17	18	20	21	22	23	24
effectif	1	1	4	3	1	1	2	1
fréquences (%)	3,1	3,1	12,6	9,4	3,1	3,1	6,3	3,1

La somme des fréquences vaut 100%. Si, pour des raisons d'arrondi, ce n'était pas le cas, l'habitude veut que l'on corrige les résultats en modifiant la fréquence maximale.

4 On connaît les moyennes de deux-sous groupes, la moyenne générale est donnée par :

$$\bar{X} = \frac{32\bar{x} + 27\bar{y}}{32 + 27} \simeq 16{,}4$$

16 Usinage

énoncé p. 311

Lycée Montaigne, Paris

1 5400 pièces ont été fabriquées en 10 heures, soit une moyenne de 540 pièces à l'heure.

2

heure	[0, 2[	[2, 4[	[4, 6[	[6, 8[	[8, 10[
nb pièces	300	500	1600	2100	900
fréquences (%)	5,6	9,3	29,6	38,9	16,6
f. cumulées(%)	5,6	14,9	44,5	83,4	100

3 La classe médiane est [6, 8[. En effet, moins de la moitié des valeurs se trouvent dans les classes inférieures ; moins de la moitié se trouvent dans la classe supérieure.

17 Course à pied

énoncé p. 311

Lycée Claude Bernard, Paris

1 On calcule la moyenne pondérée :

$$m = \frac{15 \times 12{,}32 + 10 \times 11{,}48}{25} = 11{,}984$$

11,984 est le résultat exact donné par la machine. Pour formuler sa réponse, il faut également s'interroger sur la précision des mesures des temps de chaque coureur. Les moyennes sont données au centième près, il faut donc se contenter de ce niveau de précision. La bonne réponse est donc : 11,98 s.

2 Pour connaître la variation, on calcule la moyenne pondérée des variations :

$$\Delta = \frac{15 \times 0{,}21 + 10 \times 0{,}13}{25} = 0{,}178$$

Au centième près, on calcule donc une amélioration de 0,18 s de l'ensemble des performances.

3 La moyenne de l'ensemble des femmes (on la note F) est donnée par l'énoncé, compte tenu de l'amélioration de leurs performances :

$$F = 12{,}32 - 0{,}21 = 12{,}11 \text{ s}$$

$\bar{x}$ la moyenne des femmes sélectionnées et $\bar{y}$ celle des autres femmes.
La moyenne du groupe féminin est la moyenne pondérée de $\bar{x}$ et $\bar{y}$, d'où l'équation :

$$F = \frac{10\bar{x} + 5\bar{y}}{15}$$
$$\Leftrightarrow 15 \times F = 10\bar{x} + 5\bar{y}$$
$$\Leftrightarrow \frac{15 \times F - 10\bar{x}}{5} = \bar{y}$$

Comme $\bar{x} = 11{,}97$ et $F = 12{,}11$, il vient : $\bar{y} = 12{,}39$.

18 Notes d'un élève

énoncé p. 312

Lycée Camille Sée, Paris

Pour avoir une moyenne de 10 sur 5 notes, il faut que le total des notes obtenu soit 50. Pour l'instant, l'élève a une moyenne de 9,5 sur 4 notes, soit un total de $4 \times 9{,}5 = 38$. Il lui faut donc obtenir $50 - 38 = 12$ au prochain devoir pour obtenir 10 de moyenne.

19 Hausse des prix

énoncé p. 312

Lycée Masséna, Nice

On calcule le prix moyen après l'augmentation : $\bar{y} = 55{,}52$ € Notons $\bar{x}$ le prix moyen avant l'augmentation. Par linéarité de la moyenne, $\bar{x}$ a augmenté de 3%, c'est-à-dire :

$$\bar{y} = (1 + \frac{3}{100})\bar{x}$$

Il vient :

$$\bar{x} = 53{,}90$$

20 Salaires mensuels

énoncé p. 312

Lycée Evariste Gallois, Noisy-le-Grand

1 40 salariés sur 50 ont un salaire inférieur à 1800 €, soit 80 % des effectifs.

2

Salaires (€)	[9, 12[	[12, 15[	[15, 18[	[18, 25[	[25, 37]
Effectifs	12	20	8	6	4
Eff. cum.	12	32	40	46	50

La classe médiane est [12, 15[car moins de la moitié des salariés (12) touchent un salaire inférieur à 1200 €, et moins de la moitié (18) touchent un salaire supérieur. D'où un salaire médian de 1350 €.

COURS EXERCICES CORRIGÉS

3 On remplace chaque classe par son centre de classe :

Salaires (€)	1050	1350	1650	2150	3100
Effectifs	12	20	8	6	4

Le salaire moyen obtenu est $\bar{x} = 1562$ €.

4 Il suffit de calculer le pourcentage d'une augmentation de 40 € par rapport à 1562. On obtient :

$$\frac{40}{1562} = 2{,}56\%$$

Par linéarité de la moyenne, une telle augmentation de tous les salaires augmentera le salaire moyen de 40 €.

21 Jeu de cartes

énoncé p. 313

NOUVEAU PROGRAMME

1 Il y a 4 rois dans le jeu. Chaque carte a une probabilité $\frac{1}{52}$ d'être tirée. L'événement « tirer un roi » a donc pour probabilité : $4 \times \frac{1}{52} = \frac{1}{13}$.

2 Chaque couleur ayant le même nombre de cartes, on peut considérer que le tirage de chaque couleur est équiprobable. Il y a 4 couleurs, donc la probabilité de tirer un pique est $\frac{1}{4}$.

3 Il y a 52 cartes, donc la probabilité de tirer le roi de pique est $\frac{1}{52}$.

4 Notons A l'événement « tirer un roi » et B l'événement « tirer un pique ». L'événement « tirer un roi ou un pique » est $A \cup B$. On a :

$$P(A \cup B) = P(A) + P(B) - P(A \cap B) = \frac{1}{13} + \frac{1}{4} - \frac{1}{52} = \frac{4}{13}$$

5 La probabilité de tirer un roi était de $\frac{1}{13}$. Celle de l'événement contraire $\bar{A}$ est donc :

$$P(\bar{A}) = 1 - P(A) = \frac{12}{13}$$

22 Multiples

énoncé p. 313

NOUVEAU PROGRAMME

1 La moitié des entiers entre 1 et 100 sont pairs, donc sous hypothèse d'équiprobabilité, la probabilité d'obtenir un nombre pair est $\frac{1}{2}$.

2 Notons A l'événement « pair », et B l'événément « multiple de 10 ». L'événement cherché est $A \cap \bar{B}$. On sait que $P(A) = \frac{1}{2}$. On voit facilement que $P(B) = \frac{1}{10}$, donc $P(\bar{B}) = 1 - \frac{1}{10}$.
Or, $A \cup \bar{B}$ représente l'événement « pair ou non multiple de 10 ». Or,

parmi les nombres qui ne sont pas multiples de 10, on trouve les nombres impairs. On en déduit que l'événement $A \cup \bar{B}$ est certain, puisqu'ils contient les événéments « pair » et « impair ». On applique alors la formule :

$$P(A \cap \bar{B}) = P(A) + P(\bar{B}) - P(A \cup \bar{B}) = \frac{1}{2} + 1 - \frac{1}{10} - 1 = \frac{2}{5}$$

3 Il y a 33 multiples de 3 entre 1 et 100 : 3, 6, ..., 99. L'événement M_3 : « multiple de 3 » a donc pour probabilité $\frac{33}{100}$.
Par ailleurs, il y a 14 multiples de 7 : 7, 14,..., 98. L'événement M_7 : « multiple de 7 » a donc pour probabilité $\frac{14}{100}$. Les multiples communs de 3 et 7 sont les multiples de 21. Il y en a 4 : 21, 42, 63 et 84, donc $P(M_3 \cap M_7) = \frac{4}{100}$.
Finalement, l'événement « multiple de 3 ou de 7 » a pour probabilité :

$$\begin{aligned} P(M_3 \cup M_7) &= P(M_3) + P(M_7) - P(M_3 \cap M_7) \\ &= \frac{33}{100} + \frac{14}{100} - \frac{4}{100} = \frac{43}{100} \end{aligned}$$

COURS

EXERCICES

CORRIGÉS

N° d'éditeur: 10165443 - Dépôt légal : Novembre 2009
Imprimé en Italie
sur les presses de Grafica Veneta S.p.A.